U0141174

藍學堂

學習・奇趣・輕鬆讀

一寫就大賣
的
文案聖經

—增補改訂版—

売れる コピーライティング 単語帖

2400句的文案懶人包，
絕對能找到你想要的那一句。

—日本頂級行銷人—

神田昌典 —— 作者 —— **衣田順一**

張萍 —— 譯者

不論你現在正在處理的是哪種類型的文件，
寫不下去時，請隨時翻開本書

只需挑選書中任何一個詞彙再加以運用，
你的思路將會重新啟動，並且流暢無礙

　　　　　　　　　　——神田昌典

前言　筆，比劍更鋒利

這本書出版的目的是想要和你共同見證這件事情。

文案寫作，是一種從「賣不出商品、沒有自信」，變成「什麼都能賣、自信爆棚」的技能。不僅如此，我認為甚至可以解決所有的社會問題。

然而，比起社會問題，首先我想要解決的是你眼前的銷售問題。

我知道忙碌的商務人士們每天都深受績效目標設定、思考處理事務的優先順序所苦。因此，為了提升在工作上的實際效率、避免耗費時間學習文案寫作的邏輯，請將本書放在電腦旁邊，這本書特別設計成讓你可以隨時開工。我們的目標並不是要給你一本解說如何產出結果的文案寫作技巧書，而是想要直接帶領你進入這樣的世界。

我倆（神田昌典、衣田順一）已經和詞彙與數字打交道超過 25 年，出版這本書的目的就是為了當你停下筆、躊躇著無法前進時，可以協助你立刻選出所需的必要詞彙。

誇張一點來說，「擁有這本祕笈，就像是身邊坐了學霸一樣」。真心不騙。因為我們比任何人都迫切需要這樣的一本書。對於我們這種必須反覆進行文章指導的人來說，一次編寫完一本字彙大全的確可以省下大量的時間。而且，只要將這樣一本字彙大全交給我們的客戶負責人，雖然不會馬上轉變成為眼前的實體商品或是服務，但是卻可以實際展現在銷售結果上，有效提升銷售業績。

從行銷人員到總統，
這是一個人人都必須擁有「文字鈔能力」的時代

　　本書並不是一本僅為了幫助行銷或是行銷人員、寫手、小編達成業績目標而寫的書。根據世界級暢銷作家——丹尼爾·H·平克（Daniel H. Pink）的調查，不論任何工作，我們會花上 40% 工作時間進行「說服他人、影響他人、讓他人接受」這種廣義的推銷行為。而且隨著年紀增長，重要性大增。也就是說，就算是沒有自覺正在從事推銷工作，對任何人而言，精進說話技巧的方法，都是為了功名成就所不可或缺的事情。

　　當今現下，即使是在政治領域，文案寫作技巧也掌握了選戰的致勝關鍵。2008 年美國總統大選，歐巴馬陣營把官方網站「申請訂閱」的按鈕從「Sign Up（登入）」改為「Learn More（獲得更多資訊）」，結果意外多獲得了 18% 的訂閱者。此外，2016 年美國總統大選，川普陣營試圖找出能夠有效確保得票數的詞彙，並且進行了多達 56,000 種類型的廣告測試。

　　這些撼動人心的言語，透過「通訊交易」持續累積，並且經過約 100 年的廣告測試實證結果，而後又藉由數位革命讓實驗結果更加精準，到現在已經變得非常容易控制。

　　在數位時代下，每個人都應該擁有一盞只要摩擦就會產生魔法的「神燈」，也就是可以把在生活中常用的語言力量發揮到極致的文案寫作技巧。

足以撼動人心的文章最小單位

　　照理說，在數位時代下的文案寫作，應該更易於掌握數據並更明確地預期結果，可惜的是能夠將技巧妥善運用在工作的人並不多了。這背後當然是有原因的。

　　文案寫作的世界，真的是非常深奧。約在 30 年前，我身為一名外資企業代表，誓死達成銷售目標，否則就要面臨被開除的窘境。礙於此，我開始學習

文案寫作。當初我將文案寫作視為一種技能，其中所使用到的知識限定在銷售與推廣等業務用領域。然而，當我想要更進一步提升銷售結果，赫然發現各個領域的知識與竟然以極有趣的方式交織在一起。

某天，我突然接到了一個訊息。內容表示：「拜讀神田老師的銷售訊息後，我的憂鬱症突然好了」，我跟臨床心理師請教，結果竟然得知了「語言運用等同於心理治療」。

此外，從諾貝爾經濟學獎獲獎而受到高度矚目的行為經濟學案例中可以發現，很早以前就有文案撰稿人發現許多原則。比方說，「顧客在做決定時，不僅要在意理性面，更要在意感性面」這已是文案撰稿人之間約定俗成的必備常識。

一旦開始學習，就得埋首於龐大的資料山之中，配合步調快速的廣告媒體，必須讓文案寫作技巧進化。這是一個相當繁複的流程。除非是同道中人，否則進入門檻相當高。

再加上，為了方便以數字顯示比較結果，許多行銷人員很喜歡填空文案以及制式文案模型。我不認為擁有那些號稱「能夠熱賣的詞彙」後，就能夠把文案寫作工作做好，甚至可以挖掘出事物本質。因為那樣很可能會錯過一些「重要詞彙」。不，搞不好還更誇張。恐怕還會漏掉一些「重要條件」。

會和「詞彙」同樣被遺漏的「重要條件」，是什麼呢？

答案是──「配置」。

所謂「**配置**」是指「某個東西」「用怎樣的順序擺放」？相對於此，所謂「**詞彙**」則是指「如何」說明「某個東西」？也就是說，能夠提升讀者反應率的最小文章單位是**配置 × 詞彙＝反應率**。

經過縱向與橫向交織，就可以讓想要銷售的商品形象更加明確易懂，在「賣方」的提示下，符合條件的「買方」就會自動靠攏。現在，請立刻翻閱一下手上這本書。

詞彙

配置

The Principle of Copywriting, PESONA » Problem

營造迫切性

你是否有過這種經驗？認真打掃房間時發現自己一直下不了手，明明想要看一下其他家的新聞，結果卻一直訂閱同一家的報紙呢？一般來說，人類都會有一種特意避開重大變化或是未知體驗、想要維持現狀的心理狀態。明明想要停止，卻又繼續下去的，想做又好像不太想做，這種兩者之間共通的心情是「想要維持現在的狀態（現狀）」。這種心理狀態在行為經濟學中，稱作「現狀偏差（Status Quo Bias）」。

所謂的有所行動，就是改變現狀。當你要購買一個商品或是服務時，一定必須先停止手邊正在做的事情，改為進行「提出購買」的這個動作吧！如果正處於「現狀偏差」狀態，有幾個方法可以幫助你有所行動，其中，接下來要介紹的這個「急迫性」擁有的力量最大。因為就是直接給一個「現在必須得做」的理由。

然而，如果過度強調迫切性，恐怕就會變成只是在煽動危機感，反而成為「讓人覺得好可怕！」的文章，所以必須要維持一定的平衡才行。

已經結束了 ［結束、最後、Last、終曲、The End］

直接表現出「過時了」的感覺。也帶有一種「建議你最好停止」的語感。可以使用兩種句型，分別是如 0049、0050「結束了」這種新訂截鐵的斷定型，以及 0051 這種詢問「結束了嗎？」的疑問句形。

0049 週休二日、六日放假的時代已經結束了
0050 用「最低價格排序」搜尋的時代已經結束了？
0051 Google 廣告已經結束了嗎？

032

結局 ［最後、最後的、和 ★ 脫兩見、告別 ★★］

和「已經結束了」的意思相同，但是在語感上「結局」的次重感以及嚴重感更為強烈。「已經結束了」這種的表現，通常會有「已經有下一個新事物登場了」這種帶有希望的語感，但是「結局」這種情形則是有一種「看不到後續」、「破局」等的悲傷感。

0052 「太陽光電池淘汰化」的結局（產經新聞，2019年8月）
0053 中國人爆買後的結局
0054 是您真心解脫？檢視生活的結局

已經過時了 ［落伍、沒人氣的內容、舊款、★★的翻新］

先指出讓讀者知道的東西實際上已經是很古老的東西了，之後再提供最新的資訊，一種引發他人興趣的表現。同時，也讓讀者有一種如果比其他人更早知道，就會更厲害的感覺。

0055 感動人心的服務，已經過時了（初心者惜的幻想？）
0056 紙本市面已經過時了？（FINANCIAL FIELD，2020年2月）
0057 「一邊上有人，就用短訂把他住前推進」這種的想法已經過時了

落後一大圈 ［過時、時代錯誤、不合時宜］

單從表現上來看，與「落伍」類似，但是在意思上，以及使用方法上卻有很大不同。其實「落伍」比「落後一大圈」的延遲情形更嚴重，但是因為是很舊式的用法比較感覺不到這樣的氛圍。相對於此，「落後一大圈」則是在同一個競爭場上競爭，但是非常落後的感覺。

0058 在 SDGs 執行「落後一大圈」，令人驚到細的日系企業態度（JBpress，2021年4月）
0059 廣告評價很好「不貴」網路瘋傳，因而落後一大圈的理由（日經新聞，2023年2月）
0060 日本在無現金支付方面落後一大圈：用最短的時間追上世界的必要手段

033

沒錯，本書就是以橫向的「**配置**」與縱向的「**詞彙**」所構成。因此，「只需要把本書放在電腦旁，就可以立刻著手開始撰寫文案了」。

利用「PESONA 法則」，立即學會配置力

為了讓你可以立即開始使用本書，具體使用方法說明如下。能夠撼動人心的「配置」，通常會採取以下的順序：

Problem 問題	明確釐清買方的「痛點」
Empathy 共鳴	賣方必須理解買方的「痛點」，並且具備擁有解決問題的能力。
Solution 解決	找出問題的根本原因，提出「解決」問題的方法。
Offer 提案	為了方便找出解決方案，進行具體的商品·服務「提案」。
Narrow 符合	待解決方案奏效、買方願意購入後，必須提升需求「符合」買方的滿意度。
Action 行動	為了解決「痛點」，呼籲必要的具體「行動」。

根據上述英文開頭字母，我們稱為「PESONA 法則」。

以下是我（神田）開始從事行銷顧問活動時的真實故事。當時，我修改過一些客戶的銷售文案後發現，明明是同樣的商品，銷售量卻會突然倍增。文案內容其實大同小異，只是稍微做了一些配置而已。所以，具體來說，該如何運用這種方法呢？先透過一些範例題目來示範說明吧！

先給你一項作業，那就是試著思考「本書的銷售標題」。初學者剛開始聽到「某樣東西」、「如何銷售」等資訊時，應該會不知如何下手。總之，就先把已知的商品資訊排列出來。類似以下這種狀態：

> 「世上罕見的行銷‧標題文案作家，嚴選、彙整出能讓商品暢銷熱賣的2400條例句，一次大放送給商務人士。一本可以讓人生富足一百年的必備‧實用書，終於出版發行！」

雖然，以上內容還沒有用形容詞修飾過，還有一些不太通順的地方。不過主旨想要表達的意思顯然就是「這是一本由資深文案撰稿人撰寫的書，只要選擇本書就沒錯了。有志於文案寫作的人們，請從本書開始」。

結果，這樣其實只能夠表達出「我很厲害吧？」。這是第一次約會，卻只表達了「我很厲害吧？」當然就不會再有第二次約會的機會了。

因此，我們應該將這些腦袋中的內容資訊，先以PESONA法則排列，必須先了解買方的「痛點」是什麼？這樣一來，就會很自然地從自己的觀點切換為顧客的觀點。

於是，內容就會變成——「在必須以具體數字呈現結果、承受強大壓力（P）下，即使過去沒有任何銷售相關經驗（E），只要翻閱本書也可以在10分鐘內寫出足以刊登上架的文案，這般令人難以置信的銷售數字提升祕訣就在於經實證有效的嚴選詞彙 × 配置模型（S）後的2400條例句。原本是專業文案撰稿人想要將教學內容傳承給學員而編撰成冊的東西，現在終於

對外公開並且成為可以廣為運用、累積複製的靈感資料庫（Swipe File）（O）。讓所有不擅於銷售的人（N）都能夠享受到商品暢銷熱賣的喜悅。如果沒有跟著這樣做，你的商品恐怕一輩子都賣不出去。請務必把這本能夠讓你人生富足一百年的聖經放在手邊（A）」那麼，文案標題就會是：

運用「PESONA 法則」前
經世間罕見的行銷‧標題文案作家嚴選、彙整，將能夠讓商品暢銷熱賣的
2400 條例句，一次放送給商務人士。

運用「PESONA 法則」後
能夠幫助你開創百年富足人生的聖經──2400 條例句 × 經實證有效的配
置模型，讓原本不擅長銷售的你，也能搖身一變成為銷售達人。

　　應該就可以發現觀點變大，而且變得有所不同吧！話說回來，這種引言式的配置也可以善用這種方法──

P 比起社會問題，大家想要先解決的是能否賺到錢的問題。
E 我們非常理解必須詳細管理業績目標、被工作優先順序壓得喘不過氣
　 的你。
S 目標是要成為一本，讓你感覺好像有專家在身邊一樣的工具書。
O 配置 × 詞彙＝顧客反應率
N 我認為這種文案寫作方式可以解決世界上的任何問題。
A 請務必試著使用本書。

　　這樣一來，應該就可以理解如何使用 PESONA 法則了吧！

當然，這只是基本形態。你探索想要表達的資訊，找出對銷售而言的必要資訊後，就只需要替換各個條件的順序。比方說，想要向一邊看著手機，一邊考慮是否要購買本書的客人傳達訊息。

S　利用「運用嚴選 2400 句 × 熱賣句型」提出商品獨特性，向已經限縮　範圍的顧客發出訊息，再者
O　對於一個消費者已知的品牌，先提出折扣優惠或許比較好。

事實上，這個引言式的開頭就寫著「文案寫作，是一種可以讓你從賣不出商品、沒自信的人，變成擁有什麼都能賣、自信爆棚的技能。」

從這段話的內容中，可以得知「為目標顧客帶來利益」，就是先前所提及的解決方案（S）。

另一方面，就像是電視廣告，想要擴大預期效果時，必須深入理解顧客所抱持著的痛點，將濃縮在 15 秒的故事後播放出去，再加上可以引起共鳴（E）的演員。

如果能在這樣的原理原則下累積經驗，就能有效地自由應用這些技巧。

為了生活，我們開始學習

依據「PESONA 法則」，開始撰寫銷售資訊草稿時，必須快速統整進行銷售的所有準備工作。因為，必須將買方決定購買時應該要知道的條件，毫無遺漏且不多餘地依序引導出來。

重點就是：

① 找出「痛點」（Problem）
② 利用自己的「價值」（Offer）

③「解決問題」（Solution）

這就是從「PESONA 法則」所導引出的銷售資訊核心。

或許你只是為了工作而拾起本書，但是 PESONA 法則卻可以幫你從讀者的觀點梳理資訊。還可以運用在網頁設計的配置、畢業論文，甚至是劇本等各式各樣的文件。

再者，也可以將他人的痛點直接轉換成社會的痛點，如果能夠運用在幫助解決社會難題的提案文件上，自然也會提升你的「價值」與「才能」。

因此，開頭時我們曾提及「筆，比劍更鋒利」。

說實話，本書的兩位作者神田與衣田當初都是為了生活所需才開始學習這項技術。然而，在看到銷售成果時，才發現語言的力量竟然能夠如此直接地撼動人心，原本看來多麼難解的社會問題也可能從中迎刃而解，感到非常驚訝，進而一頭栽入、迄今不可自拔。

在擁有本書的讀者當中，未來肯定會有與我們同樣能夠察覺語言力量、同樣對於推動專案特別有緣份的人出現。

我們非常期待與你相遇，首先，希望你能夠將言語的力量運用在工作上，並且取得一定的成果。我們只是提早學習了這項技巧，現在有機會將這種力量轉交給你，我們感到非常榮幸。

神田昌典

本書的有效使用方法

　　本書收錄了 800 個可以直接複製，就能達到一定的效果，以及可以期待效果的詞彙，每個詞彙分別舉出 3 個例句，總共有 2400 個例句。

　　你可能會覺得：「只要隨便上網找一些看起來不錯的表達方式，不就好了嗎？」不過，這本書是根據以下三個文案寫作觀點嚴選出詞彙的：

❶ 商業策略的觀點

❷ 行為經濟學的觀點

❸ 配置 × 詞彙的觀點

　　接下來一一解說。首先，是 ❶ 商業策略的觀點。典型的範例像是 P.229 的「＊×＊」。嚴格來說，不能算是「詞彙」，但和所謂的「字」又有些微差異。是將兩個不同的東西加在一起，產生完全不同的另一種概念，也就是一種「定位策略」（自家公司與自家商品在市場上的定位）。例如：「數位 × 類比」，即是在宣傳結合數位與類比各自的優點後，產生與其他商品不同的特色。

　　除此之外，P.227 中還有「請放心交給我們」。比方說，像是「Instagram 的演算法解析相關問題，請交給我們」可以讓對方清楚得知我們擅長的領域。像這樣，我們大量篩選出可以成為商業策略提示的詞彙。

　　然後，為了讓各個例句有機會演變成為具體的商業策略想法，本書大量引用實際案例。沒有記載資料來源的部分是確實思考過，但是坊間已經有大量實際運用在銷售文案的案例。另一方面，一些有記載資料來源的部分，則是在大

學或是政府機構等形象較為「僵固」所使用的特殊文案，其實相當有趣。

因此，這本書並不是單純的要你「填空」，而是希望你能運用這些詞彙或是例句引導出商業策略想法。

接著，是 ❷ **行為經濟學的觀點**。我們會在 P.185 解說「行為經濟學」，簡單來說就是在過去的經濟學上加入心理學，行為經濟學是用來研究人類決策機制的一門學問。

比方說，在 P.52 有一個「提問」類別。這與行為經濟學中的「促發效應（Priming Effect）」有關，當人們被問到一些問題時，往往會影響後續的行為表現。在該類別中會進一步解說何謂「促發效應」。以行為經濟學為基礎、進行分類，往往可以促使讀者付諸行動。

此外，本書會先大致區分為「PESONA」等 6 個「章節」後，再細分「類別」。各類別都有解說內容，你只需要閱讀，即可學習到文案寫作知識。搭配章節與類別的解說，我們會在不特定的位置加入「專欄」，你可以依序閱讀，把這本書當作一般「書籍」一樣好好感受。

最後是 ❸ **配置 × 詞彙的觀點**。本書內容雖然是用在「標題」的詞彙，但是本書的基礎——「PESONA」本來就為了撼動人心而設計的文章基本配置，因此當然也有一些詞彙可以用在文章裡。

比方說，P.227 的「所以」，當 PESONA 的 E 移動到 S 時，也就是經常會用於發出問題、獲得共鳴，而提出用在解決方案的詞彙。或是如 P.335 的「現在請您立刻＊＊」或是「請您先＊＊」的表現即是 PESONA 中 A「呼籲行動」的典型表現。

像這樣，不僅是可以運用在標題的詞彙，也包含了一些可以在 PESONA 文章配置中使用的詞彙。

與此同時，針對可用於標題的詞彙，在 PESONA 的 6 大概念下，我們也設計了一些範疇，並且彙整出屬於該範疇的詞彙。比方說，在 PESONA 的 P ＝ Problem「提問的表現」中再加上「指出問題點」。

　　還有在「營造迫切性」、「提問」等的範疇內，分別放入適當的詞彙。

　　希望各位讀者特別注意的是，一個詞彙不僅會出現在一個範疇內，也可能適用於多個範疇。比方說，P.359 的「保證」雖然歸屬於 PESONA 最後的 A＝Action「促使行動的表現」中的「產生安全感」，但是也符合 PESONA 中的 O＝Offer「提案表現」中的「提出銷售條件」。

　　就像這樣，由於對應的範疇不限於一種，因此可以獲得不同的商業想法以及靈感，所以在這次的增訂版中，我們增加了以下兩個功能，方便你快速檢索到想像中的理想詞彙。

① 詞彙刊載順序一覽表
② 例句（關鍵字）・快速檢索

　　以下就來解說分別的使用方法吧！

　　首先，從 ① 詞彙刊載順序一覽表可以看到 PESONA 以及 800 個詞彙一覽表。如同先前說的，一個詞彙可以橫跨多個範疇，我們可以用更寬廣的視角去探索，不需要侷限在某個範疇之內。在需要思考「應該要用什麼詞彙，比較好呢？」、「有什麼好主意嗎？」的情況下，可以一目了然地、有效尋找出合適的詞彙。

　　接著是 ② 例句（關鍵字）・快速檢索，我們可以在「想說這個詞彙應該會出現在某個地方吧？」或是「想參考某個詞彙的解說內容或例句」時使用。也就是說，最好是在該詞彙本來就已經存在腦海中時使用。

　　本書會針對一個詞彙提出 3 個例句，但是有些時候相同的詞彙也可能會使用在其他詞彙的例句之中。比方說，P.369 中出現了「滿載」這個詞彙，但是它也可以使用在不同的詞彙例句裡，像是例句編號 0467、0480、0905。類似這種方法，同時參考其他詞彙的例句，會更容易激發出靈感！

　　然而，像是 P.254 的「○特選（○特殊）」以及 P.164「＊＊方法」等常見

詞彙，我們會摘錄出較具有效果的例句，並且為例句編號。

自 1932 年出版，迄今仍廣為流傳的文案寫作名著──《The Copywriting》，作者約翰・凱普斯（John Caples）曾說：「說些什麼，比如何說更為重要」。這的確是不爭的事實，雖然照理說內容應該遠比表現來得重要，但是如果不了解「該如何說」，讀者也無法想像能說出些「什麼內容」吧！

本書收集了「該如何說」的各種變化，希望你可以從中延伸出「要說些什麼」。比方說，假設你是一名教中文的老師。你會如何宣傳自己的能力呢？會想要主打「可以輕鬆學好中文的方法」，還是表現出「提供日本人最容易理解的中文會話課程」、「給一直無法學好中文者的處方箋」呢？類似這樣，我們可以從句子的變化表現來思考「該如何說明某件事物」。

這本書收錄了 800 個詞彙，要把這些全部放入腦中著實有些困難。因此，建議寫文案時把書放在手邊，有需要再翻找一下這些詞彙即可。然後把一些自己覺得很有 fu 的詞彙，試著用「具體的使用方法＝例句」為引，再加入個人原創想法，就可寫出讓讀者「感動的文章」。

一寫就大賣的文案聖經

目 錄

Problem ｜ 提問的表現

Empathy ｜引起讀者共鳴的表現

Solution ｜提出解決方案的表現

Offer｜提案的表現

Narrow｜選擇對象的表現

Action ｜促使行動的表現

Problem
提問的表現

行銷，是一件非常值得自豪的行為。

因為，行銷的本質是——

在發揮自己的「才能」的同時，還能夠解決他人的「問題」。

文案撰稿人是發現問題專家

行銷是一件非常值得自豪的行為。因為，行銷的本質是──在發揮自己的「才能」的同時，還能夠**解決他人的「問題」**。

因此，我們必須從「PESONA 法則」中的「問題（Problem）」開始思考。比方說，我們撰寫一份有助於提升業務效率的 IT 服務網站文案。該如何把顧客所持有的「問題」幻化成文字呢？

「隨著<u>少子化、高齡化</u>問題日益嚴重，預測<u>人力招募將會變得更加困難</u>……」

「跟不上<u>工業 4.0 革命</u>腳步的老闆特徵是？」

「沒有進行<u>工作方式改革</u>的企業致命錯誤是……」

使用像上面畫底線的詞彙，完全是 NG 的行為。只會讓讀者哈欠連連。文案撰稿人並不是政治家或是經濟評論家。我們並不是要解決社會問題。我們必須將顧客本身的、個人的問題，也就是「痛點」用詞彙表達出來。

這個部分非常重要，所以我想要多重複幾次。我們應該聚焦的並不是社會性的問題，而是個人的「**痛點**」、「**痛點**」、「**痛點**」。

為了有效延伸出這樣的視角，可以先提出以下問題：

【關鍵提問】

- 讀者會在怎樣的情況下 氣到想要大吼大叫 呢？
- 怎樣的事情會 讓人煩惱到夜不成眠？感到不安 呢？
- 如何用「五感」的方式描述讓讀者感受到 「憤怒・煩惱・不安」 的場景呢？

思考完這些問題的答案後，再試著進行前面有助於提升業務效率的 IT 服務網站的文案創作，會變成什麼樣子呢？

「隨著少子化、高齡化問題日益嚴重，預測人力招募將更加困難……」

➡「疑？找不到人？你確定真的有刊出招募廣告嗎！？」

「跟不上工業 4.0 革命腳步的老闆特徵是？」

➡「你知道年輕 IT 工程師心中『典型的』糟糕企業是什麼嗎？」

「沒有進行工作方式改革的企業致命錯誤是……」

➡「管理階層真的有在進行『工作方式改革』嗎？」

如同上述內容，深入挖掘他人的痛點並且思考，如果對於那樣的痛感能夠感同身受，就能夠使用出更加貼切、讓顧客有所共鳴的詞彙。

「但是，我們銷售的產品不是『解決問題的產品』，而是更接近於『提供滿足感和快樂的產品』，因此這個理論並不適用」。

應該會有讀者提出這樣的抗議吧！確實，如果對象是流行商品、娛樂活動或是美食餐廳等的顧客，或許很難感受到「痛點」。然而，這些只是**表面看起來如此**不是嗎？

- 返家途中，在電車內專注地滑流行商品網站的上班族 OL，是否有在職場中壓抑個性的「**痛點**」呢？
- 熱衷於偶像崇拜的程式設計師，是否有著<u>無法自拔</u>的「**痛點**」呢？
- 在美食餐廳優雅用餐的夫妻檔，是否有著<u>因為平時過於忙碌，每天只能擦肩而過</u>的「**痛點**」呢？

像這樣……

- 那些原本擔心東、擔心西，而不斷找藉口的人，以及
- 連自己都沒發現，但是已經不自覺顯露出痛點的讀者

就會願意開始敞開心扉、側耳傾聽。

　　滿足「一寫就大賣」的條件是擁有能夠發現他人痛點，以及一顆為他人著想的心。感同身受他人的痛點，將截至目前為止所隱藏的問題，化作能夠溝通的語言、提出能夠實際解決問題的方法。反過來說，想要提升銷售額，不僅要能夠發現「問題」，還必須找出真正的「問題」，才能夠提升銷售額。

　　因此，文案撰稿人甚至可以說是「**能夠發現真正問題的達人**」。

　　然而，日本以及全世界一直以來所囤積的難解議題堆積如山。因此，希望你可以在磨練文案寫作能力後，在面對這個令人感到焦慮不安的世界時，從任何角度去看，都能覺得像是一座充滿希望的寶山。

指出問題點

　　商品或服務是為了要解決某些人的「問題」而存在。因此，可以**指出問題點，引起讀者注意**。

　　在這之前，文案撰稿人必須知道**讀者意識到多少問題，接著必須改變自己想要提供的資訊內容**。以「減重」舉例，有人表示「無論如何都要在夏天來臨前瘦下來。想要以美好的體態去參與帥氣的水上運動」。因此，如果其他人勸說：「我們擁有可以讓你有效瘦身的方法唷！」，往往很容易就會淪陷。另一方面，一些原本在體質上代謝不良、對於「必須得先瘦下來」的目的意識較為薄弱的人，即使告訴他：「這樣的做法有助於瘦身唷！」，也不見得能輕易打動他。

　　我們必須知道第一種人有興趣知道「能夠快速瘦下來的方法是什麼？（what）」，第二種人則要讓他知道「必須先自覺有肥胖問題，以及為什麼肥胖是個問題（why）」。類似這樣，**必須根據讀者意識所處的層級，改變資訊內容。**

問題　　　　　　　　　　　近似詞 煩惱、風險、危險性

提出「問題」、引發興趣，能輕鬆引導讀者繼續看下去。再者，對於「解決方案」如果夠獨特、能夠勾起對方興趣時，一起寫下來更能得到對方關注。但如果知道對方肯定會說：「啊，我知道，就是那個」時，就不要先讓對方看到解決方法，只要點出問題就可以了。

0001 國小班親會中的常見問題

0002 GOOGLE 創新策略的問題癥結點
（Forbes JAPAN，2019 年 4 月）

0003 利用「低技術產品」即可解決重複投遞的問題
（日經 MJ，2018 年 10 月）

錯誤、大錯誤

近似詞 誤解、陷阱

這個句型只要單純提出錯誤即可。但是，也因為很單純，所以力道不會太強，如果放入一些令人非常在意的內容、加入數字，或是「重大錯誤」，即可帶來較為強烈的印象。

0004 選擇第一次約會服裝時，常見的錯誤是？

0005 眼部相關手術「選擇大學附屬醫院就安心了？」，那可是大錯特錯
（PRESIDENT Online，2019 年 8 月）

0006 人人必犯的 5 大錯誤～就是這樣才會沒有客人
（《90 天讓你的企業更賺錢》）

常見錯誤

近似詞 常有的失誤、典型的錯誤

由於沒有人願意犯錯，因此很容易引起讀者的興趣。「錯誤」的表達方式有多種變化，但是，使用這些表達方式的共通點就是必須提出一些如果犯了錯就一定會出問題的事。如果是即使犯錯也無所謂、不會造成任何損害，讀者當然也不會感興趣。

0007 選擇第一次約會的地點，
男性常見的 7 大錯誤

0008 使用敬語表達禮貌時，典型的常見錯誤

0009 日本人用英語撰寫文章時常見的 5 大錯誤

充滿錯誤（誤解）

近似詞 滿嘴謊言、別被＊＊騙了！

常見的表現法類似《全盤皆錯的選車法》。因為「充滿錯誤（誤解）」，所以必須在有很多錯誤內容的情況下才能使用。如果僅有兩、三個錯誤，卻使用「全盤皆錯」的表現法，反而會讓讀者讀完後有一種失望感。

0010 充滿錯誤的升學補習班選擇法。
上課前應該知道的事情

0011 充滿錯誤的行銷知識
（《用小預算掌握優良顧客的方法》）

0012 對伊斯蘭教充滿誤解！
日本人為什麼會有滿滿的誤解呢？
（DIAMOND online，2019 年 8 月）

雖然可以 A，但並不是 B 唯一的　近似詞 B 不是都是 A、A 也需要 B

在 B 的部分放入「價值」或是「目的」，再將「一般認為必要的內容」放入 A。如 0013 的例句，指出「一般認為教師的工作就是要照著教科書上課，但是其實不僅是如此」以引起他人注意。前半部分為複數內容時，不能夠說「僅有」，這時就不適用於這個詞彙。

0013　雖然需要教導學生教科書上所寫的內容，但那並不是教師唯一的工作

0014　雖然可以到甲子園比賽，但那並不是高中生打棒球唯一的目的

0015　給正在參與就業活動的你同學。雖然可以獲得收入，但那並不是工作唯一的目的

障壁（障礙）　近似詞 難處、困難、窒礙難行點、＊＊就只能到此為止了

會阻礙人們前進，最具代表性的就是牆壁了。類似的詞彙，還有「門檻、跨欄」。帶有即使跨越門檻很困難，還是「想要努力超越」那種積極進取的感覺，因此會與障壁的語感有所不同。

0016　阻礙新創公司成長的障礙

0017　請注意隨著年齡增長，工作越難轉換的障礙，在那之前應該要做一些準備

0018　打破地方的障礙・遠距工作的新常識

幻想　近似詞 妄想、誤解、＊＊並不實際

用來表示原本以為是美好的事物，但其實並非如此，或者是指該事物並不實際存在，帶有「幻想」的意思。言外之意是「你的想法是錯誤的唷！」。

0019　幻想「自己無法成功」

0020　幻想成為勝利組
（《人云亦云的傳染病》）

0021　夢想與現實的鴻溝，成為入贅女婿的幻想

謊言

近似詞 ＊＊的誤解、不可以相信＊＊

提出「你認為是事實，但其實錯了」的說法，將能夠引起強烈的注意。但是，「謊言」這樣的語感往往會讓人帶有負面的感受，比起用於較輕鬆的主題文章內容，通常用在比較嚴重的問題。

0022　「利用遊輪促進觀光」就是一個荒謬的謊言（PRESIDENT Online，2019 年 8 月）

0023　清真認證的謊言：只要你認識真正的伊斯蘭教，就能發現商機

0024　行銷知識的 11 大謊言

壞習慣

近似詞 惡習、不知不覺間損失了＊＊

每個人一定都會有 1、2 個即便知道那是自己的問題，也不願意改變的壞習慣。藉由指出「該習慣會帶來不良影響唷！」，讓讀者去確認一下自己的生活習慣是否有被說中。

0025　會把房間弄亂的 15 個壞習慣

0026　對 20 歲肌膚有害的 5 大壞習慣

0027　你的孩子沒事吧？
小學畢業前必須終止的 11 大壞習慣

總是不太順利

近似詞 難以＊＊的人、對＊＊有難以下手的感覺、不太會＊＊

如 0028 或是 0029 的例句，表達模式是原本擁有「希望能夠順利的事物（戀愛、致詞等）」，結果卻不太順利，肯定是有什麼問題吧？以及如例句 0030，「明明擁有正常來說，應該會很順利的條件，但是為什麼結果會不太順利呢？」的表達模式。

0028　戀愛總是不太順利者的思考模式

0029　喜宴致詞總是不太順利者的最大特徵

0030　擁有高學歷的他，
為何在公司裡總是不太順利呢？

糟糕

如同 P.40「缺乏的」的意思。<u>因為缺少了一些什麼，而感到可惜、覺得期待落空的狀態</u>。包含了人類的主觀情緒在內，例如「失望」。或是，也可以與「非常糟糕」這種詞一起使用，用以單純表達負面語感。

<u>近似詞</u> 期待落空、千萬不能做的、這種＊＊實在太討厭了

0031 穿西裝時明明很帥氣，一穿上便服卻看來很糟糕的 20 歲男子擇衣標準

0032 「好員工紛紛離去」，一間糟糕公司的特徵（PRESIDENT Online，2019 年 1 月）

0033 糟糕的資產運用方式，這就是為什麼你的錢永遠都不會增加

常見問題

<u>加上「常見」一詞，可以喚醒他人對這件事情的共鳴</u>，「這個問題，不是只有我有」。再者，如同 0036 即使是不太會發生的問題，卻是一種讓人覺得「如果發生了就會很麻煩」的情境，人們往往會對該話題感到興趣。

<u>近似詞</u> 容易發生的問題、容易不小心＊＊

0034 最能夠有效解決電腦當機等常見問題的方法

0035 孩子有在升學補習班補習的學生家長，與學校老師之間常見的問題

0036 住在獨棟建築，與隔壁鄰居經常發生的 5 大常見問題。事前預防避免會被他人厭惡的事物。

NG

<u>使用時帶有一種「不可以做」、「出局」、「非一般常識」的感覺</u>。稍微帶有輕浮的語感，因此必須確認一下在某些正式場合使用的話是否會不太適合。此外，也會產生一種讓人想要確認「自己是否也被歸類在內」的效果。

<u>近似詞</u> 出局、不可以做、你會不會＊＊呢

0037 「加油」何時變成了 NG 用語？（東洋經濟 ONLINE，2019 年 7 月）

0038 絕對不可以！愛犬教養的 5 大 NG

0039 拍賣會上不可購買的 NG 商品。如果你不清楚，恐怕就會犯法了

一年比一年難

隨著技術進步，有些事情因而變得越來越容易，但是有些事情則會因為時代變遷或是競爭環境等而變得一年比一年困難。<u>基於未來會變得越來越難的理由，會讓人覺得現在就應該要開始做。</u>

近似詞 一年追得比一年辛苦、變得日益困難、＊＊已經這麼逼人了？

0040 美容業的新客招募，一年比一年難

0041 想要確保護理人員的就職人數不流失，一年比一年難

0042 受到少子化影響，要找到優秀的畢業新鮮人一年比一年難

覺得尷尬

人們最希望避免的事情之一就是「尷尬」。<u>一般來說，表達模式會是先描繪出一些會令人感到尷尬的場合，並且擴大該情境，</u>然後在後續的文章中提出具體範例。如果擔心無法想像出那尷尬的畫面，也可以提出幾個一般人經常會在腦中浮現出的情境，比較容易引起讀者興趣。

近似詞 可恥、臉紅、不願回想的＊＊

0043 你會不會覺得觀摩教學很令人尷尬？

0044 給那些會覺得上台發表很尷尬的人

0045 在部屬面前，你是否有過如此尷尬的經驗？

有限度

這種表現方法可以用在負面也可以用在<u>正面</u>。一般來說會用於負面的通常是「太過度了」、「要收斂一點」這種語感。另一方面，在文案寫作方面，用於正面語感時則帶有「不可抗拒」的感覺。

近似詞 如果＊＊就不會、過於＊＊所以＊＊

0046 麻煩也要有限度，密碼設有文字位數上限的理由（日經 xTECH，2018 年 9 月）

0047 吃太快也要有限度，會突然提高糖尿病風險的用餐時間？

0048 可愛也是有限度的，一眼就愛上的幼犬睡姿大集合

不為人知的文案寫作歷史　■ COLUMN

　　文案寫作（Copywriting）已經在美國實行超過 100 年。一般認為是因為美國國土遼闊，如果想要挨家挨戶拜訪的話，效率實在太差，因此改採「寫信」作為銷售方式。約翰·凱普斯（John Caples）以及大衛·奧格威（David MacKenzie Ogilvy）等偉大的廣告人已經將「在寫作過程中，最能夠獲得客戶反應的強力詞彙使用方法」加以系統化。

　　另一方面，日本的國土比美國來得狹窄，面對面即足以完成銷售工作。因此，銷售時不太需要寫出一封冗長信件。然而，**隨著網路的出現，文案寫作的需求快速提升**。到了 1990 年代後期，神田昌典將美國的文案寫作技巧帶入日本，並且傳授技巧到一般民眾都知曉。

　　然而，學校或是職場還是沒有教。所以目前只有一些人才知道，可以說是一種稀有的技能。

營造迫切性

你是否有過這種經驗？認真打掃房間時發現自己一直下不了手，明明想要看一下其他家的新聞，結果卻一直訂閱同一家的報紙呢？一般來說，**人類都會有一種特意避開重大變化或是未知體驗、想要維持現狀**的心理狀態。明明想要停止，卻又繼續下去的、想做又好像不太想做，這種兩者之間共通的心情是「想要維持現在的狀態（現狀）」。這種心理狀態在行為經濟學中，稱作「現狀偏差（Status Quo Bias）」。

所謂的有所行動，就是改變現狀。當你想要購買一個商品或是服務時，一定必須先停止手邊正在做的事情、改為進行「提出購買」的這個動作吧！如果正處於「現狀偏差」狀態，有幾個方法可以幫助你有所行動。其中，接下來要介紹的這個「急迫性」擁有的力量最大。因為就是**直接給一個「現在必須得做」**的理由。

然而，如果過度強調迫切性，恐怕就會變成只是在煽動危機感，反而成為「讓人覺得好可怕！」的文章，所以必須要維持一定的平衡才行。

已經結束了

近似詞　結束、最後、Last、終曲、The End

直接表現出「過時了」的感覺。也帶有一種「建議你最好停止」的語感。可以使用兩種句型，分別是如 0049、0050「結束了」這種斬釘截鐵的斷定句型，以及 0051 這種詢問「結束了嗎？」的疑問句形。

0049 週休二日、六日放假的時代已經結束了

0050 用「最低價格排序」搜尋的時代已經結束了

0051 Google 廣告已經結束了嗎？

結局

近似詞 最後、最後的、和＊＊說再見、告別＊＊

和「已經結束了」的意思相同，但是在語感上「結局」的沉重感以及嚴重感更為強烈。「已經結束了」這樣的表現，通常會有「已經有下一個新事物登場了」這種帶有希望的語感，但是「結局」這種情形則是有一種「看不到後續」、「破局」等的悲傷感。

0052　「太陽光電泡沫化」的結局
（產經新聞，2019 年 8 月）

0053　中國人爆買後的結局

0054　是悲哀？還是解脫？婚姻生活的結局

已經過時了

近似詞 落伍、沒人氣的內容、舊款、＊＊的創新

先指出讀者知道的東西實際上已經是很古老的東西了，之後再提供最新的資訊，一種引發他人興趣的表現。同時，也讓讀者有一種如果比其他人更早知道，就會更厲害的感覺。

0055　感動人心的服務，已經過時了
（《用心款待的幻想》）

0056　紙本存摺已經過時了？
更方便的網路存摺使用法是什麼？
（FINANCIAL FIELD，2020 年 2 月）

0057　「一疊上有人，就用短打把他往前推進」
這樣的想法已經過時了

落後一大圈

近似詞 過時、時代錯誤、不合時宜

單從表現上來看，與「落伍」類似，但是在意思上，以及使用方法上卻有很大不同。其實「落伍」比「落後一大圈」的延遲情形更嚴重，但是因為是很舊式的用法比較感覺不到競爭的氛圍。相對於此，「落後一大圈」則是在同一個競技場上競爭，但是非常落後的感覺。

0058　在 SDGs 執行上落後一大圈，
令人感到絕望的日系企業敏感度
（JBpress，2021 年 4 月）

0059　唐吉訶德堅持「不做」網路販售，
因而落後一大圈的理由
（日經新聞，2023 年 2 月）

0060　日本在無現金支付方面落後一大圈：
用最短的時間追上世界的必要手段

嚴重的

近似詞　重大的、根深蒂固的、急迫的

帶有急迫且重要的意思，可以用來強調<u>問題的嚴重性</u>。雖然容易戳到認真煩惱該問題者的痛處，但是隨意使用也可能會讓人感覺是在「煽動」或是「誇飾」，因此使用時必須特別注意，不要貽笑大方。

0061　比起因為「老化」而忘東忘西，「失語」的問題更嚴重（東洋經濟 ONLINE，2022 年 12 月）

0062　想要舒適度過夏天？10 大嚴重肌膚問題解決方案特輯

0063　人手不足問題日益嚴重，期望透過改革提升薪資水準（日本經濟新聞，2023 年 2 月）

末路

近似詞　落寞、故事的結局、結束、前途

用於覺得前景不太好時。在語感上會<u>散發出一種悲壯感</u>。因此，不會與正面詞彙搭配使用。

0064　自以為了不起，總是一副高高在上。「同學會風雲人物」的末路（PRESIDENT Online，2019 年 9 月）

0065　某位資本家的悲慘末路

0066　某位男子與自家老闆發生激烈衝突後的末路

逼近

近似詞　湧入、即將到來、靠近、迫近、迫在眉睫

<u>用來表示未來即將發生的問題已經開始靠近</u>。經常用於該問題較為嚴重，並且伴隨著恐懼感的一種表現，與「煽動表現」僅有一線之隔，因此必須充分考量使用情境。

0067　第二個黑色星期一？全球大恐慌再次回歸，持續逼近的恐懼感

0068　保護你不受正在逼近的新型冠狀病毒感染威脅

0069　「最後再一杯」，你還好嗎？脂肪肝逼近中

昨日的

進行文案寫作時,這個詞彙通常不會如同字面意義用來表示「一天前的事物」,而是帶有一種「過去的」意思。可以從中表現出類似「過時」或是「已經老舊」的感覺。

0070 你所知道的,已經是昨日的記憶了
（Apple.com）

0071 不能輸給昨日的我!

0072 為了不要被同事說「你穿的是昨天的衣服」,應注意的配色原則

已經不再是＊＊

近似詞 現在已經不是＊＊、事到如今,
已經不是＊＊

用以表現出「以前並不是如此,但是現在已經不同了」。可以強烈表現出自己的主張。控訴「時代變了」,會讓讀者更想知道有那些變化。

0073 GAFA已經不再是威脅了（《Impact Company》,
（譯註:GAFA 為 Google、亞馬遜、Facebook、蘋果等四家美國科技公司的合稱。）

0074 已經不再是聰明才智的問題了,
想要成為領導者的 4 個必要步驟
（Forbes JAPAN,2018 年 8 月）

0075 大多數現代女性已經不再把結婚當作目標了

不知道可是你的損失

近似詞 為了避免（防止）＊＊希望你必須知道的事

讓人覺得「接下來所要提供的資訊非常有益、聽到賺到,但是知道的人知道,不知道的人就不知道」。所以後續揭露的內容如果對讀者有益,將可贏得信任與塑造權威感。

0076 多功能空調的標準配備,
不知道可是你的損失

0077 不知道可是你的損失!
醫療費用的「密技與陷阱」
（DIAMOND online,2011 年 1 月）

0078 好不容易買了一座獨棟新別墅。
但是,如果不知道減稅機制,那可是你的損失

應該要知道的

與前頁「不知道可是你的損失」擁有相同的意思。由於直接表現出「損失」，往往會伴隨著痛苦的印象，想要避免這種情形時，也可以改用「應該要知道的」。傳達出「不知道可就糟糕了唷！」的語感。

0079 商務人士應該要知道的 110 報警基礎知識
（ITmedia，2011 年 10 月）

0080 身為企業家，不可不知的事

0081 網頁設計師製作網頁時應該要知道的事

不知道可就尷尬了

用反話表現出「這是你應該要知道的」的方式，比起直接講出「這是你應該要知道的」更具有衝擊力道。「尷尬」這個詞彙可以用來刺激讀者所處的社會地位以及自尊心，因而產生非常強烈的吸引力。然而，後面的內容，如果不會讓人覺得尷尬時，最好還是避免使用，會比較安全。

0082 不知道可就尷尬了的上香規定

0083 初次在眾人面前演講者必看。
不知道可就尷尬了的閒聊基本功

0084 《不知道可就尷尬了，全世界的重大議題》
（池上彰著）

回歸

過去曾經發生過，但是現在又再度發生時的表現，可用於正負面的敘述。如同 0085 或是 0086，用於正面時，可以展現出「興奮感」。但用在像是 0087 這種負面狀態時，則會展現出一種「不安感」。

0085 魔術方塊的人氣回歸了嗎？
令孩子們著迷的理由

0086 當地的保齡球館正在蓬勃發展。
60 多歲族群是保齡球熱潮回歸的助攻者

0087 有一種就職冰河期即將回歸的預兆

風險、危險

近似詞　危機、冒險、賭、賭博

會讓人想要避免的典型詞彙有「風險」以及「危險」。告知大家「有危險」，會比起說「有問題」，聽起來更嚴重。因此，如果將其用在一些無關緊要的情況時，可能會被認為是「放羊的孩子」。為了避免亂用，建議要先確認時機再使用。

0088 亂用遣詞用句，
恐怕會成為雙方初次見面時的風險

0089 只有冒著風險、奮力 Challenge，
才能體驗到最大的樂趣

0090 企業踩著油門持續往前衝，
其中潛藏的 3 大危險
（《神話般的管理》）

暗黑

近似詞　真相、影子、黑暗

基本上用來表現負面的感受，以及強調負面。會讓人覺得有一些表面看不出來的祕密故事，所以能夠醞釀出一種神祕的氛圍。也可以用在如同「暗黑火鍋」帶點「謎樣」的語感。

0091 網路廣告的暗黑之處
（NHK）

0092 專家警告，開發生成式 AI 的暗黑問題？

0093 輕鬆挖掘出你本身沒注意過的內心暗黑面

陷阱

近似詞　陰謀、trap、策略、祕密行動、遭到設計

陷阱是由某人故意設置的東西。表明該陷阱是由自己以外的其他人所設置。也可以用於自己陷入負面狀況，類似掉入「深淵」的意思。相對於掉入「深淵」，「陷阱」比較像是受到某人意圖影響的感覺。

0094 損失額高達 4 億元！
連科學家牛頓也會掉入的市場陷阱
（日經 Business，2019 年 5 月）

0095 從公司辭職、獨立創業者，
潛藏的社會保障制度陷阱

0096 投資信託的陷阱，
退休金少一半，失敗的老夫妻故事

困境

使用這個表現時，前提是正面的事情目前為正在進行式。在覺得會順利持續進行的狀態下，掉落到意想不到的陷阱。如果不是這種情形則可使用「危險／風險」。雖然表現起來有點輕率，但是也可以使用會比「陷阱」給人更強烈印象的「陷入困境」來表現。

0097　健康・醫療業務成功的祕訣與困境

0098　你的幸福被社交媒體奪走了嗎？
與「幸福感」相關的困境理論
（WIRED，2019 年 4 月）

0099　「事情不該如此發展！」
順利戀愛背後所潛藏的困境

盲點、死角

「盲點」或是「死角」適用於「容易錯失的重點」意思。就像是「祕密」與「祕訣」。然而，祕密或是祕訣本身應該是只有當事人知道的資訊，但是使用「盲點」、「死角」來表達時，則帶有一種只是用來表示不容易看見，如果有人提點就會知道了的微妙語感。

0100　數位時代的行銷盲點？

0101　「可任意選擇保險公司」也會有盲點，
保險經紀公司的建議最恰當嗎？
（朝日新聞 DIGITAL，2019 年 8 月）

0102　希望你能先知道，
購買成屋時應注意的死角

極限

用於警告現在雖然很順利，但是接下來如果維持不變，可能就會不太順利。暗示「繼續採取相同的做法，會在某個地方卡住喔！」。

0103　績效考評是成果主義展現的極限

0104　從臉書文化發現「尊重失敗」的極限
（日經 xTECH，2019 年 8 月）

0105　客服中心的悲哀，「客戶是神」的極限

差距

原本的意思是「與標準品相比，品質的差異」，但是，通常會用於表達「好與不好」、「高與低」的差異。經常會刺激出較為複雜的情緒。

近似詞 鴻溝、不均衡、不成比例、錯誤、＊＊貧乏

0106 日本嚴重「貧富差距」的實情
（東洋經濟 ONLINE，2019 年 1 月）

0107 隨著時代變遷，今後資訊科技的差距將會逐漸拉大

0108 小學生放學後的規畫，直接影響學習力差距

敵人

用來表示互相競爭、對手的詞彙，用在標題時，通常會帶有「妨礙的事物」或是「應面對的課題」等語感。可用字數少但是想提示重點的網站資訊，也可以用「＊＊之敵」這種措辭會讓人更有記憶點。

近似詞 障壁、競爭對手、仇人、妨礙、課題、對手、旗鼓相當的對手

0109 優秀領導者最大的敵人是時間，放慢腳步的重要性
（Forbes JAPAN，2019 年 1 月）

0110 零食是減肥的敵人還是戰友？

0111 想要養成早睡早起習慣，最大的敵人是這個東西！

恐怖

問題的嚴重程度超出想像，以及想要提示出潛藏的、難以想像的問題點。「真的很恐怖」這種方法的使用時機是想要表達出一般來說覺得不是什麼大問題，但是實際上卻潛藏著重大問題。

近似詞 小心、不妙、危險、風險、潛藏在＊＊的

0112 數位變革的恐怖故事

0113 「網路成癮症」最恐怖的是會量產出愚蠢又易怒的孩子
（PRESIDENT Online，2019 年 9 月）

0114 肩膀僵硬真的很恐怖。如果對肩膀僵硬問題置之不理，恐怕會陷入相當嚴重的狀態

缺乏的

近似詞 不夠、不足、沒有、沒注意

用於缺乏某些必要的事物，導致結果不順利的語感。會與「如果這個部分不能夠滿足，即使再怎麼努力也還是無法順利進行，因此務必趁早知道」這種迫切性有所連接。

0115 日系企業所缺乏的開放式創新
（DIAMOND 哈佛商業評論，2018 年 10 月）

0116 MBA 所缺乏的東西

0117 「容易被忽略者」所缺乏的視角
（東洋經濟 ONLINE，2019 年 8 月）

緊急

近似詞 快、先到先贏、超緊急、臨時

重點是對誰而言的緊急事物。經常用於在文案小編、賣方急就章想要傳遞訊息的時候，但是可能根本與讀者、買方無關。如果只在乎自己的步調，急急忙忙也無法引起他人共鳴。重點是要讓目標對象覺得能夠獲得好處。

0118 給會員們的緊急通知，
我們臨時決定開始進行線上販售

0119 緊急解說：如何剖析世紀大合併？

0120 ＜網路限定＞紅標特賣　緊急降價！
年底最優惠的一檔！（日本旅行）

倒數

近似詞 讀秒、讀秒階段、近在眼前、即開展開

強調對於某件即將發生的事情，時間即將開始倒數的表現。聽到「倒數」這個詞彙，總會讓人覺得有點緊張吧！

0121 距離東京奧運倒數一年，
終於進入衝擊性影響勝負的 2019 年

0122 進入決擇的倒數階段
（《讓企業變化迅速的 7 大策略》）

0123 「老少配結婚」導致年收入急遽下降，
開始退休倒數卻完全沒準備
（PRESIDENT Online，2016 年 4 月）

連續不斷

如 0126，可用於正面表現，但是比較常用於連續發生負面事物時。語感上常用於表達不單只是「持續」，而是「連續快速發生」的狀態。

0124　食品材料貨價連續不斷上漲，
　　　餐飲業叫苦連天

0125　那些無腦的惡作劇影片，
　　　在 SNS 上不斷獲得關注

0126　業績好所以不斷擴店，
　　　○○公司的擴店策略

營造迫切性

迎合慾望・念頭

　　人類的慾望可以大致歸結為兩種方向：「想要獲得的慾望」和「不想失去的慾望」：

　　「**想要獲得的慾望**」：想要賺錢、想要節省時間、想要快樂、想要舒適的生活、想要健康、想要受到歡迎、想要有趣好玩、想要外表變得更漂亮、想要被誇獎、想要穿戴得流行時尚、想要滿足好奇心、想要滿足食欲、想要擁有美麗的事物、想要吸引合作夥伴、想要與眾不同、想與他人並駕齊驅、想要得到某個機會。❶

　　「**不想失去的慾望**」：不想被批評、不想失去財產、想要遠離身體所承受的痛苦、不想失去名聲、想避開麻煩。

　　關於這兩種慾望，一般來說「不想失去的慾望」會比「想要獲得的慾望」來得更為強烈。例如：與其表示電費每個月「可以省下 1,000 元唷！」還不如說「這樣會損失 1,000 元唷！」更能夠引發讀者強烈的共鳴。

大受歡迎

　　　　　　　　　　　　　　　　　近似詞　人氣的、受到喜愛、流行、＊＊風氣

生理的慾望之一。這個詞彙最原始的意思是指受到異性喜愛，可以直接當作一種慾望表現來使用，用來表示受到很多人喜愛的感覺，帶有「很有人氣」、「受到歡迎」的語感。

0127　由神田昌典老師所帶來的，未來會大受歡迎的行銷術（日經 MJ）

0128　「會像浣熊一樣」擦洗眼鏡的男人大受歡迎（PRESIDENT Online，2019 年 8 月）

0129　味道最重要，態度不好也無所謂，大受歡迎拉麵店的祕密

---

❶《Successful Direct Marketing Methods by Stone》，DIAMOND 出版社，Stone, Bob, Jacobs, Ron 著，神田昌典監譯，齋藤慎子譯）

賺錢

近似詞 掙錢、獲利、增加收入、營業額 UP

大部分的人都會有想要在經濟上變得富裕的慾望。因此，這個詞彙經常用在與金錢相關的表現。然而，如果是在沒有可信度或是確切根據時使用，就會給人一種「有待質疑」或是「形跡可疑」的印象。重點是使用時必須注意整體語意的調性。

0130　百年人生！隨時、隨地、不論發生何事，都可以靠自己的力量賺錢！

0131　從現在開始，讓我們用資產負債表賺錢吧！

0132　不須離職，「靠副業月入 10 萬元」的祕訣（東洋經濟 ONLINE，2019 年 1 月）

能賺錢

近似詞 賺到錢、獲益、收益化、變現

意思以及使用方法都和「賺錢」相同，不過「能賺」的語意是指「能夠賺錢」。「賺錢」一詞很容易把焦點放在「工作內容」上，但是在此則包含著「具有可能性」、「有機會又有能力」的意思。使用時最好考慮與前後文章的相容性以及語感。

0133　追根究柢，其實怎樣都能賺到錢

0134　附屬機構能否賺錢，差異點就在這裡

0135　告訴你，只要掌握住這一點就能真正擁有賺錢的資格

賺大錢

近似詞 景氣良好、錢包滋潤、賺到、大舉進財

相對於「賺錢」、「能賺錢」是靠自己努力賺錢的語感，「賺大錢」則稍微包含著被動的、自動的語感。在想要累積財富這一點上大家都一樣，但是會因為慾望的強烈與否多少有些微差異。

0136　《90 天讓你的企業賺大錢！》（Forest 出版）

0137　員工人數少、營業額不高，但是卻能確實賺大錢的企業特徵

0138　光是放棄一些無利可圖的商品，企業就能賺到大錢

發大財

近似詞 輕鬆獲利、嚐到甜頭、致富

比「賺大錢」的感覺更為強烈，帶有「輕鬆獲利」（意指不需努力就能獲得的利益）的語感。最好避免用於一般常見的情境。

0139　利用未上市股票發大財。
　　　要如何才能取得這個有限的機會呢？

0140　只要改變賽馬券的購買方式，
　　　想發大財不是夢

0141　這個週末將是史上最好的發大財機會

富裕

近似詞 金錢、富有、財寶、寶藏、資產、庫存

「金錢」這兩個字聽起來會有些生硬，「富裕」這種表現則稍微帶有一些高尚的形象。此外，也包含土地或是股票、不動產等「金錢」以外的資產。這個詞彙本身就包含著「豐富的」語感。

0142　能夠想出如何變富裕好方法的 7 個工具

0143　美國富裕人口集中，
　　　前 3 名的資產總額即超過 50% 的全國人民
　　　（Forbes JAPAN，2017 年 11 月）

0144　已經擁有富裕與名聲的人，
　　　往往還會希望擁有以下事物

成功

近似詞 繁榮、興盛、SUCCESS、享有榮華富貴

具體難以說出「成功」究竟指的是什麼東西，但是從「順利進行」的意義去思考，就可以運用在各種情況。使用這個詞彙的前後表現，最好要有具體的「成功內容」，讓人一看就能夠立即了解。如果語意曖昧，則會讓人難以相信抽象的訊息。

0145　《商務成功的祕密在於設計》
　　　（神田昌典・湯山玲子著）

0146　《成功後卻變得不幸的人》
　　　（DIAMOND 出版社）

0147　成功領導者的 4 個共通特徵
　　　（Forbes JAPAN，2019 年 6 月）

開心的

對於重視「享樂」這種愉快情緒的人來說是一個相當有效的詞彙。因此，並不會讓那些具有「想賺大錢」、「想要有效率地工作」等其他強烈慾望者有所共鳴。必須依照讀者的狀態，選擇表現方式。

近似詞 快樂的、愉快的、喜悅的、幸福的、HAPPY

0148 開心的 100 歲
（富士 Film）

0149 《開心的工作》
（神田昌典 等人著）

0150 學會使用縫紉機，開心做手工藝

贏

除了「贏得競爭」這種直接的意思外，也可以用於在嚴峻的生存競爭中獲勝、「苟延殘喘」的語感。可以激發讀者的戰鬥本能。

近似詞 取勝、制霸、勝利女神在微笑

0151 與時代逆行，就是贏在這裡！

0152 想要在「知識競爭」方面贏過全世界，根本沒空讀彼得・杜拉克
（日經 Business，2019 年 6 月）

0153 為了贏得賽馬，前一天應該掌握哪些情報呢？

不被打敗

雖然給人一種比「贏」更為積極的印象，但是如同 0155 使用「不被打敗」＝「不會損失」的意思時，控訴的力道更強勁。此外，也經常使用於如 0156，「保護自己不受負面事物的影響」，如疾病等語感。

近似詞 不能落後、沒有損失、守護、賭上尊嚴

0154 不被炎夏打敗，15 款夏季飲食食譜

0155 不被股市打敗，圖表閱讀的使用方法

0156 不被痛苦的血液透析治療打敗，健康心態的維持方法

奮戰

近似詞 對抗、防禦、challenge、挑戰

雖然是來表達戰鬥的詞彙，但是對於疾病等負面事物或是人員來說，也有「對抗、防禦」的意思。

0157 與牙周病菌奮戰的 G・U・M（口香糖）（Sunstar Group）

0158 你 24 小時都在奮戰嗎？（第一三共 Healthcare 股份有限公司）

0159 與老人臭奮戰，備受阿公們好評的 5 款香水

進擊的

近似詞 侵略的、攻擊的、積極前進的、積極主動的、有行動力的

這個表現雖然帶有攻擊性的意思，但是比起擊敗對手，通常會選用一些帶有「侵略的」、「積極前進的」、「積極主動的」、「有決心的」、「有行動力的」等語感的詞彙。然而，我們可以發現「積極前進的策略」與「進擊的策略」，在語感上有很大差異。相反的表現則是「保守的」。

0160 各汽車公司推動電動車（EV）化的進擊策略

0161 進擊的品牌管理 vs. 保守的品牌管理：經營者應該思考的事

0162 進擊的抗老保養（新日本製藥）

守護

近似詞 防禦、保證＊＊、固守的、不能允許＊＊

防衛本能是在人類基本需求中最具代表的能力。是一種可以刺激讀者想要守護自己的身體、想要守護家族安全等需求期望的表現。也可像 0165，用於描述「不想改變現有狀態」＝「想要維持現狀」的心情。

0163 守護你從鄉下惱人鄰居騷擾中，順利脫身的方法

0164 守護孩子們的肺部，不受二手菸侵襲的必要作為

0165 守護個人生活步調的工作承接方法

具備

用來刺激讀者產生安全需求期望的表現。一般來說會於針對接下來即將發生的負面事件，提出因應對策時使用。也可如 **0168**，用於正面的事情，表現出一種「敬請期待」的文意。

近似詞 準備、因應對策、覺悟、備妥

0166 「長壽風險」擴大，我們應具備哪些條件呢？（Forbes JAPAN，2019 年 1 月）

0167 避免非預期的檔案消失，最有效的備份方法

0168 洞察力探索講座——我們備有超越「PESONA 法則」的衝擊性體驗課程唷！

因應對策

帶有事前準備的意思，與前一個「具備」很類似。但是，這裡通常用於更嚴重的狀態。此外，「具備」是動詞，而「因應對策」是名詞，所以在文章中的使用方法也不同。

近似詞 方案對策、突圍方案、安全網（safety net）、＊＊預防

0169 越早規畫遺產稅因應對策越有利的理由

0170 這是最有效率的垃圾郵件因應對策

0171 諮詢過皮膚科專家：「曬傷因應對策」最有效的飲食方法

準備

除非有迫在眉睫的需要，一般來說，無論是多麼重要的準備，與「預防」相關的產品或是服務其實都很難出售。必須讓讀者了解「為未來做好準備，的確具有意義和好處」。

近似詞 預備、備妥、籌備、非預期時的＊＊

0172 30 歲的你，準備好買房子了嗎？

0173 新市場誕生前的準備（日經 MJ，2018 年 5 月）

0174 #來 YAMADA 準備新生活（YAMADA 電機）

在＊＊之前

近似詞 預先、可以先＊＊、預計＊＊

不只是時間方面的「之前」，通常會包含「為了能夠順利進行、不要失敗，而事前做好準備」的意思在內。

0175 撰寫文章之前，應該先確認的「2 大要件」

0176 前往夏威夷旅行前，
要先知道的當地常見 10 大問題

0177 專業高爾夫選手在比賽前會進行的
下半身訓練

理想的

近似詞 憧憬的、希望的、期望、模範的

問題與理想，比較起來「問題」一詞給人的真實感更為強烈，可以推動人心的力量更強勁。但是，訴諸理想也沒有不好。難以從問題面掌握時，也可以直接從理想面提出訴求。這種時候用「理想」這種表現方法會更容易達到想要的效果。

0178 對你來說，何謂理想的住宅呢？

0179 與青春期孩子建立理想關係的方法

0180 大金認為應有的理想空氣品質
（大金工業）

熱愛

近似詞 熱衷、忘我之境、投入、一心一意、專注

與「熱衷」的意思幾乎相同，都是用來表現一種讓人忘了一切、埋頭苦幹的樣子，兩者比較起來，「熱愛」比較帶給人一種小孩子的感覺。然而，用於標題時，比起使用「熱衷」，使用「熱愛」一詞讓人感覺比較有力量。應該可以從 0182 中「對宇宙的熱愛」發現語感的差異變化。

0181 每天早上 30 分鐘，找到熱愛的目標

0182 對宇宙的熱愛，發射中！
～遨遊宇宙與月球表面探勘體驗活動～
（日本科學未來館）

0183 為什麼迪士尼能讓全世界如此熱愛？

讓人想要

近似詞　心癢癢、坐立難安

「讓人想要＊＊」的「＊＊」部分，可以放入各種事物。此外，也可以變化成「讓人想買」、「變得想要」、「想走走路」等表現。可以與「突然」或是「絕對」、「一定」等詞彙併用，更有衝擊性。比起單用「想要＊＊」的表現，更能表現出「動態的情緒」。

0184　絕對讓人想要參加的辦活動方法

0185　讓人突然想出去走走的
10 大春季新款高跟鞋

0186　看了就一定想去，沖繩的隱藏版觀光景點

想買

近似詞　想要、想要入手、想要得到

「想要買些東西」的慾望，不一定是因為「如果沒有就會造成障礙」的狀況。「想要入手、想要擁有」這種單純的「情緒湧現」，往往會勾起人想要購買的心情。這是一種可以直接表現出消費者購買慾望的詞彙。

0187　即使獎金要分 3 次發放，
還是想要先買的手錶

0188　會想買來吃吃看的 10 大車站便當

0189　想要買的耶誕禮物不僅外觀要可愛，
還必須是可以方便使用的小物

不可遺漏（缺少）

近似詞　目不轉睛、不願遺忘、不容忽視

與「不願失敗」的需求期望結合在一起的表現。隱含著「如果漏掉這件事物，你就會錯失機會」的意思。用於電視節目等呈現時，不僅如字面上所看到的意義，也可以用於「沒發現它一直存在」這種更廣泛的意思。

0190　行動支付與刷卡結帳，不可遺漏的比較重點
（PRESIDENT Online，2019 年 7 月）

0191　這個冬天，不可缺少一件高機能軍裝外套

0192　絕對不可遺漏的美術館常設展

絕不失敗的

近似詞 不會錯的、不會弄錯的、未雨綢繆

一般來說，比起達到理想的狀態，想要逃離討厭事物的慾望往往會更為強烈。也因此，會比起「成功的＊＊」，「不失敗的＊＊」的表現力道會更強。然而，對於未曾考慮過「或許會失敗」的人而言，「成功的＊＊」可能會顯得更積極、更容易引起共鳴。

0193　想使用退休金者必看！
　　　絕不失敗的資產運用重點

0194　絕不失敗的社群媒體／行銷指南

0195　絕不失敗的公寓經營終極祕訣
　　　（《銷售文案寫作禁忌》）

絕對不會後悔的

近似詞 不會留下後悔、不會有後悔的想法、沒有遺憾

基本上與「絕不失敗的」意思相同。用更強烈的說法來表現，「失敗」的意思是指「事際上並不順利」；「後悔」則會讓人聚焦於「對於做不好這件事情，感到非常可惜的情緒」。然而，前者伴隨著對於「失敗」這個詞彙本身的情緒，因此最好能掌握兩者在語感上的差異。

0196　絕對不會後悔的汽車選擇重點

0197　賣掉也絕對不會後悔的
　　　市中心新建公寓購屋法

0198　選擇一間出社會後絕對不會後悔的大學

脫鉤

近似詞 停止＊＊、逃離＊＊

「想要逃離討厭事物」的慾望強烈。「脫」一個字即具有「逃脫、抽離」的意思，是一種可以用非常簡短方式表達出想要逃離討厭事物的方法。在必須要在短時間內向人傳達意思的標題裡，能把意思濃縮在一個字，算是相當方便。

0199　影像製作產業的價格脫鉤競賽
　　　（日經 MJ，2017 年 10 月）

0200　學生運動員剃光頭的風潮正盛

0201　已經有很多探討欲與中國脫鉤策略的企業開始「瞄準泰國」
　　　（Forbes JAPAN，2019 年 6 月）

再見、再會

和「脫鉤」的語感一樣，但是「脫」這個字有一種自己抽離的形象，「再見」一詞則有遠離問題的感覺。

近似詞 Good bye、Bye Bye、那麼就這樣囉、是時候該說再見了

0202 再見了，Proxy Workflow（Apple.com）

0203 請和空調問題說再見！

0204 脂肪們！再會啦！

迎合慾望・念頭

拋出問題

你應該常看到以提問形式表現的標題吧！使用這種標題有兩大效果。

▶ **1. 只要照著看到的方法去做，狀況就會變好**

我們都知道，只要被問到問題，就會立刻想在腦海中尋找答案。比方說，看到標題問：「為什麼你會＊＊呢？」時，肯定就立刻想要說明：「因為我＊＊」，並且繼續閱讀下去。

▶ **2. 具有促使後續行動的效果**

在行為經濟學上，這稱作「促發效應（Priming Effect）」。「Prime」的意思是「先行刺激」，**研究發現一旦給予人們「先行刺激」，就會對後續行動產生影響**。比方說，向某人提問：「你有打算在 6 個月內購買新車嗎？」，就會提升 35% 購買率。或問：「你會去投票嗎？」也會提高投票率[2]。

因此，能夠引起讀者注意的標題重點是，**在句尾加上「？」**。是否加上問號，會大幅影響讀者繼續閱讀的比例。

何謂？

近似詞 ＊＊的定義、考量＊＊、＊＊是什麼？

<u>在標題使用上，最基本的、容易使用的、常見的表現。只是「何謂＊＊？」的「＊＊」部分必須是能勾起他人興趣的有趣內容才行，否則無法繼續讀下去。</u>	**0205** 何謂「2022」全國巡迴演講？
	0206 資金調度選項中，何謂不可或缺的「群眾募資」？
	0207 法國美麗 5 都之旅，何謂巴黎獨特的魅力？（日本經濟新聞，2019 年 9 月）

---

[2]《實踐行為經濟學（Nudge: The Final Edition）》，理察・塞勒（Richard H. Thaler）& 斯・桑斯坦（Cass Sunstein）著

為何＊＊會＊＊呢？

為什麼＊＊會＊＊呢？、
＊＊成為＊＊的理由

與「何謂＊＊？」放在一起，是常見的
文案標題。前面先賣個關子，之後才會
在後續文章中解釋答案。是相當受歡迎
的表現方法，與「為何？」的意思相
同。但是，答案最好不要是理所當然的
事情，是讓人真的想知道、有興趣的答
案，才是這個文案標題的重點。

0208 為何運動員都會想開法拉利，
而不是保時捷呢？

0209 為何高級法式料理的菜名
總是取得那麼詭異呢？
（PRESIDENT Online，2019 年 9 月）

0210 《叫賣竹竿的小販為什麼不會倒？：投資理
財前，非學不可的會計入門與金錢知識》

為什麼會＊＊呢？

＊＊的理由（原因）、＊＊會＊＊的道理

與前頁的「為何＊＊會＊＊呢」的表達
模式相同，但是比起使用「為何」，使
用「為什麼」的頻率比較低，因為既視
感或是新鮮感也較低。然而，卻帶有稍
微和藹可親的形象。

0211 為什麼會想坐頭等艙呢？
（《Impact Company》）

0212 為什麼掀蓋型手機會被拋棄，
而智慧型手機卻風靡全球呢？

0213 這是彩色照片嗎？
為什麼黑白照片看起來會像是彩色的呢？
（《新聞週刊》日本版，2019 年 8 月）

該如何才能、該怎麼樣做、
該如何是好？

How to ＊＊、為什麼

一種用來表示「該如何進行？」這種方
法論的表達模式。該商品或是後方接續
的文章非常適合搭配「Know How」或
是「方法手段」等詞彙。

0214 被認為連重振都「有困難」的企業，
該如何達到上市階段呢？

0215 該怎樣做才將右腦運用在經營面呢？

0216 該如何提升公立高中的就學率呢？

為何只有部分的人可以＊＊呢？

看起來好像與「為何＊＊會＊＊呢？」類似，但是「為何只有部分的人可以＊＊呢？」這種表現方式則可以傳達出一種「除了你以外，只有某部分的人才能知道的、順利進行的方法，現在就讓我們公開這個祕密吧！」的語感。

近似詞 為何只有少數人、為何只有部分人可以＊＊呢？

0217　為何只有部分的人可以在睡前吃宵夜，卻還是能夠維持體態呢？

0218　為何只有少數人能靠股票賺錢呢？

0219　為何只有部分的人能利用臉書提升廣告效果呢？

為何有些人無法＊＊呢？

「為何只有部分的人可以＊＊呢？」的相反表現版本。先聚焦在做不到這件事情上，連帶指出其實是因為有某些「原因」。也隱含著「不是只有你做不到」的語感。

近似詞 是否有些人絕對無法＊＊？、為何只有被限制的人無法＊＊呢？

0220　為何有些日子我完全無法喝酒呢？

0221　為何有些人絕對無法早起呢？

0222　為何有些人極度難以接受變化呢？

你犯過這種錯誤嗎？

這個表現重點在於「這種」以及「錯誤」。加上「這種」這個詞彙，會讓人想知道是發生了什麼事情。事實證明，如果聽到有「錯誤」，人們往往會想知道更多。於是，這個詞彙使用方法就在後續的文章中舉例說明「這種錯誤」。

近似詞 每個人都容易犯的錯、容易犯的＊＊

0223　你曾在使用敬語時犯過這些錯誤嗎？

0224　你的孩子曾在考試唸書時犯過這種錯誤嗎？

0225　你家夫人在選擇美容沙龍店時曾犯過這種錯誤嗎？

是否出現過這種症狀呢？

與「這種錯誤」相同，這個句子可以有效讓人注意到會造成問題的症狀。並且可以在後續文章中提出解決方案。不僅是生病的症狀，也可用在機械故障等情形。

近似詞 你對＊＊有所認識嗎？

0226 你是否出現過這些糖尿病相關症狀呢？

0227 老公的手機是否出現過這種症狀呢？

0228 你的愛犬是否出現過這種症狀呢？

是否有過這種跡象呢？

雖然還沒有真正的症狀，但是重點是實際上已經出現令人困擾的現象。人類為了自我保護，往往一開始不太會有所動作，還會把一些不太嚴重的跡象給忽略掉。如例句所示，與「拒絕上學」、「員工離職」、「失智症」等痛點搭配使用會更有效。

近似詞 你的＊＊、你不＊＊嗎？

0229 你家孩子是否有拒絕上學的跡象呢？

0230 年輕員工身上是否出現想要離職的跡象呢？

0231 你家公婆是否有這種失智症的跡象呢？

哪一種？

這個表現方法的優點是，可以先提出好幾個可能的選項。再詢問讀者「你的是哪一種？」就可以讓讀者產生想要確認看看的效果。

近似詞 任何、＊＊ or ＊＊、最喜歡＊＊

0232 面對「拒絕」的 4 種反應，哪一種可以提升工作的幸福感呢？（Forbes JAPAN，2018 年 6 月）

0233 如果是你，你會選擇以下哪一種呢？

0234 常見的 5 種肌膚問題，你的是哪一種呢？

哪一種類型？

近似詞 何種？、＊＊的＊分類（表達模式）

用問句方式詢問，並且要讀者做出選擇。0235 以及 0236 是先把人進行分類成幾個範疇，0237 則是會讓人想要確認「自己屬於哪一種」。

0235 遇到討厭事物時的反應。你是屬於哪一種？

0236 這次的感冒是哪一種類型？
因應鼻炎、喉嚨痛、咳嗽的不同治療方法

0237 維持風險與報酬的平衡。不同投資專家類型所建議的投資信託

哪一派？

近似詞 你的偏好是？、哪種類型？

雖然和「種類」的語感相同，但是「種類」給人的感覺是自然劃分的，用「派」這個字則帶有依自己意志選取的感覺。會和喜好、自我階級意識、身份有關。

0238 你是電子支付派？還是現金派？
（朝日新聞 Media Business 局，2019 年 9 月）

0239 早餐是吃飯？還是吃麵包？
女性朋友意外比較偏好哪一派？

0240 閱讀時，你是電子書派？還是紙本書派？

哪裡不對呢？

近似詞 哪裡錯了？、＊＊的真實情形

在乍看之下好像沒有不對之處時使用，可以有效發揮效果。使用目的在於提供一些讀者所不知道的新資訊。不單只是「教」，重點是透過問問題的方式，引發讀者興趣。

0241 （法國經濟學家）皮凱提的理論，
哪裡「不對」呢？
（東洋經濟 ONLINE，2015 年 2 月）

0242 日本的義務教育，哪裡不對呢？

0243 這個料理程序，哪裡不對呢？

有在進行嗎？

近似詞 在進行嗎？、正在做嗎？

「有在進行＊＊嗎？」中的「＊＊」，會因為後續的提問而容易讓人留下記憶。如 0245，直接放入商品名稱也會非常有衝擊力道，也可以先藉由一些令人在意的話題，先勾起讀者興趣後，再進行相關介紹。

0244 父母雙親都還健在並且超過 80 歲以上者，你們有在進行遺產稅規畫嗎？

0245 你有在（進行）SECOM 嗎？（SECOM 保全公司）

0246 你有在進行早春時期的紫外線因應對策嗎？置之不理，可能會成為長斑的原因喔！

你會買嗎？

近似詞 你要買嗎？、正在考慮要不要買的人

研究顯示只是單純詢問「你打算買新車嗎？」就可以提升35%的新車購買率。只是簡單地問一句，就能夠促進後續行動，是一種可以令人期待結果的「促發效應」表現。

0247 你會給老婆買耶誕禮物嗎？

0248 你會給這麼努力的自己買一件飾品當作禮物嗎？

0249 你會在哪裡買女兒節的擺飾呢？

你知道嗎？？

近似詞 你知道嗎？、你已經知道了嗎？

這種表現，可以期待兩種效果。一種是提供對方不知道的情報資訊，帶有勾起對方興趣的效果。另一種則是重複詢問對方應該已經知道的事情，以便出現促使對方行動的效果。

0250 你知道嗎？關於 PM2.5

0251 你知道什麼是「OKR」嗎？（日經 MJ，2019 年 2 月）

0252 你知道青色申告納稅與白色申告納稅的不同嗎？（譯註：青色申告與白色申告是日本針對個人事業主或小型企業的所得申告制度中的兩種不同方式，主要區別記帳要求和納稅優惠的差異。）

不想擁有嗎？

近似詞 不會想要得到嗎？、不會想要嗎？

通常用於表示「應該納為自己囊中物」的意思。直接用「你想要嗎？」這句話往往會過於直接，有點不太恰當，但是如果改為問句「你不想要擁有嗎？」，讀者反而比較容易欣然接受。

0253 不想擁有十幾歲時的年輕光滑肌膚嗎？

0254 不想擁有彈性的思考能力嗎？

0255 壓力驟降！
不想要擁有可以自己控制時間的自由嗎？

你會去嗎？

近似詞 預定要前往嗎？、有＊＊的規畫嗎？

和「你會買嗎？」同樣，是可以在詢問後促使後續行動的表現代表性例句。曾有案例顯示只要問一句「去投票嗎？」就可以增加前往投票的比例。

0256 你會去參加眾議院議員總選舉投票嗎？

0257 想看電影時，你會找誰一起去嗎？

0258 適逢歲末年初之際，
今年的你會去夏威夷旅行嗎？

假設發生＊＊，該如何是好？

近似詞 如果＊＊的話，該如何是好？、＊＊的話

藉由詢問「該如何是好？」，讀者就會自己開始思考「對耶，如果是我自己遇到的話…」。如 0259 加上「這種」一詞，會讓看到的人產生興趣。後面可以在接續的文章中舉出具體案例。經常在廣告中使用，讓觀眾可以自我反思。

0259 假設在你的喜宴上發生這種事情，
該如何是好？

0260 假設被老闆嚴厲要求必須注意時，
該如何是好？

0261 「假設人類想要在水中生活的話？」
結合自然與技術的設計師大拷問
（Forbes JAPAN，2018 年 8 月）

可以嗎？

近似詞 能夠嗎？、可能嗎？

雖然可以用 YES ／ NO 輕鬆回答的問題，但是前提是要讓讀者回答「NO」或「我不知道」等答案，否則就沒有後續。如果讀者回答「是的。我可以」等內容，就無法連結到可以銷售的解決方案。此外，這種表現方式對讀者而言稍微有些挑戰，因為隱含著「你做不到吧？」的語感在內。

0262 你可以正經地聊聊一本書嗎？

0263 健康管理檔案，可以與企業共享嗎？

0264 你可以拒絕討厭的人的邀約嗎？

你是不是忘了什麼？

近似詞 你忘了嗎？、敬請確認＊＊

可以在督促他人或是確認時使用，是一種比較不會造成不適的表現。如 0265，可以將「是不是忘了什麼？」作為標題或是郵件主題，往往就能勾起讀者的興趣，進而想要知道「那是什麼呀？」。

0265 「你是不是忘了什麼」
（用於電子郵件等的信件標題）

0266 你是不是忘了什麼？
更換機油對於維持汽車良好狀態至關重要

0267 你是不是忘了申請扣除醫療費？

最後會變成怎樣？

近似詞 如何？、大膽預測＊＊！、
貼近＊＊的做法

這是用來預測未來展望的一種表現。雖然只是簡單的一句話，但是提出一些「會令人在意的未來動向內容」，往往可以勾起讀者的興趣。

0268 最後會變成怎樣？黃金週的商業大戰
（《銷售文案寫作禁忌》）

0269 保險，究竟最後是要怎樣用來節稅呢？
該如何調整呢？
（「週刊 DIAMOND」，2019 年 6/15 號）

0270 咦，銀行……！？
當時的存款，最後會變成怎樣？
（全國銀行協會）

引發好奇心

　　「好奇心」是人類擁有的強烈執念之一。接下來要介紹的表現方式是刺激出「想要知道的心情」。比方說，只要說出「一直結不了婚的原因」、「只有星期五的夜晚，工作會突然跑出來的理由」等，**就會立刻引起對方的興趣「對啊！到底為什麼會那樣呢？」**，往往會變得突然非常想要知道答案！

　　使用這種表現方法的重點是標題的選擇方法。原本「好奇心」就是指「對於特殊事物、未知事件的興趣」。也就是說，**到處都有的事物或是已經知道的事件難以成為好奇心的對象**。比方說，即使有人提出「圍裙之所以都是白色的道理何在」，答案就只是因為「髒污會看起比較明顯，所以一眼就能確認衛生狀態」之類的，就很難會刺激出民眾的好奇心。

　　同樣是「道理」，如果是「白色飛機比較多的道理」，就會增加許多有興趣的人。同樣是用圍裙來舉例，可以在「圍裙都是白色的，有『令人意外的』道理」上下工夫，就可以提起眾人興趣「或許還有我自己不知道的道理」。如前述，建議可以試著重新用**「是否能夠引發讀者好奇心的內容？」**的觀點去確認想要表現的文章內容。

理由

近似詞　藉口、根據、原因、所以

說到「＊＊的理由」，往往會讓人開始在意那個理由是什麼。因為這種表現方法很簡單、容易使用、是相當常見的一種表現方法。然而，就因為是一種標準的常用短句表現，往往容易變得平庸。重點是要好好思考「理由的內容」。

0271	親愛的媽媽其實也很猶豫是否要鼓勵我，但這的確是我開始從事幫助女性工作的理由
0272	改用（iPhone）的理由 （Apple com.）
0273	今年秋季開始啟動「大破產時代」的唯一理由 （DIAMOND online，2019 年 6 月）

道理

近似詞 原因、事情、邏輯、
＊＊與＊＊的因果關係

與「理由」的意思相同，在調性較為生硬的文章中，比較適合使用「理由」一詞。然而，如果想要帶有一點輕鬆感，或是想要表達「隱藏起來的真正理由」這種語感時，通常使用「道理」一詞會很合適。

0274 智慧音箱在日本流行不起來，是有道理的

0275 越是認真，越存不了錢的道理

0276 蜜月旅行回來後，
她選擇立刻離婚是有道理的

意思、意義

近似詞 價值、本質、核心、背景

與前頁的「理由」、「道理」類似，理由或是道理的重點都放在背後的意義，相對於此，「意思・意義」會帶給讀者更有價值的感覺。

0277 所有的形式都有意義
（Apple.com）

0278 質疑環境評估的意義
（WWF JAPAN，2023 年 6 月）

0279 在高樓公寓最高樓層出現蟑螂，
代表著什麼意思呢？

應該做的理由、不應該做的理由

近似詞 應做的理由、為何非做＊＊不可呢？

任誰都不希望被指著鼻子說「因為＊＊，所以你應該＊＊！」。即使是理論的立場正確，但是直接被人命令時，往往會讓人產生防衛本能，進而提高拒絕接受的可能性。本詞彙的表現方式比較迂迴，留給讀者自行判斷的餘地，可以緩和被人命令時的刺耳感。

0280 即使借錢，高中生也應該去海外留學的理由

0281 應該停止新年許下新願望的理由，
相反的，應該立即去做的理由
（Forbes JAPAN，2019 年 1 月）

0282 不要等待屆齡退休，
應該盡早從上班族身份畢業的 7 大理由

失敗的理由

近似詞　不順利的理由、為何＊＊比較好呢？

當被人說「不要害怕失敗」、「要從失敗中學習」時，失敗就絕對不只是一件負面的事，而是能夠避開就會想要避開的事情。如果可以事先知道失敗的理由，那就更好了。使用這個詞彙的前提是接下來必須明確描述會失敗的理由。

0283　數位時代下，吸引顧客失敗的兩大理由

0284　用理性思考戀愛關係的人，
　　　明顯會失敗的理由

0285　在家裡煎漢堡排容易失敗的理由

真正的

近似詞　真的、真實的、＊＊的真心話

日本人有「真心話」與「客套話」的文化，表面實際感受到的詞彙與背後真正的意圖有所不同。最適合用於總覺得有那種感覺，但是卻又湧現出「真正的事情會變成怎樣呢？」的疑問時。

0286　透過檔案分析明確了解難以改革工作方法的
　　　真正理由！
　　　（《交際現場的幻想》）

0287　大家都忘了「學校出家庭作業」真正的目的
　　　（PRESIDENT Online，2019 年 9 月）

0288　現在小學生會把「去補習班」與「去學習」
　　　區分開來的真正理由

真正的原因

近似詞　真實的原因、其實＊＊就是＊＊！

拚命努力，卻沒有成效，明明應該做好了因應對策，卻不太順利。在這種狀況下，使用「原因」這個詞彙，可以表現出「是因為某些事情，才會導致如此糟糕的狀況」。

0289　〔依年收入〕家庭收支出現赤字，
　　　真正的原因
　　　（PRESIDENT Online，2017 年 6 月）

0290　之所以無法順利談戀愛，
　　　真正的原因以及 3 大解決辦法

0291　你是否忽略了真正的原因是什麼？

著實令人驚嘆

近似詞 實際上非常厲害、再重新考慮＊＊、重新評估

相對於被視為「沒什麼了不起」，我們提供了「其實真的會讓人驚嘆」的資訊，這是一種在強調意外的同時，提供資訊的方法。這會讓人想要詢問未知的祕密，引發其好奇心。

0292　擁有 1300 年歷史的奈良魅力，著實令人非常驚嘆

0293　只要 3 分鐘。著實非常令人驚嘆的廣播體操效果

0294　想要告訴「數位原住民」的孩子們，手寫的力量其實更令人驚嘆

潛在力量

近似詞 真本事、真價值、真正的實力、本領、實力

這種表現方式可以透過字面傳達出一種強大的、過去不為人知的、隱藏起來的真正魅力。以「＊＊的潛在力量」形式存在，可以和人員、場所等字彙搭配使用。

0295　遠距工作者的潛在力量

0296　現在，你應該重新認識發酵食品的潛在力量

0297　○○城鎮的潛在力量

起源・根源

近似詞 源頭、根、＊＊的根基、＊＊之鄉

「事物根本」的意思。會讓讀者開始在意「發生這個趨勢的原因、重要因素是什麼」。如同「追根溯源」，可以勾起讀者想要一探究竟的心理。

0298　Movement 一詞的根源，當初是怎麼來的呢？

0299　靈感乍現的瞬間。從現象學中找到的發想根源

0300　追尋攝影師的起源，with LEICA DG LENS（Panasonic）

引發好奇心

這樣・這樣做

近似詞　像這樣做

聽到「這樣」就會想要知道「是那樣做？」以及理由的一種表現。與「這、那、哪」等詞彙連用都具有相同的效果。這樣的表現會讓人覺得背後一定是有「因為某種機緣才會如此厲害」的故事。

0301　用心熬煮的湯是這樣完成的。
　　　24 小時連續拍攝

0302　人在日本的我，這樣做就能學好中文

0303　最年輕的職業棋士紀錄就這樣被更新了

如何

近似詞　（到底）是如何、＊＊的方法、
　　　　＊＊的訣竅

「命運將會如何地呈現」這種講述方法，應該會讓讀者覺得很有熟悉感，並且期待接下來的展開，「接下來會變得如何呢？」。不僅如此，經常也會用於表達「該如何做」的 How To 意思。

0304　如何開啟多個收入來源呢？
　　　（《不變的行銷術》）

0305　我如何從一個普通員工成為年營業額 10 億
　　　的企業總裁

0306　先生被愛犬咬了後，總是不自覺地退縮，
　　　結果會變得如何呢？

這麼・如此地

近似詞　這樣、只是這樣、就這種程度

會讓人想要繼續了解後續發展的「距離遠近」指示詞之一。只要聽到「如此地」，就會想要問問「程度究竟是多少？」會讓讀者去思考究竟比平均水準更好，還是更差。

0307　這麼小巧，性能卻如此強大
　　　（Apple.com）

0308　為什麼想要丟個東西這麼困難呢？
　　　（Lifehacker・JAPAN，2016 年 3 月）

0309　能量石竟然可以這麼地漂亮、這麼地強大

揭露

近似詞　揭曉、光天化日下、暴露＊＊、告白、闡明

表示「已經得知該不明理由或是原因」。表現起來有一種原本的祕密已經被揭曉的語感。<u>文末以「明確的內容」做結尾</u>，也可以達到更想繼續閱讀的效果。

0310　研究單位明確揭露，
重要的工作必須一氣呵成完成的原因

0311　揭露超級富豪之所以需要使用私人客機，令人意外的真實原因
（Forbes JAPAN，2018 年 11 月）

0312　透過實地調查揭露的巴布亞紐幾內亞實際狀態

全球

近似詞　Worldwide、環球、世界的＊＊、國際＊＊

在文意上「全球」＝「世界的」，但是實際使用時，通常用來表示「世界的」、「在全世界展開」的意思。<u>對於那些現在還留在國內，未來想要和全世界打交道、有強烈抱負想要進軍國際的人來說</u>也很有效果。

0313　打造全球企業的方法

0314　全球的武士們集合了。
（日清食品控股公司）

0315　現實情形是當地本土企業也受到全球化浪潮的影響

謊言與真心話

近似詞　真偽、＊＊的驗證、虛實、真實的＊＊

不僅是指出錯誤（謊言），同時也呈現出正確的認知（實話），藉此展現出「<u>因為我們的立場中立，所以不會提出戲劇化的資訊</u>」的形象。可以表明我們不偏向任一方，處於第三方的位置。

0316　鰻魚配醃製梅。甜不辣配西瓜。
佐餐的謊言與真心話

0317　進口保健食品的謊言與真心話

0318　人口減少時代的謊言與真心話
（日經 Business，2016 年 1 月）

令人矚目

近似詞 注意、聚焦、刮目相看、焦點、現在最熱門的＊＊

可以將「令人矚目！」一詞放在文案開頭，也可以放在句末，如「＊＊令人矚目」，其實可以用在文章中的各種位置。受到矚目，是為了提高期待值，因此文案撰稿人必須確實讓讀者看到一些什麼。

0319 令人矚目！女性朋友們捨棄幻想、引領市場的新趨勢

0320 2020 春天化妝品新色、令人矚目的是「和妝容融為一體的金色元素」！（non-no，2020 年 2 月）

0321 我嚴選，今年夏天最令人矚目的 3 部電影

領航

近似詞 導覽、指南、指引、手冊

領航（navigation），最具代表性的用法是「車用導航器」，日本方面會用取其前段縮寫為 navi。在文案中往往會帶有「導覽、指南、指引」等語感。有利於提供大量且分散的各地資訊，對於使用者來說也相當方便。

0322 東京環球設計領航（東京都福利保健財團）

0323 花粉症領航員（協和麒麟）

0324 網際網路廣告領航

一個不小心就

近似詞 容易＊＊、有～傾向

以「一個不小心就」等的表現形式，通常帶有「認真的」、「是玩真的」的意思。但是，在此是「有＊＊傾向」、「容易＊＊」意思的案例。會讓讀者覺得自己搞不好也會這麼做，進而引發好奇心。通常會與「不知不覺」一起搭配使用。

0325 轉職面試時，經常一個不小心就 NG 的 10 大回應法

0326 自我認同感越低的人，越容易一個不小心就開始與他人比較的理由

0327 一天當中，一個不小心，注意力就容易渙散的時間是？

真實心聲

「實際意見或感想」的意思，但是語感上比較貼近「真心話」。根據實際調查，比對現有的狀態，進而讓人產生一種信任感。表現出可以讓讀者期待從一般資訊中獲得難以獲得的資訊，同時帶有一些祕密的感覺，進而引發讀者對於那些未知事物的好奇心。

近似詞 實際的聲音、實例、顧客的心聲、感想、真心話

0328 根據 2,500 名顧客真實心聲所開發出的商品

0329 聆聽創業前輩們真實心聲的寶貴機會

0330 依據醫療現場的真實聲音，浮現出醫療領域的結構性問題

巡迴（相關）

中文字中「巡」這個字，經常用來表示「繞著彎走路」的意思。另一方面，在日文的用法中也會用於如例句 0332，帶有「所處整個環境」的意思。這些用法經常用於公家機關等正式公文。

近似詞 關於、拜訪、旅行、四處走走

0331 各都市國立美術館巡迴之旅

0332 氣候變動相關投資，金融動向（日本經濟產業省）

0333 夏季全國美食巡迴

那

一種用來表示「距離遠近」的指示詞，與「那個」一詞同樣，都是一種沒有明確寫出反更能引起讀者興趣的使用方法，但是也隱含著「那個東西很知名」的語感在內。此外，像是使用「某一天、某個地方」等方法，避開特定內容，反而會讓人印象更深刻。

近似詞 大家都知道的那個、那個

0334 在家裡就能重現餐廳的那種口味

0335 引退後到現在仍後悔不已的「那一球」

0336 那股○○的力量升級後，重新粉墨登場！

殺手鐧

近似詞 最終手段、有效的

足球術語，killer pass，與得分有關，是指會讓形勢大逆轉的重要臨門一球。因為有這樣的形象，可以用來表現這是一種效果極高的策略。意思近似於「致命一擊」，相對於致命一擊帶有「最後」的形象，殺手鐧的語感比較偏向事前發揮效果。

0337 達成預算的殺手鐧

0338 尋找打破提升業績困擾的殺手鐧

0339 通過會計師資格考試的殺手鐧

朝向＊＊

近似詞 接下來、從今天起

在此所介紹的並不是「向＊＊」這種追隨目標的感覺，而是表現出接下來會有一些東西即將要展開的語感。經常會用在報紙等的標題，用「朝向＊＊」做結尾，也會產生一定的餘韻。

0340 莫德納公司（Moderna）正準備朝向新冠與流感混合疫苗實驗
（朝日新聞 DIGITAL，2021 年 9 月）

0341 如果電動滑板車未達標準，則傾向於與腳踏車適用相同規範
（NHK）

0342 不僅是物品，沒有 SaaS 等形式的商品，服務也同步朝向漲價

也＊＊

近似詞 也有＊＊、預期

和「朝向＊＊」同樣，帶有一種話沒有完整說到最後的語感，經常會用於報紙等標題。在許多情況下，會將持續「有＊＊」，改為採用「＊＊也」的表達形式。「這個也」的語感會讓人覺得好像有很多面貌，但不一定要複數形象才能使用。

0343 中國商業景氣睽違 4 個月「擴大」，但是對其持續能力也有所懷疑
（日本經濟新聞，2023 年 1 月）

0344 也會擔心幼小孩子們的健康問題

0345 西日本也有半夜會下大雨的地方

顛覆

近似詞 翻轉、反轉、改變

帶有「否定到目前為止的事情,從根本開始改變」的意思,呈現出變化很大的感覺。顛覆一詞的使用對象很多元,可以是「常識、定說、通說、概念、慣習」等,對於一般來說難以改變的事物最有效果。

0346 顛覆流行服飾業界常識的流通改革

0347 顛覆「座向朝北的家通常比較寒冷」想法的室內設計

0348 顛覆刺激口感的日本酒

創造差距

　　假設職場中有一位讓你覺得無論如何都難以應對的人、實在很討厭每天都要看到他,你有一種已經忍耐到了極限的感覺。在那樣的情況下,你突然知道有一個可以瞬間將討厭的心情轉變為愉悅心情的切換開關(可惜世上恐怕沒有這種東西),或是有一個網站可以讓你用合理價格觀賞相關解說影片,你應該會想試試看吧!這是因為你「現在的狀態」與「想要達到的狀態」之間有所差距。

　　神田昌典表示「顧客有所反應並是廣告或宣傳單上所使用的詞彙,而是取決於差距的大小」。也就是說,「現實」與「可以期待的幸福程度」之間的差距。或者,如果「現在」與「未來」之間的差距不夠大,人類就不會想要有所行動。這個差距不一定是對現狀有所不滿。即使是面對意外出現的美好未來也可能也會與現實有所差距。

　　仔細思考一下,如果可以用一些詞彙表達「讀者所處的狀況」與「你所提供的商品、服務能夠實現的未來」間的差距,就能夠大幅提高銷售率吧!建議務必搭配使用這章節,好好發現其中「差距」。

(懶人)(出頭天)

近似詞　連這樣的我都＊＊、那個人為何可以＊＊

為了成就「懶人成為富翁」之類的理想狀態,塑造出顛覆一般常識的角色,可以展現出意外的感覺。連結到「自己也想要挑戰看看」的期待心情。

0349	不會玩的人,賺不了大錢!
0350	對於像我這種完全沒有業務經驗的退休官員而言,看著數字增加這件事情非常有趣(《不變的行銷》)
0351	向你介紹當初完全沒有高爾夫經驗的我,兩個月後就可以打出低於 110 桿的練習方法

改變人生

近似詞 人生劇變、戲劇性的、成為轉機

用於重大轉機、契機的情境。這個詞彙適合用來形容人生或是生活方式改變的戲劇性事物。如果用在形容一些比較輕鬆的事物，反而有種用力過猛的感覺，最好避免。

0352　每個人都應該擁有。
遇見一本能夠改變人生的書

0353　累計改變超過 5 萬名讀者的人生
——幸福論

0354　開業 3 年，已經改變超過 2,000 位人生的超強裁縫裁量技術

誇張

近似詞 不同掛的、不尋常的、稀有的、非常規的

採用「誇張＝完美」這種間接式的說法。一般來說，通常會用在表達該狀態已大幅超越「一般市場」的情形。與平均水準的差距（鴻溝）可以引發讀者的興趣。

0355　交通 IC 卡的「導入費用」真是誇張
（東洋經濟 ONLINE，2018 年 3 月）

0356　超大豪雨的雨量之所以那麼誇張的理由

0357　誇張的遮光性！即使是夏日炎炎的白天，也能夠讓室內完全變暗的窗簾

浮誇

近似詞 不得了、認真的、難以相信、非凡、驚愕的

與「誇張」的意思相同。是非常輕鬆的表現，不適合用於正式場合。但只要選對使用場合，就能夠表現出讀者的興奮程度。

0358　浮誇的療癒力 「EARTH SPA by 克蘭詩」
非日常體驗，完全融化你的身心
（Oggi.jp，2019 年 12 月）

0359　在渡假村的晚餐後享受岩盤浴，
真是有一種浮誇的輕鬆感！

0360　傳說中的栗子飯體驗，
栗子的份量真是浮誇！

跳躍性地

近似詞 急速、突然、激進、逐漸加快

用來表示大幅成長的樣子。然而,由於語感上較為曖昧,如 0361「跳躍性地提高提高銷售額的 4 大公式」,可以在前後放入有根據的資訊,即可避免給人「輕浮」的印象。

0361 跳躍性地提高銷售額的 4 大公式

0362 利用暑假認真讀書的孩子,
下學期成績即有跳躍性提升的案例介紹

0363 跳躍性提升二發(Second Service)
準確率的旋轉發球法

聞所未聞

近似詞 劃時代的、改寫歷史、破紀錄的、
前無古人

意思是「以前從未聽過」。所以,當人們聽到這個詞彙時,往往期待是否會有一些全新的東西。如果將它用在不是真正前所未有的其他事物時,就會覺得有點誇大其詞,使用時必須特別注意。

0364 聞所未聞,同一天竟然獲得兩項比賽冠軍

0365 聞所未聞的大量離職潮,
讓總經理與主管們騷動不安

0366 真的嗎?聞所未聞的「桌球待客術」!

魔法

近似詞 魔術、Magic、魔力、不可思議、神祕、
trick

雖然我們都知道沒有魔法的存在,但是就是會有一些在實際上超出預期結果、以超出預期速度展現效果、如魔法般的事物。用來隱喻「超出想像的良好狀態」。如果太輕易使用,往往會顯得過於誇張,使用時必須特別注意。

0367 12 分鐘的魔法。人聲鼎沸與門可羅雀的排隊方法

0368 魔法炸天婦羅粉
(昭和產業)

0369 可以大幅降低 Double Bogey(雙柏忌)的魔法推桿法

打破常規

近似詞 違反規定、技術犯規、禁斷的、禁止舉動

語感上表示出一種不遵循既定規則和習慣的劃時代狀態。由於同時帶有正面積極與負面的消極含義，建議使用時要仔細確認是否會違背自己想要表達的意圖。

0370 打破常規的回禮專用巧克力。
男士想送給女士的話，就選這個！
（PRESIDENT STYLE，2019 年 2 月）

0371 打破常規的賽馬券購買法

0372 打破常規的極粗版素麵，
令部分業者抱怨不已

不外傳的

近似詞 祕密的、代代相傳、秘藏

帶有僅在有限對象或是社群之間共享貴重事物或是資訊的語感。意思是只要能夠待在該對象或是社群旁邊，就可以獲得大部分人不知道的事物或是資訊。

0373 期間限定「不外傳的顧問技巧」

0374 想要拓展海外，還是選擇不外傳呢？
何謂大選擇時代的經營策略？
（Forbes JAPAN，2017 年 8 月）

0375 此處重現了不外傳的祕傳沾醬

異次元

近似詞 另一個世界、世界大不同、非日常

2 次元、3 次元、4 次元等，「次元不同＝世界或是價值觀不同」的意思。通常用在強調「超級厲害」的語感表現。

0376 即便是大檔案影片，
也可以用異次元的速度下載

0377 異次元的輕巧度，
一台可以四處攜帶的新型筆記型電腦

0378 令人著迷！異次元的快速盤球，
讓全世界為之鼓譟

顛覆性的

語感表現上是指與其他事物有著大幅度的差別。可以使用如 0379 對「品質」的差異，或是如 0381 對「數量」的差異。

近似詞 傑出、出類拔萃、獨尊、不同層次的

0379 極具顛覆魅力的馬爾他島海景飯店

0380 可以展現顛覆性成果的「動與 」鴻溝法則（DIAMOND online，2016 年 7 月）

0381 日本從極大的分數劣勢差距，顛覆性地奇蹟大逆轉

驚喜

想要產生差距，最常見的條件就是「驚喜」。以前從未見過、聽過或是經歷過的某項因素會帶來驚喜。像是常聽到的「令人驚喜的白」等。

近似詞 驚愕、suprise、懷疑的眼神、不由自主地叫出聲

0382 帶給你名符其實的驚喜感（Apple.com）

0383 只要一匙，就能擁有令人驚喜的淨白（Attack，花王）

0384 假日到辦公室加班，從同事手中拿到的驚喜禮物是？

驚異

語感表現與「驚喜」相同，但是「驚異」給人的印象更為強烈。使用「驚異」時，語感上更貼近於「你應該要覺得詫異」。

近似詞 應該會覺得驚喜、FANTASTICS、大吃一驚、感激

0385 沉浸在自然界帶來的驚異感，24 項精選世界奇觀（CNN.co.jp，2019 年 6 月）

0386 以科學闡明候鳥特有「驚異方向感」的奧秘

0387 可以從距離自拍，令人驚異的相機功能

10 倍速、10X

近似詞 10 倍股（Teb bagger）、10 次（個）

雖然使用的是 10 倍這種帶有一定數字根據的詞彙，但是在廣告中也無法測量是否真的有 10 倍，卻會帶來一種「好厲害」的語感。然而，如果很明顯地只有 2、3 倍的效果時通常不會使用這個詞。

0388 《【圖解】10 倍速影像閱讀法》

0389 10 倍網速 享受足球世界盃的方法

0390 10X 發現目標與實踐計畫

令人睡不著

近似詞 常熱衷、過度專注、熬夜

任何人都有過因為在意某事而無法入睡的經驗。表達出一種非常在意的狀態。或是，意思是過於專注投入，即使到了就寢時間也無法停下來的地步。

0391 有趣到令人睡不著，
日本怪談故事的矛盾之處

0392 歷屆奧斯卡金像獎舞台，
總是有趣到令人睡不著

0393 每一種都會令人晚上興奮到睡不著……

普通（平凡）

近似詞 平凡、一般的、到處都有、沒什麼

雖然是指「普通」，表現出「告知一般人重大結果」的意外性＝連結差距的感覺。與「或許我也有機會」這種期待感有所連接。

0394 從小地方發跡的普通企業，
竟然改變了全世界！

0395 像我們這般平凡的上班族女性，竟然能夠擁有如此的機會出書，甚至還能上台講話

0396 屆齡退休的老爺爺表示，
樂透 6 號改變了他平凡的人生

衝擊

近似詞　驚訝、印象深刻、驚愕、腦子好像被打到

表現出一種「頭部好像是被榔頭敲到的衝擊感」，有大幅度的震撼。雖然與「impact」的意思相同，但是會因為前後文內容，而有好的或是壞的等不同的意思方向。例如「遭受衝擊」vs「接受impact」等，使用衝擊一詞並不會覺得奇怪。

0397　為了實現待客之道，對雲端系統的衝擊

0398　輕巧度，再次衝擊全世界
（Apple.com）

0399　你知道嗎？ 11 項與飲食相關的衝擊性事實

超出想像、難以想像

近似詞　超出預想、沒見過

如同字面上的意思，意思是「超越自己想像的」、「無法以常識進行思考的」，使用於一些會令人驚訝的內容。然而，「超出想像的」這種較為輕鬆的內容，通常用於誇張的表現。

0400　可以欣賞到超出你想像的景色

0401　搭載超高速 CPU，
遠超過你所想像的處理速度

0402　甲子園初次登場就獲得初次勝利，
克服了難以想像的壓力

藉由比較，引發興趣

　　為了引發興趣的方法之一就是**將某種事物與某種事物進行比較**。藉此引發讀者興趣的「差距」。讓我們來說明一下這是怎麼一回事吧！

　　有一本大家應該都耳熟能詳的暢銷書，叫做《富爸爸與窮爸爸》。光看書名，你應該能理解那本書想要表達什麼，**當「期望的」與「不期望的」以對比方式存在時，就會很自然地想要知道其中的「差異（＝鴻溝）在哪裡？」**。

　　在文案寫作史上，最有名的一封銷售信是《華爾街日報》的廣告信。**那一封廣告信的銷售內容，據說帶來了數千億日幣的銷售額**。信中表示「兩位背景非常相似的大學同學。25 年後重逢時看起來外表依然如往昔，但是一人已經是公司總經理，一人卻只是個小主管。差異只在於「有沒有讀《華爾街日報》」就是這麼一句錦言妙句。

　　如同此例，只是比較二位主角而已，就可以讓人完全理解。「對比」的表現方法就是**藉由這種比較明暗，凸顯暗處的缺點，即可抓住讀者的心**。

可以 vs. 不可以

近似詞 ＊＊可以嗎？、＊＊的條件

讓可以的人（組織等）與不可以的人（組織等）進行比較，以便強調「差異」。可以讓讀者知道「自己不可以的原因」與「能夠讓自己變得可以的方法」，帶有一種「一石二鳥」的感覺。

0403	可以掌握得住中國龐大市場的企業 vs. 掌握不住的企業
0404	成功者與失敗者的 5 大差異 （Forbes JAPAN，2018 年 8 月）
0405	分手後可以立刻找到下一個對象，與拚盡全力也找不到下一個對象的人，其中最大的差異是？

哭泣的人、微笑的人

近似詞 勝負（明暗）分明、受益者、失去者

拿過得比較好的人與過得比較不好的人做對比，基本上與「可以 vs. 不可以」的意思相同。用「可以 vs. 不可以」時，會把可以的人放在前面，相對來說，<u>使用「哭、笑」時通常會把哭泣的人放在前面。</u>

0406　屆齡退休、離開職場後，人們會因為是否能夠自由使用金錢而哭泣或是微笑

0407　針對已學會的能力，不得不放棄的人vs. 任其繼續發展的人

0408　貧困的人，還是會賺錢的人，你是哪一種人呢？（《讓你賺大錢的語言法則》）

可以成為的人、無法成為的人

近似詞 ＊＊的資質、合適的人 vs 不合適的人

「哭泣的人、微笑的人」的另一種變化。如 0409 ～ 0411 <u>通常用於可明確得知該職業或是社經地位時。</u>暗示是否有能力這件事情，可能會激起人們的內心情結，使用時要注意不要造成反感。

0409　有魅力者、無魅力者的差別

0410　可以成為顧問、無法成為顧問的人（PRESIDENT Online，2017 年 1 月）

0411　年收入可達 3,000 萬元者，與在 1,500 萬元止步的人

好 vs. 壞

近似詞 優缺、善惡、良莠、表裡、陰陽、黑或白

這項對比不僅可使用於人，也可以用於事物。也有如 0413，不直接提出「好、壞」形容詞的形式。<u>使用時只要直接比對出讀者所認識的「好」或「壞」即可。</u>

0412　運氣好、運氣差，你是哪一種人？

0413　會讓人想看下去的 DM 與直接被送入垃圾桶的 DM，有何差異？

0414　假日外出時，休閒穿衣風格品味好與壞的協調性差異

A vs. B

近似詞 A 與 B、A 或 B、A or B、選 A 還是 B

基本上和「好 vs. 壞」的對比基本相同，如 0416 或是 0417 <u>無法完全定義為「壞」時，即可並列進行對照。</u>

0415	高齡經營者被迫要選擇繼承事業 vs. 拋售事業
0416	薪水高但是加班多的工作 vs. 薪水低但是可以準時結束的工作，你是哪一派的？
0417	地方區域發展明暗顯著的「京都化」與「大阪化」（Forbes JAPAN，2015 年 5 月）

光與影

近似詞 明與暗、陰與陽、表裡如一、＊＊的優點與缺點

相對於「好 vs. 壞」是用來對比「兩種不同事物」的良莠，光與影則是<u>用來表示「一種事物」的正、反兩面對比</u>。表裡如一、相差無幾、評價兩極等都是從兩個觀點來形容的詞彙。

0418	想要穩定的薪水，還是要自由的生活？脫離上班族後創業家的光與影
0419	成功經營者的光與影
0420	足尾銅山觀光，一窺「日本第一礦都」的光與影（日本經濟新聞，2019 年 9 月）

比、比較

近似詞 對比、對照、互相比較

<u>人們在購買任何東西時，幾乎都會經過「比較」這個流程。</u>可以在同一家公司內比較不同事物，也可以和其他公司的事物做比較。另一方面，單用「比」這個字，雖然在意思上和「比較」的意思相同，但是感覺上使用「比」更會刺激他人想要一次嘗試多種事物的慾望。

0421	一次比較 3 種高品質黑毛和牛的盡享組合
0422	酒豪英雄們都超滿足，全國燒酎飲酒比拚大賽，暢飲 2 小時
0423	AWS Support plan 比較（Amazon）

藉由比較，引發興趣

超越＊＊

近似詞 凌駕於＊＊、超過＊＊、Over＊＊

所謂「超越想像」的表現，其中的「想像力」通常是交給讀者自行處理，所以容易變得抽象。相對於此，這裡表現方式因為有具體對象，腦海中比較容易湧現出相對應的想法。例如「超越想像的中醫」、「超越免疫療法的中醫」，整個形象就會顯得比較具體。

0424 創業超越 20 年的信賴與實績

0425 超越 4K 的高畫質

0426 美味程度遠遠超越 GODIVA

超越常規、程度差異大

近似詞 超出想像、例外的、看不到同類

如果是蔬菜等的生鮮食品「超出標準」就會帶給人們負面的印象，但是在此介紹的是正面表述規模大小，用來表現超越正常認知的「厲害程度」。程度差異大的狀況也一樣，雖然沒有明確表示出差異，但是這樣講起來，程度差異大的部分也可以用數值來衡量，會更容易表現。

0427 全壘打量產器，超越常規的肌耐力

0428 讓那些接下來會改變日本的、超越常規的高中生學習一些創意發想方法

0429 讓我們偷看一下那些年收入差異大的創投經營者晚餐

不是 A，也沒有 B

近似詞 A、B 都不是

類似的商品‧服務充斥，消費者通常可以預期答案或是商品選擇。在那樣的情況中，擁有原創性高的商品時，就適用於這個表現方法。可以避免讀者一看到的瞬間，腦中就浮現出「反正這就是那個東西吧！」反而失去興趣。

0430 不是補習班！我們沒有教材‧也沒有指南！（《銷售文案寫作禁忌》）

0431 必要的是並不是創作的才能。也不是對詩詞的敏銳度。

0432 這個新型記事本並不只是單純的電子筆記本，也沒有手寫輸入軟體。

沒有＊＊、沒有＊＊、沒有＊＊

近似詞 沒有＊＊也沒有＊＊甚至連＊＊也沒有

把<u>三種「沒有的事物」並列在一起，呈現出一種這個沒有、那個也沒有的節奏感</u>。相反地倒是很少看到使用「有」的表現，「有＊＊、有＊＊、有＊＊」。

0433 為數眾多的創業家們都是從「沒錢、沒管道、沒人脈」開始的

0434 在沒人、沒貨、沒錢的狀況下，重組事業的經營者故事

0435 大考沒有任何花招、手法或技術上的祕密！正面進攻的學習指導法

不是 A，而是 B

近似詞 A 已經過時了？現在是 B、A 成為了 B

一般來說<u>腦中會立刻浮現「說到○○，就是××」的 A，「那件事情錯了」的表達模式最能獲得注意力</u>。比方說，「這些醫生並不是真人，而是 AI」，就能勾起讀者強烈的興趣。也可表達出「與其選 A，B 其實比較好」的意思。

0436 料理已經不是加法，基本上是乘法

0437 不是「迎合」，而是要「尊重」。終身雇用制度崩壞後，日系企業應有的姿態為何？（Forbes JAPAN，2019 年 5 月）

0438 開會不是「辯論場合」，而是「決議場合」

更＊＊、更＊＊

近似詞 更加地＊＊、更＊＊、再者＊＊、再者＊＊

如 0439 所示，同時表達出兩種優點，通常「其中一件事情成立，另一件事情就不成立」，但是我們卻可以讓這兩件事相容。「更加～、更加～」也適用於相同的情形，但是「更～、更～」的<u>字數較少，通常會帶給讀者更有節奏的速度感</u>。試著把例文，改為「更加」，即可了解語感上的差異。

0439 用更少的時間，做更多的事（Apple.com）

0440 更貴、更快的中古屋銷售（Forbes JAPAN，2019 年 6 月）

0441 目標讓妳成為更美、更可愛女人的美容沙龍

比＊＊更有效

近似詞 ＊＊更有效、超越＊＊

明確說出比較的對象，並直接訴諸另外一個產品或是服務更有效果的表現。將普遍認為的最佳方法帶入「比＊＊更」中的「＊＊」，最能引發讀者興趣。

0442 比薪水更有效？提高員工滿意度，滿足員工想要被認可的方式

0443 比起每天持續訓練，更有效果的肌肉訓練方法

0444 比走路更有效果，提高血液循環的方法？

比起外觀

近似詞 外觀看來、比想像中、超出想像

用於表示外觀形象與實際差距很大，或是想要特別強調時的一種方便表現。特別是外表給人負面印象時，強調機能面的優勢會更有效果。

0445 比外觀看起來輕巧！這個春天最推薦的托特包

0446 比起外觀，更重視穿著舒適度的商務皮鞋

0447 ○○店的拉麵新菜單。意外地比外觀看起來清爽，激盪出一種獨特的魅力

但

近似詞 不論、反而

此處介紹的是「雖然A，但是B」的形式，將令人意外的事物拿出來對比，藉此引發興趣的表現。A與B的差距越大，越有衝擊感。也可以在「明明已經在期限前提出。申請卻被拒絕」這種帶有「可是卻」意思時使用。

0448 經典但新鮮有趣！本季穿搭少不了別一朵胸花的理由（ELLE，2023年4月）

0449 簡單但有效的5大攬客工具

0450 「味道濃厚」但有健康意識的義大利麵。新登場！

＊＊那樣的＊＊

近似詞　＊＊的程度、貫徹＊＊的程度

可以用在正面或負面等各種情境的表現。像 A 那樣的 B，如同 0451，A 與 B 應該要有相對應的關係，但是在大部分的情形下，<u>A 與 B 具有相反的形象，會讓人感受到差距，更能勾起讀者的興趣。</u>

0451　業務經歷，越如此平凡越好
（日經 xTECH，2021 年 2 月）

0452　連自己也覺得那樣不可思議，
能夠愉快工作的小小習慣

0453　不像有錢人那樣花錢在流行事物上的理由

相當於〇個＊＊

近似詞　每天＊＊杯咖啡、＊＊本（個）

將不太有具體實感的數值，藉由「舉例」的方式讓讀者可以輕鬆且直觀的理解。比方說，<u>直接說出「內含 2000mg 的維他命 C」，讀者並無法理解到底是算多還算少，但是聽到「有 100 顆檸檬」，就會有感覺。</u>運用幾座球場或是幾座迪士尼樂園來比較的手法目的也是如此。

0454　相當於 100 顆檸檬的維他命 C 量

0455　相當於 2 座東京巨蛋的大小

0456　相當於每天一杯便利商店咖啡的價格

更好

近似詞　更佳、改善、update、＊＊進化

<u>表示和某些事物比較起來「更好」。</u>實際寫出來時，通常會用「比起＊＊」來表現。以「比起現狀」、「比起既有的」為前提，有時不會寫出比較的對象。

0457　一個對你而言，更好的選擇

0458　比現在更奢侈一點。
想不想要更好的生活呢？

0459　避免離婚危機，何謂更好的夫婦關係？

相差無幾

每個人都能看到巨大的差異，但是卻很少有人注意到微小的差異。<u>語感上帶有「你會在意這一點小差異嗎？」的感覺</u>。如果提出一個一般而言難以察覺到的微小差異，就很容易讓人覺得「可能自己也沒有注意到」。

近似詞 微小的、差一點、危險、千鈞一、剛好壓線

0460	能夠創造出財富的人都知道，為何會相差無幾？
0461	日本代表以相差無幾的分數進入第一聯賽
0462	性騷擾與教育之隔相差無幾，舊有思維是悲劇的根源

灰色地帶

表現出一種<u>不能以黑或白明確定義為良莠或善惡等的情況</u>。通常會被稱作「灰色地帶」。會帶有一種「可疑」的語感。

近似詞 有爭議、擦邊、法律跟不上

0463	擴大事業版圖時，要注意那些帶有灰色地帶的企業靠近
0464	著作權的灰色地帶是「黑」還是「白」 ——專家討論中 （CNET Japan，2008 年 4 月）
0465	所謂管理就要有產生「灰色地帶」的覺悟 （PRESIDENT WOMAN，2019 年 6 月）

＊＊級

使用時會採用「最大級」、「收費級」、「專業級」等的形式。想要使用「最大」時最好是要難以驗證是否為 No.1 的對象。「收費級」或是「專業級」只需要「普通」的語感，<u>就可以充分表現出「程度很接近」或是「同等級」的意思</u>。

近似詞 最大級、收費級、專業級

0466	關西地區最大級的向日葵節，將於 7 月 5 日對外開放
0467	○○的 YouTube 頻道滿載著收費級的有用資訊
0468	女演員的○○專業級料理技能大公開

促使注意，受人矚目

當別人說「不要偷看」時，我們反而會更想一窺究竟。心理學上稱這種現象為「卡利古拉效應（The Caligula Effect）」。

這個名稱的由來是一部以羅馬帝國皇帝「卡利古拉」為藍本的義大利電影《羅馬帝國艷情史》（Caligula）。因為內容過於限制級，這部電影當時在美國被禁止上映，反而因此引發了更多關注。

在這個章節中，會介紹透過命令或禁止來吸引注意的表現手法。利用人們被禁止時反而會更想去做的反骨心理，廣告文案中經常使用「不要讀」、「不要買」、「不要做」等表達方式。**這樣的表現能吸引讀者的注意，但是使用時必須特別注意。因為，大多數人不喜歡被命令或禁止，所以說話者的身份相當重要。**如果是由某個領域的權威、專家或值得信賴的人提出的建議，人們可能會想知道「這是為什麼？」。但是，如果是陌生人說的，可能會引起反感而拒絕，反而覺得「你沒資格這樣說」。

此外，如果「不要做」這樣的直接表達過於強硬，可以使用「請不要做」這種比較為溫和的表現方式。

不可行的

近似詞 不能做、不應該做

主要是以形容詞的方式，以「不可行的＊＊」來表現。實際上是要請對方注意，但是比起「請不要做」更間接、聽起來更溫和。如 0469 或是 0471，在前後放入數字，可以讓內容更具體、更能提升傳達內容的力道。

0469 背痛患者深夜不可行的 3 大習慣

0470 餐廳約會時，絕對不可行的 5 大行為

0471 就職面試時不可行的 5 件事

不可以買

近似詞 不應該買、買了一定後悔

在「不可行的」標題中加入「購買行為」的表現。很多人都會對「出錢」很慎重，所以表現時要訴諸我方很了解大家對於「避免買了後悔」這種強烈慾望，會更有效果。特別是如 0474 的「公寓」，把高單價的商品用於標題更容易讓讀者有共鳴。

0472 高樓大廈已經「沒人氣」了嗎？
可以憧憬但是絕對不可以買的理由
（DIAMOND online，2019 年 8 月）

0473 中醫告訴你，絕對不可以買的營養補充食品

0474 絕對不可以買的舊公寓識別方法

請不要

近似詞 請等一下、不要、都不需要

寫文案時，往往會放入很多「請你這樣做」的要求。相反地，「請不要」這種表現方式反而會讓人注意到「做下去」的缺點，因此適用於想提出建議性的替代方案時。

0475 在了解事實之前，請不要投保壽險

0476 乘車共享改變了乘車習慣，請不要再買車

0477 喜歡永無止盡的會議者，請不要讀這篇文章

已經不需要＊＊了吧？

近似詞 已經不要＊＊、＊＊已經結束了

有效表達出我方能提出目前使用的替代品或方法。雖然會被認為「不需要」，但是如果這件事情到目前為止都很重要的話，這個詞彙會更有效果。

0478 已經不需要再穿耳洞了吧？
年輕人如此喜歡戴耳環的驚人原因
（Forbes JAPAN，2019 年 7 月）

0479 已經不需要指南了吧！
嚴選並解說迪士尼海洋樂園必去景點

0480 我們已經不需要機能滿載的高級家電，
簡易生活的家電選擇方法

請忘了＊＊

近似詞 請不要在意＊＊

與「已經不需要」想表達的意思相同。但是，通常會採用「不需要」的形式，或使用「請你忘記吧」的形式，往往會用於無形知識或技能等。

0481　請忘了這封郵件吧！
它只會浪費你的時間

0482　忘記你過去的揮桿姿勢吧！
這才是職業選手也讚嘆不已的開球揮桿軌跡

0483　AI 即可進行完美的文章校正，
請忘了那些拼字檢查工具吧！

丟掉！

近似詞 請放手、請停止、把＊＊丟進垃圾桶

從「不需要」、「請忘記」的語感切入，強烈指示對方放手的表現。然而，因為是用命令形，所以必須考量與讀者之間的關係。突然被不認識的人、沒有權威的人、無法信任的人命令，一般來說人們往往會出現抗拒反應。

0484　屆齡退休前，
記得丟掉「女性朋友們的信件」
（PRESIDENT Online，2018 年 4 月）

0485　如果想拓展世界，
你必須先丟掉全球化思維！

0486　現在立刻丟掉那些想要帥的念頭！

警告！（忠告）

近似詞 警報、危險、教訓、＊＊禁止、忠告

藉由「禁止」吸引目光。從原本美國常見的標題「Caution！」或「Warning！」形式，逐字翻譯後而廣泛使用。「警告！（忠告）」聽起來也會有一種煽動的意味存在，後方必須選擇的是一些能引起關注的議題。

0487　醫師警告！
「內臟脂肪」潛藏的恐怖疾病風險
（東洋經濟 ONLINE，2019 年 4 月）

0488　警告！在讀完這篇之前，先別買分租公寓

0489　想要給你一個忠告

注意

近似詞　注意通知、attention、必須準備＊＊唷

比起「警告！（忠告）」，「注意」一詞較為緩和，比較容易被接受、比較不會讓人有不適感。雖然還不到要警告對方的程度，但必須讓對方注意。比起「警告！」，「注意」更適合作為讀者「夥伴」立場使用的詞彙。

0490 決定入會前的 3 大注意事項

0491 注意！初次給家中國中生手機的父母們

0492 手機成癮症注意！
可怕的「雞脖子」消除法
（東洋經濟 ONLINE，2017 年 4 月）

請等一下！

近似詞　給我等一下！、等等！、STOP！

在以警告方式吸引讀者注意中最為溫和的表現方式。相對於其他表現方式多少會給人一種「由上往下」的印象，這種表現方法則不會給人這種印象。

0493 那麼，文案寫作只要拜託外部專家就好？請等一下！

0494 給客服中心打電話？請等一下！

0495 但是，請等一下！
（《不變的行銷》）

就該＊＊！

近似詞　去＊＊吧！、請＊＊、應該＊＊

沒有人會願意接受他人的命令。但是，這種表現方式可以有效地在講話者本身具有一定的權威或可信度時使用，比較容易讓讀者處於一種願意接受指令的狀態。但是，隨意使用這樣的表現方式也可能招致讀者反感，要特別注意。

0496 《想變笨就該去讀書！》
（PHP 研究所）

0497 5、60 歲的人，就該這樣繼續前進！

0498 就該打造一個國民品牌！
愛沙尼亞精銳設計師的挑戰
（Forbes JAPAN，2019 年 2 月）

就只是

原本的意思是「沒什麼大不了的，不值得要」，但是放在標題時，<u>經常用來表達乍看之下不重要的事情</u>。常用於「只是＊＊，實際上卻＊＊」這種組裝式的句子，但不一定要整組一起用。

近似詞 最多、枝微末節的、僅有

0499 只不過是一場晨會，但也是最重要的晨會

0500 別小看它只是一台機車模型，
它可是有多個用來學習車體結構的理由

0501 認為「只不過是一次考試」的父母，
他們的孩子更有可能考上
（PRESIDENT Online，2017 年 7 月）

阻撓

帶有「打擾」的意思，但是會給人更強烈「擋住去路」的印象。然而，<u>又比「打擾」或是「擋住去路」帶有更細微的語感</u>。如果將 0502 變化成「打擾數位轉型的推動」、「擋住推動數位轉型的去路」，意思上雖然想要傳達同樣的事情，但可以發現在語感上微妙不同。

近似詞 阻礙、阻止、阻塞、停止、妨害、擊退

0502 阻撓中小企業推動數位轉型，
3 大鮮為人知的障礙

0503 實際上完全相反！
阻撓年輕員工成長的 5 大糟糕員工指導法

0504 阻撓網球能力進步的「網球肘」真相

何謂行銷？　　　　　　　　　　　　■ COLUMN

　　行銷與文案寫作的關係是要同心協力、相輔相成，也可以理解為在行銷中一定會有文案寫作的需求。

　　那麼，究竟何謂行銷呢？行銷與銷售又有什麼不同呢？針對這個部分，我們可以用管理大師彼得‧杜拉克（Peter F.Drucker）的說法來做一個簡單說明。「行銷的目的，在於使銷售變得多餘。是要充分認識和了解顧客，使產品或服務能真正符合顧客的需求，並推銷自己」❸

　　神田昌典把「讓產品與服務符合顧客需求」這件事情稱作「PMM（Product Market Matching）」，意思是只要產品與市場達到一種配適（fit）的狀態，產品就會自動暢銷熱賣。相反的，如果脫離這個狀態，不論我們做任何努力都還是賣不出去。然而，**用詞彙展現出你的商品、服務，並且能夠符合、匹配顧客需求，就是文案寫作的工作。**

❸《工作的哲學—彼得‧杜拉克名言集》，彼得‧杜拉克著。

Empathy
引起讀者共鳴的表現

重點是，比起邏輯，讓人喜好更重要。

如果你的提案給人的印象不好，

就算東西、服務多麼厲害，讀者也會充耳不聞。

只用文字，就能引起共鳴的 8 種方法

透過深入理解讀者的痛點，如果能夠明確地解決「問題」……那麼接下來，在急著提出「解決」策略之前，你還有些事情該做。

那就是讓對方產生「共鳴」。

因為讀者在願意有邏輯地、理性地討論提案內容前，很容易用直覺、情緒性的態度去判斷是否要聽從你講述的內容。也就是說，重點是**比起邏輯，讀者的喜好更為重要**。

如果對你印象不好，不論你的提案多麼屬害，讀者依舊充耳不聞。甚至還可能立刻轉移到其他網站或頻道。因此，這裡的重點是……，對於未知的對手「如何只用文字，讓對方產生共鳴呢？」。

以下列舉「只用文字，就可以讓對方產生共鳴」的 8 種方法：

1. 用一種**寫信給親友的心情**，寫文案給顧客
2. 把讀者過去的**失敗合理化**
3. 假想與讀者之間有**共通的敵人**
4. 承認自己失敗或是**丟臉的祕密**
5. 分享自己的**家人或是朋友之間的八卦**
6. 講述一個從絕境危機中，東山再起、**大逆轉的故事**
7. 使用幾個連專家都不一定知道的**專業術語**
8. 給予一種與顧客社經地位、**地位等級並駕齊驅**的印象

以上哪一種最具效果的呢？你認為其中最重要的項目是哪一種呢？正確答案是第 6 個「**大逆轉的故事**」。何謂大逆轉的故事呢？在此用 10 秒鐘簡單

解釋一下，那就是：

「遭逢困難問題的主人翁，決定用自己的力量突破困境，開始不斷地在錯誤中學習成長，即使被敵人擋住了去路，必須不斷面對失敗，卻依然沒有放棄，很多時候，當我們面對超過想像的危機時，在情急之際只能選擇閉上眼，以為就此結束，沒想到卻出現意想不到的突破點，進而獲得巨大的成功。」

這就是所謂的戲劇性的經典故事。暢銷熱賣的劇本大多依循這種表達模式。為什麼說是最重要的呢？因為經典故事往往是讓讀者對該產品產生親切感的源頭。這些一舉大逆轉的經典故事，用來表示「我們與顧客抱持著相同的問題，但是我們擁有克服成功的經驗」，既然賣方走過這條路，那麼結果自然就會歸結為：

1. **我們是擁有過相同問題的導師（Mentor）**，所以可以和顧客說明
2. 顧客的失敗，**是我們曾經親身走過的路**
3. 既然我們了解敵人，就可以給予**有效的戰鬥方法指南**
4. 我們公開了自己的失敗或是恥辱的祕密，可以**讓對方更有信心面對**
5. 分享自己家人或是朋友的八卦，**也能給對方帶來一種安心感**
6. **身為一位專家**，也可以在日常對話中使用專業術語
7. 當然，就會在業界**受到尊敬**

找出這種一舉逆轉的經典故事，只要在標題中，輕輕一推，就可以拉近買賣雙方的距離，並且可以**讓賣方處於買方的導師位置**。

確保導師形象的位置穩固，對於增加銷售量至關重要。當今現下，產品和資訊充斥。只要一個受歡迎的部落客或 YouTuber 出來登高一呼，以前賣不出

去的產品就會突然變得流行起來。

　　所以，只是「說些什麼？」恐怕還不夠。「**誰說的？**」才能夠大幅左右銷售額。因此，比方說透過「一舉逆轉的經典故事」，能夠傳達給顧客「誰說的？」這種賣方價值，以及「說了些什麼？」這種雙方的商品價值。

　　在此舉個逆轉的經典故事案例，像是曾登上大螢幕的《這一生，至少當一次傻瓜》。在此先稍微劇情簡介：

> 「從上班族變身成為農民的木村先生，為了每次都因為噴灑農藥而感到身體不適的妻子，決定開始以無農藥的方式栽種蘋果。然而，那樣的栽種方法被認為絕對不可能成功，果然歷經了好多年都完全沒有成果。被債務逼急了的木村先生某天決定自己一個人上山偷偷自我了斷。沒想到竟然在那裡發現了一棵恣意生長的核桃樹。
>
> 那顆樹沒有枯槁、也沒有害蟲。木村先生仔細觀察了那棵樹，靈光乍現覺得自己也可以用相同方式栽種蘋果。於是，在停用農藥後的第 8 年，終於收成了 2 顆蘋果。而且好吃到令人驚艷。」

　　聽到這種大逆轉的劇情，我們不會再覺得木村先生是外人了。他在你的心中成為一個親近且令你尊敬的人物。因此，當我們聽完木村先生的故事後，木村先生經手的所有農作物都會變身為具有特別價值的品牌。話說回來，請不要聽到這種一舉逆轉的經典故事很有效果後，就在銷售時，突然隨意地講起自己的故事。

　　「好！我也和木村先生一樣談談我人生低谷時的故事吧！」除非你是位知名人士，否則沒人有興趣想聽你的艱辛故事吧！

　　從能賺到錢的配置表達模式—「PESONA 法則」來看，我們會先從讀者的「P（問題）」開始思考文章內容。之後為了讓讀者願意聆聽提出的「S（解

決方案）」，必須成為一個能感同身受讀者「痛點」，並把它當作自己「痛點」的人。也就是說，**讓讀者知道現在正在面對的問題，你是經歷過、克服過那些問題的人**，會更有效果。

自己透過過去經驗所掌握、學習到的智慧，反而具有顛覆性的說服力，但是在日常生活中，卻經常會被我們遺忘。因此，把它當成作業，去回想一些曾經「一舉逆轉的故事」就會非常有效果。

但是，又覺得「我好像沒有那麼戲劇性的故事吧？」，其實往往唯一沒有意識到的人就是你自己。因此，希望正在閱讀這個章節的讀者，務必藉此機會好好想一想自己曾發生過的大逆轉故事。

從那樣的故事中，你應該可以找出自己獨特的強項，以及許多讓讀者欣喜於有種似曾相識感覺的趣事。

創造故事性

　　孩提時期，我們透過繪本愛上故事；長大成人後，那些故事也依然令人著迷。**「故事」對人類而言是一種自然的、容易理解的形式。**其中，歷代流傳的「神話」更是具備抓住人心的普遍性故事模式。眾所周知，著名的《星際大戰》等電影場景就是利用了這種神話的表現模式。

　　文案寫作也是一樣，帶有故事性的文案特別有力道。讀者在閱讀故事時，**會不自覺地把自己與登場人物重疊，感受自己是否有過相同經驗。**為什麼會發生這樣的事呢？從心理學角度來看，或許可以用「情節記憶（Episodic memory）」來說明。人們對於過去所發生的經驗，據說會連「當下的氛圍」與「心理狀態」等相關資訊一併記憶下來。故事可以連結讀者的情節記憶，並且喚醒過去的回憶與情緒。因此，**藉由將文章故事化，可以讓讀者感覺更真實、更身臨其境、更具可讀性。**

物語‧故事

近似詞 歷史、成長歷程、檔案、逸事（插曲）

雖然是簡單地用「物語」一詞來表現。但卻不是單純地寫出 Know How 或是一般性論述，而是想要告訴讀者一個曲折迂迴的故事。

0505	50 歲時提前從大企業退休、自行創業的男人物語
0506	夏日奇蹟物語‧甲子園旋風錄（「Number」984 號，文藝春秋）
0507	一邊開診當醫師，一邊成立上市公司某位男士真實故事

祕辛

與「背後故事」類似，但是使用「背後故事」好像有點太過輕鬆的感覺。相對來說，「祕辛」比較適合用在更正式、嚴肅的標題。「戰爭終結的祕辛」如果改成「戰爭終結的背後故事」就會有點奇怪吧！此外，用「祕辛」一詞反而更具故事性。

0508　極致的人才培育手冊「MUJIGRAM」誕生祕辛

0509　甲子園祕辛（阪神電鐵）

0510　JR 西日本「新型八雲號」開發團隊
公開設計祕辛
（東洋經濟 ONLINE，2023 年 3 月）

復甦

這種表現方式強調舊事物即將復活並且即將重返舞台的形象。與 P.237 的「全面更新（重新開放）」帶有相同的意思，但是「全面更新（重新開放）」與先前的狀態完全無關，帶有一種全新事物的形象，而「復甦」則會給人過去曾經完全失勢，但是現在又滿血復活的印象。

0511　老企業也能以那種數位的方式復甦

0512　令和時代復甦·復古的春日穿搭

0513　讓泛黃髒污如謊言般消失，
可讓白襯衫復甦的家庭用清潔劑登場

大家都笑了。不過

雖然被當作是笨蛋，但是卻能夠反擊的典型一舉逆轉故事。如 0514 為約翰·凱普斯（John Caples）的經典台詞。「不過，當＊＊……」中途打住，沒有繼續講下去的方式，會讓人更想知道後續發生什麼事情，經常用於電影或是電視劇。

0514　我坐在鋼琴前，大家都笑了。
不過，當我一開始彈奏……
（《The·文案寫作》）

0515　服務生對我講英文時，大家都笑了。
不過，當我開始點餐……

0516　同業都笑了。不過當我的書開始熱賣後……
（《90 天讓你的企業更賺錢》）

為什麼我能（會）＊＊

近似詞 為什麼小弟我能／我會＊＊

如 0517，通常用於傳達一種「為什麼會成為那樣理想的狀態呢？」。另一方面，也可以如 0518 用於「想要避免的狀況」、「為什麼會變成那樣呢？」，是可以引發讀者興趣、更想了解其背後的故事或是因果關係的表現。

0517 為什麼我能考上東大。
（四谷學院）

0518 為什麼我的企業會破產

0519 為什麼原本在日本偏鄉務農的我，會跑去非洲呢？

懸崖邊緣

近似詞 窮途末路、走頭無路、舉手投降、死無退路

被逼入絕境的情境講起來會讓人相當有臨場感。同時，人們也會對成功復出的故事抱有高度期待。因為如果只是從懸崖掉下來就不會成為故事了，所以前提是要有一個逆轉的故事存在。

0520 一個瀕臨降職懸崖邊緣的上班族，成為業績冠軍的契機是？

0521 3 月前仍未能確定入職、處於懸崖邊緣的大學生，為何能夠開創出驚人事業？

0522 處於懸崖邊緣的「地方銀行」，其所缺乏的觀點
（東洋經濟 ONLINE，2019 年 5 月）

奇蹟的

近似詞 Miracle、神蹟的、出神入化的

奇蹟一詞帶有「用人類的角度去思考會覺得不可思議的現象」的語感。因此，會讓人想要去了解發生的背景或是內容的神祕性（例：《這一生，至少當一次傻瓜》）。

0523 得到社區支持，奇蹟的商店街

0524 該如何才能維持超過 40 歲仍奇蹟般光艷動人的肌膚呢？

0525 森林學校奇蹟般的上課方式

想要告訴你

近似詞　想要多說一句、一句話、分享

遇到好事或是開心的事時，通常都會想要和他人分享。社群媒體中經常使用「分享」這個詞彙，完全符合人性。比起「想要分享」，「想要告訴你」更能讓人感受到故事性，有一種更自然的感覺。

0526　想要告訴正在焦慮於「無法決定目標」者的 3 個觀點
（Forbes JAPAN，2018 年 12 月）

0527　想要告訴孩子們的日本武道精神

0528　想要告訴患有產後憂鬱症的媽媽們，可以多加利用公家單位，協助拉開與孩子間的距離

真的很

近似詞　真實的、實錄

富士電視台以朝日新聞出版的恐怖漫畫《真的很恐怖的故事》為腳本製作的節目相當知名。所以在日本經常會看到與「恐怖的故事」搭配使用，除此之外也可以搭配「笑話」或是「感動話題」等。

0529　樂園遊行中，發生一件真的很感人的故事

0530　現役空服員講述在空中發生的真實趣事

0531　出差住飯店時遇到真的很恐怖的經驗

彷彿像是假的一樣

近似詞　不可置信、難以置信、非預期的

語感上與「奇蹟的」非常類似，但用到「奇蹟」一詞又帶有誇張的感覺，使用這樣的表現方法，會給人一種比較親切、幽默的印象。

0532　真的存在嗎？彷彿像是假的海洋生物

0533　僅有一段特定時間點，可以在日本山中湖看到彷彿像是假的一樣的絕美景色

0534　彷彿像是假的一樣，待真正的機會翩然而至時，背後的努力

復活、谷底重生

近似詞 復甦、Revival、起死回生、復興

以前雖然很好，但是後來變糟糕，結果又再度變好的情境。雖然「復活」只有2個字，但是卻會讓人想要一窺這個凋零又重生的故事。這個「振盪的幅度」會讓人們覺得刺激或是有所共鳴。

0535 「製造業革命創新的真相」
一見證馬自達的復活
（日經 Business，2019 年 4 月）

0536 《雲霄飛車為何會倒退嚕？創意、行動、決斷力，日本環球影城谷底重生之路》

0537 昭和特別節目利用最新 CG 技術，讓昭和時期復活於令和

禮物

近似詞 Present、Gift、恩賜、來自＊＊的饋贈

「＊＊的禮物」，＊＊中不僅可以放入「人」，也可以放入抽象的「概念」或是「團體」、「自然」等事物。「禮物」與「Present」的意思雖然一樣，但是這裡的「禮物」一詞的日文原文是「贈り物」，讓人有一種「背後還有故事」的感覺。如同 0539，其實是將「日本海出產的漁獲」當作是「來自日本海的禮物」，給人很不一樣的感覺。

0538 來自愛護家人的蘋果農園，給同樣呵護家人的你，一輩子的禮物
（《能賺到錢的詞彙法則》）

0539 來自日本海的禮物

0540 來自神祕國度——緬甸的禮物

開啟（啟動）

近似詞 開始、拉開序幕、開幕

會讓人提高對於朝向未來、開啟新故事的期待感。或帶有一種「讓我們就以打造那樣的未來為目標吧！」的訊號。不僅可以當作動詞，也可以如 0543「＊＊啟動」，當作名詞使用。

0541 開啟一種不在意金錢的社會

0542 所有的銀幕畫面都會從同一個地方開啟
（Apple.com）

0543 雖然這是非常小的一步，卻是實現淨零碳排啟動的一大步

挑戰

近似詞　Challenge、對抗、奮鬥、應戰

英雄是為了某項挑戰而生。在挑戰困難的電視劇中，一些充滿挑戰契機的故事，或想要克服的問題，往往能夠引發他人興趣。

0544　READY TO GO！
這個挑戰，可以改變未來。
（東京海上日動）

0545　自然食品專家挑戰義式冰淇淋
（日經 MJ，2018 年 2 月）

0546　學籍崩壞的挑戰。某位女教師的奮鬥記錄
（譯註：學籍崩壞，是指原班級功能無法正常運作）

逆襲

近似詞　反擊、快速回擊、反攻、Counter Attack

呈現一種從走投無路的狀況到滿血復活的語感。成為劣勢的背景原因，以及從中捲土重來的方法（如何破局？）會讓人覺得很有故事性。

0547　《凡人的逆襲》

0548　拯救日本高齡化社會，製造業的逆襲開始！
（Forbes JAPAN，2018 年 11 月）

0549　求職活動中的學生逆襲！？
（NHK，2019 年 4 月）

篡位

近似詞　逆襲、爆冷門、叛亂、美國夢

原本意思是指戰國時代身分或是權力低下者威脅上位者並且贏得勝利。用於比喻一般認為形勢不利的人或是集團打敗了原本具有優勢的人。也可以單獨用於類似「逆襲」的語感。

0550　改年號是篡位開始的訊號

0551　伊藤忠商事社長
「從萬年低層到篡位而上的故事」
（PRESIDENT Online，2016 年 12 月）

0552　最年輕的職員一路篡位到出人頭地

是有原因的

近似詞 有藉口的、有很多原因、因為特殊理由

說了「因為有理由」，就會讓人更想知道究竟是什麼理由。同時，也會想要知道背後還醞釀了什麼樣的故事。

0553 便宜，是有原因的（無印良品）

0554 《滅絕，是有原因的。》

0555 雖然清庫存是有原因的，
但是在品質上完全沒有問題

舞台、Stage

近似詞 一展身手的舞台、場景、光景、情景、主角

醞釀出「憧憬」或是「華麗」氛圍的一種表現。此外，也具有「舞台＝主角」的形象，所以在語感上也包含成為主角的意思。如 0558，「Stage」雖然與舞台的意思相同，但是形象上有些許不同。

0556 音樂與電影的完美舞台（Apple.com）

0557 舞台從街頭換到私人空間。
萬聖節活動的趨勢變化
（Forbes JAPAN，2017 年 10 月）

0558 為了要在人生 Stage 上發光發熱，
你必須先從今天開始踏出第一步

宿命

近似詞 注定、天命、機緣、因緣

帶有多種意思的詞彙，一般來說用於表示「將來」的意思。類似的還有「命運」一詞，但是，這裡的意思比較偏向「機緣」，所以稍微有些不同。

0559 電動車是否會改變燃油引擎車的宿命？

0560 秋刀魚收成持續不佳，是否最後會和鰻魚和松茸的宿命一樣呢？

0561 因為黑色星期一倒閉的企業與存活下來的企業，不同宿命的股價表現

遺傳因子、DNA

近似詞 精神、素質、性質

遺傳因子與 DNA 在專業用語上有所差異，但是用在標題時，則不需要進行嚴格的定義，<u>通常用在表示傳承了過去的優點</u>。從過去持續到現在的語感，彷彿也能同時創造出故事性呢！

0562 新產品傳承了＊＊系列的遺傳因子

0563 涉谷車站周邊是傳承娛樂事業 DNA 的藝術文化聖地。
（BRUTUS.jp，2022 年 12 月）

0564 高抓地力輪胎繼承了 F1 的遺傳因子

真相

近似詞 本性、實態、真實狀態

語感上想要表達出真實形式或是實際狀態，<u>打算要公開幾乎所有人都不知道的祕密</u>。硬要說的話，通常會用來表示負面事件的真正原因，但是也常用於「祕訣」或是「真實形式」等正面含義。

0565 發送給首爾補習班國高中生「腦袋好的超級 ADHD」的真相是？
（《新聞週刊》日本版，2023 年 4 月）
（譯註：ADHD ＝注意力不足過動症）

0566 受到年輕女性歡迎。
不需到院的牙齒矯正真相

0567 每一個時代的新進員工都深受 5 月病之苦的真相

打開大門

近似詞 開始、揭開面紗、拉開序幕

打開朝向未來的大門、打開邁向成功的大門等，<u>感覺是朝向美好狀態的第一步</u>，以及接下來即將開始新局面的語感。比起單獨使用「開始」或是「第一步」更能引發讀者的興奮與期待感。

0568 只要運用如此簡單的方法，
你也可以打開成為作者的大門

0569 《打開人生大門的最強魔術》

0570 打開理想人生的大門

能夠感動讀者的標題打造技巧　　　■ COLUMN

　　本書刊載了 800 個詞彙，但寫部落格或電子信等的文案標題時，還是會有一種猶豫不知道該使用哪個詞彙的煩惱吧！本書從 PESONA 等 6 個突破點出發，並在下一層將各個詞彙分類，你可以從中獲得一些啟發。我們還會再從「該說些什麼」的觀點，來介紹其他突破點。

　　也就是說，你可以運用文案標題的「要件」先來思考。根據我們的研究，能引發讀者興趣、具有衝擊性的標題包含以下 8 個要件。為了方便大家記住這 8 個要件，我們彙整成 BTRNUTSS（奶油堅果）。

Benefit： 是否包含對讀者有益的資訊呢？

　　　　　（例：0009 日本人用英語撰寫文章時常見的 5 大錯誤）

Trust： 是否有讀者信任的資訊呢？

　　　　　（例：2252 皇室御用認證，比利時直達的最高等級苦甜巧克力）

Rush： 讀者是否能感受必須把握時間的急迫性呢？

　　　　　（例：2150 3 大優惠的申請截止日期到明天為止）

Number：是否包含數字？（包含數字可以增加具體性）

　　　　　（例：2229 累計施工戶數達 2,312 棟。該區域每 23 棟建築就有 1 棟為本建築公司施工）

Unique： 不是到處都有的普通事物，是否有包含文案撰稿人的獨特性呢？

　　　　　（例：1633 針對 3,000 名公司員工進行個別調查後得知的「理想上司類型」）

Trendy： 是否與熱門的話題有關？

　　　　　（例：1502 一口氣向你介紹雙足步型機器人等「當季熱門技術」）

Surprise：是否包含讀者過去未知的意外資訊呢？

　　　　　（例：0223 你曾在使用敬語時犯過這些錯誤嗎？）

Story： 具有讓讀者有所共鳴、沉浸其中的故事性嗎？」

　　　　　（例：0514 我坐在鋼琴前，大家都笑了。不過當我開始彈奏…）

　　不需要一次放入 8 個要件。可以先選擇 1 個要件，然後再將幾個候選的標題進行多種變化，即可製作出讓人朗朗上口的標題文案。

貼近讀者

　　與初次見面的人談話後得知來自同一個鄉鎮縣市。進一步詳細詢問後發現竟然就住在自己老家附近。因為同鄉，讓彼此的氣氛非常熱絡，兩人一拍即合。你是否有過這樣的經驗呢？那時是否覺得一種奇妙的親切感呢？或者，即使出身地或是年代不同，因為「唸過同一所大學」，彼此突然成為「學長姊、學弟妹」的關係。**即使是一些枝微末節的事物，人類往往會對與自己有「共通點」的他人產生親切感。**這稱作「相似性法則（Law of Similarity）」。

　　然後，不僅是發現共通點而已，還可以藉此透過貼近讀者心情，更進一步**引發強烈的共鳴。所謂貼近是指鼓勵讀者、表示理解並且同意讀者所處的立場。**為他送上加油歡呼聲：「我是你的戰友 or 理解者唷！」。

　　在實際溝通上，我們會對那些理解自己、贊同自己立場的人抱有好感，把這個原則放在標語文案時也是一樣。文案撰稿人必須貼近讀者立場，並且讓讀者理解「我方的主張」。也就是說，「引發共鳴」是銷售時最值得信賴的武器。

超煩

近似詞　討厭、對不起我受夠了、厭倦、吃膩了

藉此表現出「討厭」的情緒。描寫出讀者應該會覺得「嫌惡」的強烈抗拒心情，或是「每次都一樣實在是膩了、變得討厭了」的不愉快與壓力。這是一種貼近讀者負面情緒，藉此引發共鳴的表現。

0571　受不了蝗蟲般的經營模式，超煩！

0572　你會覺得現在的老闆很煩嗎？

0573　真受不了年功序列制度，超煩！想在歐美體系的職場工作，就不用在意年紀輩份了

麻煩

近似詞 難以對付、厭膩、麻煩死了、阿雜、傷腦筋

隱含著「不是只有你會覺得麻煩唷！」的訊息在內，會更容易引起讀者共鳴。表現出有煩惱的不只是你一個人，其他人也同樣有這個煩惱，因而給人一種安心感。

0574 有 86% 的女性認為補妝很麻煩（資生堂）

0575 有 80% 的人認為午餐後刷牙很麻煩

0576 致「覺得每天都要思考晚餐菜色，覺得很麻煩」的專業家庭主婦

不用煩惱

近似詞 無憂、無慮、從＊＊中釋放

「不用再煩惱了唷！」是一種貼近顧客情緒的表達方法。「煩惱消失了」＝「問題解決了」，就可以同時提出幾個解決方案。這樣的表現方法其實相當好用，因為可以演繹出多種角色。

0577 不用煩惱也不用擔心旅行時會失眠，一覺到天明的酒店選擇方法

0578 即使在雨天通勤，也不用再煩惱鞋子問題了！保護雨天鞋子的終極用品

0579 不用再煩惱輸入錯誤的問題（Apple.com）

一起（一樣）

近似詞 同樣的、一起參加的、知道＊＊

帶有禮貌及通用性，是容易使用的用法。可以如 0580 表示「綁在一起、一組的」意思，也可以如 0581 用於「（你和我）一樣」的意思。此外，如 0582 的「一起踏上」，也可以用在想要發展關係，「可以成為你的夥伴嗎？」的情境。

0580 在這麼棒的晚餐時刻，讓我們一起喝一杯秋季限定的特別款紅酒吧！

0581 想要為家人做一件最棒的事情。這樣的心情，我們都一樣（Apple.com）

0582 很榮幸與你一起踏上新的旅程

放棄

近似詞 Give up、退役、輟學、死心

每個人應該都有過那種嘗試過，但是因為沒辦法做得那麼好而放棄的經驗。雖然停止繼續下去，但是心裡還是會希望「可以成功」。這個詞彙就是為了給這樣的人再一次的希望。

0583 擔心晚上無法入睡而放棄晚上喝咖啡，建議你飲用無咖啡因咖啡

0584 給已經放棄學習英語會話的人，這是再給你自己一次 Challenge 的機會

0585 獻給已經放棄美乃滋的人，新品上市（Kewpie Corporation）

不放棄（不服輸）

近似詞 Never Give Up、不能放棄、不要放棄、堅持

稍微帶有「或許有點勉強」的感覺，但是可以表現出不會如此輕易放棄的心情。

0586 即便如此還是不放棄棒球。在職業生涯持續堅持的選手心情

0587 不向年齡服輸，芝麻素！（三得利）

0588 50 歲的男子，還不能放棄頭髮

支持‧協助‧支援

近似詞 協助、應援

明確表示「我支援你唷！」的立場，可以產生親切感。對讀者而言，不僅是有所共鳴，還可以獲得信任感。也有「支援」、「協助」、「應援（支持）」等各種不同的詞彙變化。

0589 大家寄出的賀年卡量，等同於支持我們的人數。（郵局業務）

0590 精通各領域的夥伴將會透過實踐會的各種活動強力協助你

0591 協助中小企業繼承人更上一層樓的相親活動（日經 MJ，2018 年 4 月）

○歲開始也可以

近似詞 即使○歲也可以＊＊、
從○歲開始也沒問題

一般來說，可以在當下才開始覺得「還太早」（0594），或是「已經太晚」（0592、0593）的狀況下使用，最具有效果。可以去除讀者「○歲就不可以做那些事情嗎？」的心理不安感。

0592　60 歲才開始也可以如此活躍！
充實的教育與環境都已經為你準備好了

0593　20 歲才開始，也可以朝向世界頂尖的運動

0594　2 歲也可以開始踢足球！
開始前的 3 個小叮嚀

絕對不晚

近似詞 還來得及、滑壘進入的＊＊、安全上壘

鼓勵那些「雖然想做，但是覺得時機不對」而放棄的人，呼籲付諸行動。在號稱人生百年的情境下，可以使用在各個領域裡。

0595　創業，絕對沒有「太晚」這件事
（哈佛商業評論，2019 年 6 月）

0596　現在開始絕對不算晚！下定決心開始吧！
銀髮族的電腦教室

0597　為了提升技能而開始學習，絕對不算晚

符合我（當事人）形象

近似詞 符合高度、同一視線、沒有修飾

人們通常渴望比現在的狀態更加成長苗壯，「想要變得更偉大」，但另一方面，他們又希望「想要人們可以看到自己本來的面目，不需要過度擴張自己」。這種表達方式表現出不需要勉強，可以展現出自然狀態。

0598　符合千禧世代代表性人物
——「韓氏兄弟」形象的商業策略
（Forbes JAPAN，2015 年 11 月）

0599　建議那些強烈希望被他人看見者，
採用符合形象的溝通模式

0600　用符合當事人形象應有的語氣來說話吧！

小型企業

近似詞 小規模企業、小本生意、小生意

沒有明確定義何謂「小型」，意思是相對於大型企業，規模較小。這個詞彙的目標使用對象通常是<u>小本生意～小規模企業</u>。可以藉此在商業情境上引起共鳴。

0601 能讓小型企業快速成長的實踐型 MBA

0602 從高收益企業中學習到，小型企業為了成長的人才招募方法

0603 整個會計行政系統支撐著一間小型企業的經營

一人

近似詞 一個人、獨力地、longly、孤獨的

在此介紹的使用方法是「<u>我們支持那種想要一個人面對挑戰的人</u>」。必須很多人一起進行的活動障礙感覺會很高，使用「一人」這個詞彙，比較容易讓讀者產生親切感。

0604 一人掀起的區塊鏈革命

0605 自營商應該要知道的「一人作業改革」的 5 種方法

0606 無農藥、無施肥栽培。不顧周圍反對聲浪的一人作業

體貼的（柔順的）

近似詞 滑順、柔軟、柔順、柔和、溫和

這不是想表達「輕鬆簡單的」，而是表示「我們這裡提供的商品或服務不會讓你覺得不舒服」的感覺。<u>是一種體貼人們「擔心」的表現</u>。經常用於「入口很剛好」、「對肌膚很溫和」等表達口感或是肌膚觸感等情況。

0607 體貼年長者咬合狀況的乾燥食品

0608 滑順的咖啡拿鐵

0609 現在的新進人員想要的是溫柔體貼的前輩，還是嚴格拘謹的前輩呢？

分享（共享）、Share

近似詞 把＊＊給你、WINWIN

如 0610，「與你分享」一詞有一種把讀者一起打包進來、一種同夥的感覺。或是，如 0611、0612，也可以用於讀者「與其它人一起體驗」的意思。「Share」這個詞彙雖然是英文字，但是隨著 SNS 的分享鍵，「Share(轉寄)」一詞迄今已經相當普及，且廣受歡迎。

0610 與你分享這個資訊

0611 家人共享冬季夜空的感動體驗

0612 會員們可以自由分享有趣的資訊

陪跑

近似詞 靠近、二人三腳、肩並肩

「在身邊，並且一起前進」這樣的狀態只要用簡單兩個字就可以完全表達出來。如同字面上意思，「陪跑」就是陪伴跑步。也就是說，前提是自己擁有的技能要比讀者更好。不僅是對讀者，對撰稿人而言，能夠一起前進的存在是更難能可貴的事。

0613 透過社區成員一起陪跑，超越只有一人努力的極限。

0614 改變鬱悶店長們，陪跑式的「動機改革」（Forbes JAPAN，2018 年 4 月）

0615 3 個月期間的新人管理職陪跑計畫

掌握人心

近似詞 掌握人心、正中靶心、抓住人心、大幅增加

原本的意思是「吸引人們的注意力，讓他們不想離開」。然而，實際上通常只會單純用於「非常喜愛」的意思。比起「被喜愛」，使用「俘虜人心（牢牢抓住）」一詞，腦海中往往可以立刻浮現出相關畫面。

0616 利用贈送懷舊照片的方法，俘虜昭和世代的心

0617 俘虜「愛吃肉者」的好滋味——特別版神戶牛牛排

0618 可以牢牢抓住女性朋友的心、讓人愛不釋手的設計

＊＊第一

近似詞 把＊＊當作第一、＊＊NO.1、＊＊主義

「放在第一位去思考」、「比起任何事物，都讓要讓他們優先」的語感。<u>可以用一種非常誇張的方法表現出重視商品或是人、組織價值等。</u>

0619 認真實現「顧客第一」；
部署自主去中心化連鎖店

0620 聯盟成員現在應該思考的大會營運模式是「運動員第一」

0621 原本只是想要提高顧客滿意度的大企業，結果卻成為「第一名企業」的原因

人生的

近似詞 一生的、生涯的、一輩子、今生

<u>表示佔據生活相當大比例時</u>使用。如0623，「人生有一半的時間」這種說法應該很熟悉吧！但是，使用時會讓人感覺很誇大的風險，建議確認內容後再使用。

0622 《人生的旋律》

0623 人生有一半的時間都在海外渡過，這樣的日子，我今後將會越來越多

0624 如果沒有與狗兒一起生活，或許人生絕大部分的時間都是浪費的

愛

近似詞 接收到＊＊愛、Love、＊＊派、＊＊精神、羈絆

一般來說，<u>我們知道「愛、被愛」是「針對某些對象的特別情感」</u>。因此，「愛」這個詞彙會連結到本身、個人的關係或是情緒。經常也會使用「喜歡‧被喜歡」這種力道比較輕柔一點的語感。也可以用來表示像德蕾莎修女那樣「我愛眾人」等較廣泛的意思。

0625 愛錢的人與不愛錢的人……
關鍵差異在哪裡呢？

0626 我們日以繼夜地努力，就是希望能夠成為廣受當地人喜愛的建築公司。

0627 一間為了熱愛沖繩的東京人們而開的沖繩餐廳

引以為傲（吹噓）

每個人都會有那種想要被他人認可的<u>「接納需求與期望」</u>。大家都知道吹噓往往招人厭惡，因此可以大方講出自己引以為傲的機會場合並不多。但是，如 **0628**、**0629** 般勇敢大方地吹噓，有時反而可以引人矚目。

近似詞 自豪於＊＊、本＊＊最推薦的、極度＊＊的

0628 我們最引以為傲的包包

0629 我家最引以為傲的閣樓

0630 在 SNS 上吹噓自己有多忙……。簡直百害而無一利

小幫手、先生

把東西擬人化，用好像在叫人的方式喊<u>它「先生」，是一種能夠產生親切感的表現技巧</u>。「小幫手」不僅可以用在孩子，也可以用在成人身上。「小幫手」通常會給人比較隨興的印象。

近似詞 小＊＊

0631 聰明檢索小幫手（保聖那 Pasona）

0632 舊房新建小幫手（住友不動產）

0633 標籤先生（3M JAPAN）

拯救

不論「幫助」這件事是否有問題，都帶有支援、協助的意思。相對來說，「拯救」帶有強烈<u>「從困難狀況抽離」</u>的感覺。而「伸出援手」的語感，可能會讓讀者覺得透過「支援」而有上對下的階級感。

近似詞 幫助、來自＊＊的救濟、伸出援手

0634《你的煩惱拯救了全世界！》

0635 拯救「燃燒殆盡」醫師們的 AI 應用程式——自動診斷記錄（Forbes JAPAN，2019 年 7 月）

0636 給寶寶正處於「不要不要期」的媽媽朋友們，穩定精神的因應對策

像＊＊（做＊＊）

近似詞 原本的、自然的、不勉強、維持現狀的

可以使用「像○○的××」以及「像○○地做××」這種兩種表現。放入「○○」的內容，一般來說會是「自己」、「你」、「我」。<u>尊重讀者個性，具有一種不需要勉強也能帶來良好的形象，因此可以引起讀者共鳴的表現。</u>

0637 做自己的生活 來自春天的禮物（Pasco）

0638 想用自己的方式賺錢，必須要做的事

0639 用自己的工作方法，
塑造嶄新的自己（Tempstaff）

＊＊了

近似詞 完成了

略帶玩笑口吻地表現出「我做了＊＊」。因此，這個詞彙不能在較嚴肅的情況下使用，但在為商品命名等，<u>想要創造出輕鬆且友好的氛圍時則意外地好用</u>。

0640 終於能夠面對毛豆了！
（日水股份有限公司）

0641 手機壞了……！？
讓我告訴你，這個時候該怎麼辦
（SoftBank）

0642 不小心就買下去了。
我的第一隻高級款手錶

事

近似詞 案件、話題、議題、問題

「事」就是指「事情」。然而，也會因此帶來一種輕鬆感的感覺，所以使用時必須充分考量情境。在語感上稍微有些不同，但是也經常會如 0645，使用在「跟自己有關的事」。

0643 我們可以解決中小企業經理人對人事相關的所有事情

0644 只要是與眼鏡相關的煩心事，
都歡迎你前來諮詢

0645 在笑聲中學習，娛樂型 SDGs 節目！
～把環境問題當作自己的事～
（日本文部科學省）

113

懷念的

雖然目標是以中高年齡層為商品開發的概念，但是也可以適用於年輕族群。此外，<u>也可以運用在想要將舊有商品重生、再次回到成長軌道上的想法時</u>。在想要讓讀者覺得懷念時使用，最能產生效果，但是除非用在過去流行過的東西上，否則無法指望產生效果。

0646　令人懷念的懷舊遊戲
（Sony Interactive Entertainment）

0647　令人懷念的昭和演歌特輯

0648　想吃舊時懷念的蛋包飯嗎？
推薦東京附近的洋食館

邀請讀者

如果你想要推薦某人看一本書。以下 ① ～ ④ 句話，會分別讓人產生怎樣的感覺呢？

① 「請讀一下這本書」
② 「請務必閱讀這本書」
③ 「你也讀讀看這本書吧！」
④ 「你要不要看一下這本書呢？」

乍聽到 ① 的句子時，會覺得好像有一種咄咄逼人的感覺，即使沒說什麼也很有壓迫感。相反的，當收到 ④ 的句子時，又好像會讓人說 No 吧！ 如果遇到 ① 那種強制性的命令時，人們往往會啟動「生氣」這種防衛本能。② 的遣辭用句是很尊敬沒錯，但是不留給對方選擇餘地，聽起來反而稍微有點沒禮貌的感覺。③ 不是命令語氣，如果讀者有興趣的話，或許就會毫無抵抗地接受了吧！然而，如果沒有興趣的話，一旦被讀者拒絕可能也會不知道該如何繼續，或許還會給對方一種「壓力」。如果是 ④ 的話，對方覺得不需要時，很容易就直接說出「抱歉，我不需要」。看起來好像是讓對方選擇「要不要接受這項提案，或是拒絕都取決於你」的感覺。

如以上，**同樣都是「邀請」的表現，卻會因為語感不同，而有「尊敬 or 沒禮貌」、「容易拒絕 or 難以拒絕」的變化。** 有些表現容易讓人毫無抵抗地當場接受，同時也可能會很容易被拒絕。文案寫作時，並沒有正確與否的標準答案。重點是必須根據場合所需、妥善地選擇與運用。

那麼

近似詞 你看、那個、Let's

站在同一個視角，催促某些事物的表現。雖然可以單獨使用，但是通常後方會接續「就一起＊＊吧！」等句子，搭配組合一起使用。

0649 那麼，我們就一起開始吧！
用全身去享受音樂—電子琴。
（YAMAHA Music）

0650 那麼，就用這個簡單的方法在市中心建一棟房子吧！

0651 附有照護人員的出租計程車，完全不用擔心輪椅上下車的問題。那麼，我們出發吧！

是時候了

近似詞 那個、那麼、現在正是時候

「是時候去鎌倉了」、「是時候該出發了」、「正是時候」等表現相當常見。雖然，和「那麼」的語感相同，但是稍微比「那麼」更顯得懷舊一些，或是有一種情意較深的感覺。

0652 是時候該去北陸了！
我的特別女子組・金澤特別篇
（朝日新聞 DIGITAL，2018 年 5 月）

0653 是時候要退休了！該領取退休金？
還是繼續工作呢？
（日本經濟新聞，2019 年 9 月）

0654 是時候，進入夏天了！
絕不曬傷的防曬流行穿搭與妝容

＊＊吧

近似詞 一起＊＊吧、Let's ＊＊吧、Let's ＊＊

「＊＊吧！」、「一起＊＊吧！」，與疑問句「要不要＊＊呢？」、「要不要做＊＊呢？」比較起來，稍微有些上對下的語感，比較適合用在從指南、手冊的立場邀請讀者的情形。然而，想要更委婉地進行邀請時，建議使用「要不要＊＊呢？」會比較合適。

0655 一起創造微笑的時代吧！
（江崎格力高（Glico）

0656 沒經驗也沒關係。
開始吧！古典吉他課

0657 帶著最心愛的音樂，到處走走吧！
（Apple.com）

要不要＊＊呢？

用一種委婉的語調邀請。因為是疑問句，而且回答者是讀者，撰稿人只不過是提案而已。因此，讀者比較不會有被侵犯的感覺。如果想要更直接的邀請時，建議使用「＊＊吧！」。

0658　要不要讓每個月的收入再增加 5 萬元呢？

0659　要不要和我們一起認真地進行半天的學習呢？

0660　要不要回到充滿回憶的故鄉工作呢？

要不要試著＊＊呢？

「試著做」會比「做」的表現方式，會給人更為曖昧且間接的印象。適用於較輕鬆的邀約。比起「要不要一起＊＊呢？」，「要不要試著＊＊呢？」比較能夠降低受邀者的心理障礙。

0661　要不要試著參加日本四國 88 的點巡禮呢？

0662　你的企業要不要試著導入行銷自動化系統呢？

0663　假日時，要不要試著去參加志工活動呢？

想要像＊＊一樣＊＊

比起單純地用「＊＊吧！」來邀請讀者，使用「像＊＊一樣」進行比喻，再搭配鮮明形象的詞彙，該情境就會浮現在讀者腦海中，更能夠強化我方擁有銷售資訊能力的形象。

0664　想要像母語人士一樣地使用英語

0665　想要像相機一樣快速捕捉
（Apple.com）

0666　想要像電腦一樣能夠正確記憶

痛快地＊＊吧！

近似詞　別再＊＊了吧！

<u>邀請讀者從討厭的事物中解放、進入一掃煩惱的清爽狀態。</u>必須提及現在所擁有的煩惱與不愉快的點在哪裡。

0667 痛快地解放退休後對金錢的擔心吧！

0668 痛快地忘記口臭的煩惱吧！

0669 已經分手的男人，就痛快地忘了吧！

不用再那麼辛苦地＊＊了！

近似詞　可以不要再那麼努力地＊＊了

不僅是單純地要讀者「停止」，重點是在前方放了「辛苦地」一詞。<u>透過這種說法，暗示還有其他更輕鬆的方法。</u>

0670 不用再那麼辛苦地在家中自己染髮了

0671 不用再那麼辛苦地進行績效評估了。全部交給這個矩陣式評估。

0672 不用再那麼辛苦地製作網頁了

煩惱於＊＊的人，請與我們聊聊

近似詞　有煩惱的人，請告訴我們！

不是突然要讀者提出申請，只是一起「聊聊」，<u>可以降低讀者行動意願的門檻。</u>相當容易使用，因此常見於網站的申請表格等處。

0673 煩惱於生產育兒問題的人，請與我們聊聊

0674 煩惱於過敏性鼻炎症狀者，請與我們聊聊

0675 煩惱於財產繼承問題者，請與我們聊聊

救救某人吧!

近似詞 伸出援手吧、教一下吧

把「從＊＊中救出某人吧!」的＊＊，設定為敵人，就可以成為讀者的盟友。不僅可以放入「個人的煩惱」，想要呼籲一些「社會性的任務」時，也可以展現出一種正義感。

0676 從會吹出室內灰塵的冷氣中，救救你的孩子吧!

0677 請救救你朋友的家庭吧!

0678 請救救動物收容所的貓兒們吧!

招募・熱情招募（徵求）

近似詞 招募、＊＊集合了!

「招募」、「熱情招募（徵求）」的形式，可用於人才招募或是舉辦活動攬客時。不限於招募人員，也可用於需要收集「經驗分享」或是「作品」等的比賽或是競賽活動。「熱情招募」會給人範圍更大的感覺，進而吸引到更多人參與活動，但是輕描淡寫地使用「招募」或許更有機會招募到少數意識較為敏銳的人才。

0679 本公司幾乎沒有招募活動，僅會招募數名優秀人才（《人云亦云的傳染病》）

0680 熱情招募・緊急通知!尋找想與神田昌典一起工作的人!（《銷售文案寫作禁忌》）

0681 熱情徵求尷尬的面試經驗

急徵

近似詞 緊急招募

如文字所示，「想要緊急招募人員」的意思。暗示著現在處於非常急迫需要人手的狀況，比起單純使用「招募」兩字，給人更為激進的印象。前來應聘者也會有很多是「希望盡早加入」的人。

0682 峇里島之旅，15 間房間急徵 30 位同行者!

0683 急徵!六日可出勤者

0684 急徵照護員，有經驗者待優

徵求！

近似詞 快來吧！、尋找＊＊、
有沒有＊＊的人呢？

用來募集人員或是物資廣告等的常見表現。可以如 0685「徵求！＊＊」把條件放在後面，或是如 0686 或是 0687「＊＊徵求！」，把條件與對象放在前面等不同的表現形式。

0685 徵求！善於設計登陸頁（landing page）的網頁設計師

0686 Challenge 者徵求！
5 盤超大份咖哩完食挑戰

0687 休耕地徵求！
讓年輕人進駐，一起振興農業！

正在徵求可以＊＊的人

近似詞 歡迎有＊＊經驗者

「徵求！」後方沒有接任何名詞，會讓人覺得不安而不願對號入座，使用「正在徵求」的表現會更柔軟靈活。然而，「正在徵求」由於字數較多，在標題等需要較簡短表現時，還是直接使用「徵求」會比較方便。

0688 正在徵求可以進行網頁設計者

0689 正在徵求週末假日六可以出勤者

0690 正在徵求可以積極行動者

正在尋找

近似詞 ＊＊ Welcome、正在等待＊＊

比起「徵求！」更自然的詞彙，會讓人比較容易接受。「尋找」有一種廣泛搜尋的意思，「徵求」則是帶有想要取得的意思，兩者想要表達的語感有所不同。

0691 正在尋找擁有兩種大型車駕照的人

0692 正在尋找週六傍晚可以幫忙志工活動的人

0693 為了促進地方經濟活絡，正在尋找可以借用的舊式住家

還有誰想要＊＊嗎？

經常用於召集人員時。「招募」或是「徵求」雖然意思比較直接，但是「還有誰想要＊＊嗎？」這種表現方式可以間接地傳達出「邀請」的意圖。加上「還有誰嗎？」可以表達出一種現在已經有人參與的感覺，會給人一種安心感。

0694 還有誰想要當世界最大型讀書會的導讀員嗎？

0695 還有誰想要開日本料理店嗎？

0696 還有誰想要在 30 天內學會日常英文會話嗎？

不論

將「不用問」（＝「沒有關係」、「不會成為問題」），以兩個簡短又方便的文字表現。特別是對於那些擔心「自己能力可能不足」的人來說，可以成為一個促進行動的訊息。

0697 不論社會經驗，尋找非新鮮人的招募資訊

0698 不論學歷，歡迎無經驗者的工作

0699 不論資格，不論經驗皆可兼差的工作

Challenge

透過表現出「要不要試著挑戰些什麼呢？」來招募參加者。直接使用「挑戰」、「去挑戰」，可能會給人較生硬的感覺，讓人處於一種沒有辦法輕鬆嘗試的氛圍。相對來說，使用英文的「Challenge」會比較容易刺激讀者好奇心與興奮程度，是能醞釀出開心氛圍的詞彙。

0700 數位行銷 30 日 Challenge

0701 修理製造 Challenge（松岡修造）

0702 暑假！孩童專屬的手作麵包 Challenge 大會

提升夥伴意識

　　人類往往會對與自己有相似經驗者有好感。這個章節會介紹透過共通點，將一群人分組的案例。透過年齡、興趣等分組的例句相當常見。當然，各種分組方式不盡相同。即使看到相同的東西，每個人也都會抱持不同想法。在心理學中，稱作「標籤（label）」，想像著在事物上「貼上標籤」就會很容易理解這件事情。標籤的分類領域當然也因人而異。

　　在此之下，我們可以知道「**說到 A，就是 B**」的意義其實非常深奧。比方說，說到漢堡？或是說到牛丼？你會想起哪一間店呢？很多人會回答麥當勞或是吉野家。其中，或許還會有人回答摩斯漢堡或是 SUKIYA（すき家）。哪一種答案都沒關係，**重點是答案是否能夠突然出現在腦海中**。想像成是搜尋引擎，也許會比較容易理解。我們通常在打入關鍵字後，從上而下依序點擊顯示的結果頁面。相反的，如果沒有成為候選選項，就不可能有機會被點到。也就是說，**腦海中所浮現的順序就是在市場中的排名**。如果沒有浮現出來，就意味著不被認識，勢必得在銷售上繼續奮戰。

說到 A，就是要 B

這個表現，可以反映出該事物在市場上的地位。「說到 A」的時候，該商品或是人物就會立刻浮現在腦海中的效果最好。所以重點是 A 的部分必須是自己能成為 No.1 的領域。

近似詞	說到＊＊，就是＊＊、＊＊的話，就是＊＊

0703	說到浜名湖，就是要鰻魚
0704	咳嗽了！就是要龍角散 （龍角散）
0705	「說到夏天，就是要看高中棒球」， 高中棒球迷必看

＊＊人

「某項特徵＋人」的形式，可以創造出非常多樣的詞語變化。特別像是「喜歡＊＊的人」或是「討厭＊＊的人」等，有很多種表現形式。

近似詞　＊＊人格、＊＊People

0706 《你想成為「24 小時工作」的工作狂人嗎？》

0707 從夜型人變成晨型人，建立有效的生活習慣

0708 《便利商店人》

我的・本王的（本女王的）

主要用於命名（naming）表現。可以產生專屬感，並且引起共鳴。同時包含「只有專屬於自己」的語感，所以可以期待產生客製化的獨特語感魅力。

近似詞　在下的、小爺的

0709 我自己搬家
（黑貓宅急便）

0710 我的專屬漢堡排

0711 你的，我的，千葉的四個自豪之寶
（千葉市）

＊＊男子・＊＊女子・無性別

如「理科系女子」或是「草食系男子」等近期常見的流行詞彙。和「＊＊人」同樣，可以做出許多豐富的變化。這裡的「＊＊」也可以換成任何商品，只要重點式地加上「男子、女子」這種性別區別即可。

近似詞　＊＊男友、＊＊女友、＊＊男、＊＊女

0712 腳踏車男子的雨天因應對策

0713 拉麵女子絕對不能錯過！
東京都內拉麵店前 30 名

0714 現在最令人矚目的 20 款無性別差異
（Agender）髮型

大約＊＊幾歲

近似詞 ＊十幾歲、＊＊世代

透過區別年齡的方法，即可向屬於該年齡範圍內的人強烈宣傳。

0715 「佛系男子」在三十幾歲女子之間引起轟動（PRESIDENT Online，2012 年 10 月）

0716 孩子們的教育費重擊四十幾歲上班族的零用錢

0717 五十幾歲時，男女差距立現。你是活力滿滿的泡沫女子，還是站在分岔路上的泡沫男子（DIAMOND online，2014 年 8 月）

昭和、平成、令和

近似詞 時代的、過去的、現在的、江戶、明治、大正

日本年號能夠整體表現出該時代的特徵，是最能夠象徵該時代的詞彙。除此之外，還可以使用「大正浪漫」、「明治之心」、「江戶本質」等，以各種年號進行區分，讓人在現代生活中浮現出各個舊時代的氛圍或是價值觀。

0718 飄散著昭和風的商店街，讓人可以沉浸在復古氣氛。相當推薦一遊

0719 重溫平成 30 年代的熱門歌曲

0720 令和時代的行銷人員工作

＊＊世代

近似詞 世代、年代、＊＊之子

用來表現某個年代出生者的特質。像是以往日本有「團塊世代」等。不一定是用出生當年所發生的現象命名。如同泡沫世代，是指泡沫時期就職、進入公司的世代等，通常表示在同一時期擁有過相同體驗的意思。

0721 三成千禧世代的人「都有兼差」的理由是為了增加收入與充實感（Forbes JAPAN，2016 年 10 月）

0722 寶可夢世代的經營者（日經 MJ，2018 年 6 月）

0723 你的老闆是泡沫世代，還是冰河世代？世代鴻溝所產生的職場 5 大問題

＊＊生活

近似詞　＊＊Life、＊＊人生、＊＊的生活

泛指特定的生活型態。用於「被該狀態包圍的生活」、「熱衷投入的生活」的意思。放入「＊＊」中的名詞必須是「讓人覺得可以享受」的語感。

0724　土豪？熱鬧？
一次被 12 隻玩具貴賓狗包圍的生活

0725　為了實現憧憬的游牧民族生活，
還在當上班族時應該做的事情

0726　校園生活中，不可或缺的 10 件事

○歲開始的＊＊

近似詞　從○歲開始、從○歲開始也不算遲

這個用法有兩個功能：邀請讀者產生對該年代的共鳴（E），同時明確並且符合該目標對象（N）。透過明確標示出年齡，即可對符合條件範圍者產生更強烈的吸引力。

0727　70 歲開始的生活方式，現代版的「伊能忠敬模式」（Forbes JAPAN，2017 年 10 月）
（譯註：伊能忠敬為繪製日本第一張全國地圖《大日本沿海輿地全圖》之人）

0728　10 歲開始的才藝活動如何改變孩子們的未來？
兒童演員的後續人生

0729　人生百年，40 歲開始的第二職涯構想

早、午、晚

近似詞　Morning・Day・Night

分別定義早・午・晚作為命名的表現。運用此畫分範圍的方法並且成功的代表案例有「早晨專屬罐裝咖啡。WANDA Morning Shot」（ASAHI 飲料公司）。早上喝咖啡其實是很普通的事情，但加上早晨專屬的特殊定位就變得非常熱銷。

0730　10X 清晨活動

0731　白天的瀨戶內海。感動遊輪
（Sunflower 渡輪）

0732　夜晚的 Coffee
（三得利）

時代

近似詞 年代、世紀、＊＊ Period、＊＊ Age

使用方法為「＊＊時代」、「＊＊的時代」，用以表現出流行或是社會現象，比起使用「趨勢」一詞，「時代」稍微帶有一點硬派的印象。

0733 在招募困難時代下的人才培育
（日經 MJ，2018 年 12 月）

0734 數位時代的中小企業商業策略

0735 在口罩已成為「必備裝飾品」的時代，甚至還出現在紐約時裝秀
（《新聞週刊》日本版，2020 年 3 月）

應援（支持）

近似詞 支援、support、推動、支持、救濟、援助

應援（支持）與支援，同樣都有幫助的意思，但是帶有微妙的語感差異。使用「支援」的前提是要有實際借貸金錢或是勞力等，「應援（支持）」通常只是在精神上鼓勵而已。從「支持你的事業」與「支援你的事業」這兩句話就能充分了解這兩者的差異。當然，有些應援（支持）也會包含金錢的部分。

0736 支持你想要學習的心
（文部科學省）

0737 新手媽媽支持活動

0738 你專屬的街頭生活應援團

＊＊界

近似詞 範疇、業界、世界

如同 SNS 中常用的「圈（界）」，也是一種用來劃分領域的方法，可以用來表示定位（在行銷市場上的定位）。限縮自己專屬領域，並且在該領域中成為第一人，是非常有效果的表現。

0739 重機界中，令人矚目的新車登場

0740 戀愛漫畫界中第一人，喚起感動的故事手法

0741 漢堡界中，未曾見過的厚片漢堡

隔壁的

近似詞　身邊的、親近的

表現出就在自己身邊的語感，能夠輕鬆展現出親切感。雖然是一種想要連結夥伴意識的表現，但是同時又能夠展現出彼此之間的鴻溝。使用於一般來說認為不太能親近的內容，也能發揮一定的效果。

0742　隔壁的家庭主婦透過外匯操作持續獲利

0743　《隔壁的富翁先生》
（繁體中文版：《原來有錢人都這麼做》）

0744　你隔壁的創業家正在偷偷廣結善緣的交友祕笈

日常的

近似詞　平時的、經常的、平常的、平凡的

雖然是常用的詞彙，但是重新思考意義，帶有「經常」與「平時」的語感。與「經常一起」等詞彙使用時，雖然是「經常的」，但是在例句中「平時的」語感還是較強烈。「日常的」用於表現不用特別勉強、平時就在身邊的感覺。

0745　備妥日常食品，以備不時之需！
備用食品的祕訣是？
（日本政府廣宣 on line）

0746　日常的咖啡（7-11）

0747　利用日常針織衫打造出高階時尚感的穿搭方法

夥伴

近似詞　朋友、協助者、伴侶、合夥人

有配偶的意思存在。用於標題時，使用時主要會帶有「合夥人」或是「諮詢對象」的語感。也有「陪跑」或是「陪跑者」的意思。另一個語感是站在「建議者」的立場提供建言。

0748　生活的安心夥伴，因應 24 小時 365 天

0749　幫你造就資產的強大戰友、股份投資夥伴

0750　MicroSoft 與夥伴合作的真正價值
（MicroSoft）

寫不出來的原因　　　　　　　　　　　■ COLUMN

　　不論是要寫部落格還是電子郵件，都需要寫一點文字內容，面對電腦時總想說「好！來寫吧！」，結果卻只能發出「嗯……」的聲音，盯著空白的畫面、手指維持定格不動。你是否有過上述這種經驗呢？寫不出來的理由，一般來說並不是寫作技巧的問題，原因往往在於「研究不足」。專業的案撰稿人在收集資料（梗）、考慮文章配置的時間會比起單純下筆寫文章的時間來得長。人稱「現代廣告教父」的大衛・奧格威也會在下筆之前耗費約三週進行相關調查。

　　因此，「寫不出來」而停下來時，建議先停止寫作，並且開始收集與主題相關的資料。文案寫作就跟做菜一樣，沒有收集到足夠的資料是寫不出來的。想要寫出「好文」，必須要先有「好料」。

擴大讀者的想像

　　只透過詞彙表達想要說的事情，往往還是會有所侷限。「或許你會想說「明明這是一本傳授文案寫作表現的書，竟然會這麼……說」，有一個心理學術語叫做「**梅拉賓法則（The Rule of Mehrabian）**」，用來表示一種你我腦部的既有特徵。根據該法則的說法，聽者從講者獲取的資訊中，依序會受到 55% 的視覺資訊影響、38% 的聽覺資訊影響、7% 的語言資訊影響。**語言情報（＝詞彙）**僅占了 7%。人們往往會因為視覺或是聽覺而受到相當大的影響，如聲音大小、講話、臉部表情、手勢等。

　　此外，「**VAK**」這個理論可以顯現出每個人在這些方面的差異。V 是 Visual 視覺、A 是 Auditory 聽覺、K 是 Kinesthetic 觸覺（體感）。有些人是千里眼、有些人是順風耳、有些人善於觸摸探索、有些人動作靈巧，每個人擅長的部位都不同。寫下來的文字是視覺資訊，但是對於具有聽覺優勢的人而言，透過聲音會比透過文字更能理解。

　　為了因應各種不同的人類認知傾向，最好合併使用影片或是與聲音、影像。然而，也必須透過遣詞用字，在形塑想像力方面下點工夫。**擴大讀者的想像力、知道如何刺激五感的表現，就能將詞彙的力量發揮到最大。**

請試著想像一下

近似詞 請嘗試想像一下

如 0751、0752 所示，通常會讓讀者自行想像一下何謂「理想的狀態」。然而，0753 則是希望讀者想像一下應該避免的狀況

0751 請試著想像一下，
沉浸在演講過後接受眾人拍手喝采的場景

0752 請試著想像一下，
離職、從壓力中解脫的感覺

0753 請試著想像一下，
開門做生意後連一個客人都沒有的情形

像＊＊

近似詞 ＊＊的樣子

表示「像＊＊」，並且舉出具體案例，就能夠在讀者腦海中擴大形象。重點是「＊＊」中，必須使用能讓人想像得到某情境的具體詞彙。如果是用比較抽象的、概念性的詞彙，那就沒有比喻的意義。

0754 像總裁一樣地思考～輕鬆導入開放式管理（OBM）的員工培育方法

0755 透過電話，讓潛在客戶像磁鐵一樣吸上來的方法（《利用小小預算掌握優質顧客的方法》，DIAMOND 公司）

0756 彷彿像是用土鍋熬煮出來的鬆軟口感
——新型炊飯器

彷彿

近似詞 恰似、完全、簡直是、真的是、完全就是

基本上與「像＊＊」相同，但是加上「彷彿」一詞後會有一種更相似的感覺。如 0759，如果該詞彙帶有某種強烈的形象，即可將該詞彙的形象附加在商品上。

0757 不論視覺、聽覺，彷彿就像是走進電影院（Apple.com）

0758 彷彿像是汽車主題樂園，
附有試乘體驗的 BMW 經銷商
（Forbes JAPAN，2017 年 10 月）

0759 彷彿棉花糖般的肌膚觸感

心跳不已

近似詞　驚喜貌、興奮貌、開心奔跑貌

表現出「開心的」、「興奮的」等的身體感覺。像是心臟鼓動不已的悸動感，或是傳至脊椎的震撼感。與「興奮期待」、「驚喜」等的感受稍有不同。

0760　果然「會令人心跳不已的生意不會有不景氣的問題」

0761　《能賺到錢的人生，總是令人心跳不已！》

0762　心跳不已、緊張難耐。大人小孩都非常興奮

吸睛

近似詞　搶眼、匯集他人目光、盯著看

這是一種微修辭的措辭表現方法，表示該事物美麗且令人著迷，讓人想要一直盯著看。比起單純只說「一直盯著它看」，不如讓該影像浮現在讀者的腦海中。可以使用「吸睛的＊＊」或是「＊＊奪目」等形式。

0763　吸睛的 400 萬像素。
　　　首次亮相就能如此搶眼
　　　（Apple.com）

0764　廣告中出現過的沖繩古宇利大橋。
　　　那片海洋的藍，實在非常吸睛

0765　吸睛的全彩腰帶大集合

大開眼界

近似詞　大吃一驚、嚇一大跳、驚愕、
　　　　眼珠子掉下來

與「吸睛」類似，使用方法稍微有點不同。「吸睛」幾乎可以用於所有場合、表示驚訝於眼睛感受到的美感。相較於肉眼看到的形象，「大開眼界」可以用於成績或是效用等方面，表示驚訝但是並沒有強烈視覺效果，只是眼睛一直睜大的狀態。

0766　超出能見度的成長領域——「農業」，
　　　令人大開眼界
　　　（日本經濟新聞，2020 年 1 月）

0767　讓新進員工大開眼界，
　　　原本還以為整個職場都很活絡

0768　進步快速得令人大開眼界，
　　　平板電腦的終端最新資訊完全公開

輕巧

近似詞 清爽、輕快、身輕、聰明地

帶有「輕快」的語感，本身就散發出一種「很輕鬆、輕快的」的氛圍。有一種好像現在就要飄起來的感覺。雖然可以用於形容物理重量上輕盈的意思，但是主要還是用在表現「人的心情」。

0769 全新的 Macbook Air、
輕巧登場（Apple.com）

0770 何謂抱持著「信念」的「輕巧」生活術
（Forbes JAPAN，2019 年 1 月）

0771 穿上輕巧舒適的亞麻襯衫出門吧！

可見化、可視化

近似詞 視覺化、Visualization

需要整理一些複雜、曖昧、混亂等難以區分的事物時，「可見化」一詞相當有效果。然而，只是「可見」並沒有什麼意義，前提條件是「容易讓人看得懂」。

0772 可以讓登陸頁（landing page）配置元素
「視覺化」的終極模式

0773 距離嗅覺可視化，還差一步

0774 《可視化—打造超強公司的「看得見」機制》

陸續

近似詞 接著、一個接著一個、不休、不斷地

用於表現「後方不斷出現」的樣子。由於暗示出某件事「非常熱門」或是「生意非常好」的感覺，會讓讀者自然地好奇想知道是否正在發生其他事情。

0775 遊戲市場持續火熱！
不同業種也將陸續加入這個行列
（NHK，2023 年 10 月）

0776 大企業陸續投入 AI 開發的理由

0777 充滿季節感的秋色品項陸續登場

吹走（一笑置之）

吹飛、輕笑帶過、已經不用再煩惱＊＊

透過「飛走」的表現，呈現出一種「一口氣消失」的感覺。比起單純地用「消失」，更能表現出爽快感與霸氣。

0778 吹走你在金錢方面的擔心吧！

0779 已經可以擺脫人際關係煩惱，並且一笑置之

0780 把購屋的煩惱通通吹走吧！

濃郁

近似詞 富有、濃厚、滋潤、＊＊100%、芳醇

「味道很濃」的意思，最常使用於形容食物、飲料等。也有其他使用方法，比方說「比賽開打」等，日本也會使用「失敗色彩濃郁」一詞來表示很可能會有形勢不利的狀態。

0781 可以品嘗到鮟鱇魚濃郁風味的「鮟鱇火鍋」（Forbes JAPAN，2018 年 12 月）

0782 濃郁的奶油燉菜

0783 濃郁多汁、甜度高的嚴選成熟芒果・沖繩直送

多汁的

近似詞 滴水、滿滿的＊＊汁、新鮮水潤

可以與五感產生共鳴的代表性詞彙。通常會使用於肉類，但是也可以用於蔬菜類等。比起用於原本就很多汁的水果類，用於一些平常沒有那麼多汁的食品上反而更具效果。「多汁＊＊」、「多汁的＊＊」、「＊＊的多汁程度」等，可以有不同的使用變化。

0784 熱呼呼的多汁熱狗（MisterDount）

0785 在家就能煎出多汁沙朗牛排的小撇步

0786 在家就能輕鬆做出多汁的日式炸雞，重點只有 3 個

熱呼呼

近似詞 熱呼—呼—、熱吱吱、熱騰騰

最適合用於加熱食物，可以在熱騰騰的狀態下食用的狀態。不僅訴求「熱」、「還沒有變冷」等五感，亦包含「剛出爐」的語感，更能提升食物的魅力。

0787 增添剛出爐的熱呼呼美味！
（Domino Pizza JAPAN）

0788 一邊說著好燙、一邊吹著氣享用，正是戶外 BBQ 的醍醐味

0789 夏天從外面進來時，收到一條熱呼呼的毛巾真令人覺得感激

酥酥脆脆（快速）

近似詞 輕快、清脆、味道不錯、高效率

經常用於表現口感的擬聲語。此外，有時也會用於表現「快速打電腦」等動作或是事情的進展順利。

0790 酥酥脆脆的口感讓人無法抗拒

0791 即使輸入大量檔案，也跑得非常順暢

0792 快速了解消費機制

香味縈繞

近似詞 香氣盎然、味道濃郁

氣味令人愉悅的意思，人類的嗅覺會有記憶。

0793 香氣濃郁的烤玉米令人食慾大開

0794 酥脆、香濃、有嚼勁的巧克力脆球

0795 請與芳香縈繞的咖啡一起度過悠閒的時光

可溶（食品）

比起單純使用「溶解」，充分表達出一種「溶解後黏呼呼的感覺」。「在嘴裡溶解」與「可溶你口」在語感上有所差異。不僅是口感，亦可使用於「彷彿會溶解般的肌膚觸感」等，用來表示布料或是刷子等的觸感。

0796 香甜、入口即溶口感的奶油烤布蕾最棒了

0797 只溶你口 不溶你手
（M&M'S，Mars JAPAN 有限公司）

0798 4 種可溶起司絲（雪印惠乳業）

鬆鬆軟軟

主要用於表示食品的「柔軟狀態」。即使透過文字也能很好地傳達觸感。「軟軟的麵包」和「鬆鬆軟軟的麵包」。雖然意思相同，但給人的感覺卻截然不同。

0799 最近鬆鬆軟軟的刨冰受到矚目的理由

0800 鬆鬆軟軟蛋包飯的簡單做法

0801 觸感、口感都鬆鬆軟軟的戚風蛋糕

滑嫩的

用「滑嫩的」來表示鬆軟＋融化的感覺。

0802 令人食指大動的滑嫩親子丼，一吃就上癮

0803 在孩子們之間超人氣的滑嫩天津飯（滑蛋蟹肉飯）作法

0804 這個秋季，請容我們向你推薦「質感滑順的」針織外套

盡情的

近似詞 確實、充分、滿滿地、放縱＊＊

用來表示「確實、充分、滿滿地」的感覺。雖然通常主要適用於形容食品或是用餐以外的事物，但是也經常用在如 0806 或是 0807 等，用來表示工作或是事物的程度。

0805 即使家有大食量的孩子，也能盡情享用

0806 勞動時間雖長，
但是確實是能夠賺到錢的 10 大工作

0807 盡情的週末吉他課程

直擊

近似詞 刺穿、滲透、共鳴、擊中、正中紅心

能夠妥善地傳達給對方，或是引起對方共鳴的語感。在文案寫作方面，意味著對特定階層的特定強烈訴求。比起直接使用「訴求」這樣的抽象詞彙，「直擊」一詞往往能夠帶來一種正中紅心的視覺感受。

0808 直擊洞察力＝守護神
（日經 MJ，2018 年 6 月）

0809 超強業務員的風格！
直擊經營者內心的「真心話告白」
（PRESIDENT Online，2016 年 5 月）

0810 能夠打中 40 女子的讚美詞彙都在這裡！

清脆（精神抖擻）

近似詞 脆脆的、迅速地

用來表達口感與咬勁的詞彙。如 0811、0812，可以傳達出蔬菜等的質感、觸感。此外，也可以傳達出一種「緊張感」。或是如 0813，表現出一種精神抖擻、認真的樣子。

0811 用熱水川燙一下，維持萵苣清脆口感的方法
（NHK）

0812 青椒口感清脆的青椒肉絲

0813 不再需要鬧鐘的貪睡功能了，
每天都可以精神抖擻早起的習慣養成法

柔順（滑順、順暢）

近似詞　滑溜、滑順、光澤、流暢

對於「會流動的東西」表達流暢、不停滯的流動狀態。通常用於表達血液、頭髮等的狀態。亦可如 0814 以及 0815，表現出手感。想要表達實際事物以外的流動情形，可以使用「流暢」（如「流暢地閱讀」等）。

0814 讓你擁有一頭可以隨風飄逸的柔順長髮

0815 塗在肌膚後，滑順感極佳的按摩油

0816 血液順暢的因應對策

更加地

近似詞　更高層、更進階、逐漸地、越來越多、再加上

比起先前更進階、更高一層的意思，可以用於正面或負面的情境。用來形容狀態或是狀況等越來越好，或是越來越惡化，並且適用於該現象無法停止、持續不斷狀態的語感。除此之外，也可以用於想要表達「更高階層」的語感。

0817 更加便利、容易使用的房屋改造

0818 奈良，讓人更想探訪的城市（奈良縣觀光局）

0819 《有趣的進化之謎：越長越奇怪的生物百科全書》

瞬間

近似詞　轉瞬間、迅速、立即

這種表達方式相當常見，但實際上日文漢字是寫成「看，看」。意思是「我們看著看著，突然就發生了」，表達出一種在短時間內發生變化的情形。用於標語時，可以用來強調很快就能達到效果或結果。

0820 瞬間攬客的 Facebook 廣告運用法

0821 只要維持一個習慣，就能瞬間學會聊天技巧。那會是什麼呢？（DIAMOND online，2023 年 3 月）

0822 瞬間提升商用英語會話能力

很搭、很適合

近似詞 醒目、脫穎而出

近來常與「Instagram」連用,意旨在 IG 上很上鏡等意思。因為會與其他詞彙連用,帶有映照著光線、美麗閃耀的形象,亦含有讓人目光為之一亮的語感。

0823　適用於遠距線上會議,
　　　價格實惠的 10 款品牌白襯衫

0824　可以搭配古都特色的近代建築
　　　(NHK)

0825　紫色上衣最適穿搭【27 款精選實搭範例】
　　　(Presious.jp,2022 年 9 月)

碰撞出(漾出)

近似詞 玩得開心、解開、跳出

日文漢字寫成「彈」,傳達出一種很有彈力的感覺。用於食品類時,通常會用於表現碳酸等「氣泡」口感,也經常會用於「啪一聲!擴散開來」的情境。與下一個「充滿(滿溢)」的詞彙比起來,「碰撞出」給人的彈跳感更為強烈。

0826　與可爾必思蘇打碰撞出專屬於我的 GO
　　　(Asahi 飲料)

0827　我們的目標是要打造出一座能夠讓住戶臉上漾出微笑的家園。

0828　漾出辛辣氣味

充滿(滿溢)

近似詞 噴出、流出、滴出、滲出

一種多到滿出來的感覺,除了例文以外,還有很多適用於充滿(滿溢)的對象。比方說,自然、美味、香氣、魅力、活力、精力、元氣、幸福、愛、音樂、想法、精神、熱意、希望、情緒、溫柔、個性、開心、幹勁、文化、設計性、高雅、幸福、童趣、鄉土風情、心跳、浪漫等。

0829　充滿花卉與綠意的花園城市!
　　　橫濱花園景點特輯
　　　(橫濱市)

0830　充滿魅力的個人店鋪事業
　　　(川崎市)

0831　入職後,夢想與感動滿溢的工作正在等待著你

多采多姿（華麗）

強烈、生動、卓越、厲害、絕妙、令人驚嘆

常用於表達顏色「鮮明」的意思，帶有醒目、美好的意味，<u>也可以用於表示動作或是技術很厲害、很精彩的意思。</u>

0832　進入多采多姿、溫暖和諧的世界（東京 Disney land）

0833　一間壽司職人自豪於華麗刀工的店

0834　重啟青春時代多采多姿的回憶

新、心、神

良、兩、涼、量、三、參、產、、燦

原本在日文中「新、心、神」等的發音皆相同，<u>因此將具有多個意義的字表現為同一個音的片假名。</u>「良、兩、涼、量」，以及「三、參、產、燦）等字也可以考慮運用這種概念。

0835　《新・哥吉拉》（東寶）

0836　《心・上班族》

0837　神・文案寫作

陸陸續續

陸續地、接二連三地、緊湊的

日文漢字寫成「目白」，是一種眼睛周圍為白色的日本野鳥。當牠們停在樹木上時，身體會緊緊地靠在一起，所以有了這個詞彙。與「接二連三地」、「連續不斷地」的意思幾乎相同，<u>給人密度更高、「壅塞」的感覺。</u>

0838　這個夏天，令人矚目的活動陸陸續續地出現

0839　陸陸續續出現精采對戰，世界盃準決賽讓人目不轉睛

0840　現在開始陸陸續續會有豪華限定禮物推出

擴大讀者的想像

展現出誠實、親切感

　　遇到困擾的事，需要拜託他人、尋求幫助時，最好的方法就是拿出誠意、誠實地傳達出自己遇到的狀況。**與其試圖表現得堅強並且隱藏自己的弱點，不如自我揭露更容易引起共鳴。**這在心理學上，稱作「弱勢效應（underdog effect）」。「underdog」的原意是「喪家犬、沒有勝算的人」，簡而言之，就是指人們會想要擁護弱勢的「同情弱者」心理。

　　在文案寫作上也是一樣，一旦講出「其實……」的瞬間，讀者就可能接受你的故事，並且想要繼續閱讀下去。然而，如果已經講出「說實話……」結果後續卻接著虛假的描述，反而會有立即失去讀者信任的風險，請務必牢記。

　　此外，企業在舉辦慶祝活動之際，如「○周年記念活動」，往往可以藉由**傳遞感謝或是歡迎的心情，輕易獲得好感。**即使只是單純地聯絡一些資訊，也能夠藉由包含這些外在事實表達出謝意、建立彼此的信任關係。展現出誠實、親切感這件事情必須從平常就開始累積，是能夠與使用者溝通順暢的基本要件。

有事請求（相求）　　　　　　近似詞 有事拜託、委託、請幫忙

「有事請求（相求）」這樣的標題或是信件主旨，雖然很簡單，但是效果很好，很容易使用。將羅伯特·柯里爾（Robert Collier）（P.233）所使用的標語技巧運用於神田昌先生老家的學生制服銷售文案，並且經由一番介紹後，已在日本廣為流傳。	**0841** 有事相求（用於文件名稱） --- **0842** 說是請求，但其實只是一件小事 --- **0843** 我有一個小小的請求

請幫幫忙

近似詞　help、SOS、MayDay

真誠求助他人的一種表現。然而，訴求的事情如果過於利己，可能會被讀者識破、增加不信任感而被拒絕。前提必須是真的很困擾、想要求助他人幫忙的狀況，所以也必須針對該事情進行說明。

0844 「請幫幫忙」（用於文件名稱、標題）

0845 請助我一臂之力

0846 請幫幫忙！有人知道該如何恢復不小心刪除的瀏覽器書籤嗎？

○周年感謝活動

近似詞　＊＊○周年、感謝有你○周年

提到○周年，一般來說腦海中會浮現的是創業或是開店，但是也可以用於個別商品推出後○周年等。此外，一些消費者往往會持續使用美容、理容等相關服務，因此也可以提出該客人從初次前來消費到今天已經○周年，通常很有效果。

0847 創業 10 周年紀念！
感恩的心活動實施中

0848 本店開業服務滿 1 周年，
懷抱著感謝的心情，全品項 5% 折扣

0849 感謝你來店消費滿 1 年。
本月我們以感謝的心情，提供你 10% 優惠

感謝祭

近似詞　Thanks Sale、感謝回饋

找出某個理由，表現對顧客的感謝心情，能夠有效創造與客戶之間的信任關係。然而，用力過猛反而會帶來反效果。因此，比起打折的理由，一份能夠好好傳遞感謝心情的企畫案更為重要。

0850 創業 10 周年感謝祭

0851 開業 1 周年感謝祭

0852 春天感謝祭

展現出誠實、親切感

141

熱烈歡迎

近似詞 對＊＊熱烈歡迎、Welcome、歡迎光臨

含有接近於「謝謝」的歡迎語感。不僅如此，這個表現還具有讓人對即將開始的體驗更加期待的效果。可以在網頁上用於入口網站的首頁或是訂購產品、服務後時使用。

0853 熱烈歡迎，
現在的你已經誕生在一顆音樂星球上了！
（SONY）

0854 熱烈歡迎，在混沌中開創新世界的管理者們
（《神話般的管理》）

0855 熱烈歡迎你進入新世代 iPad 的世界
（Apple.com）

你的力量

近似詞 你的協助、你的才能

用迂迴的方式表達「請幫幫忙」。「你的力量」這個詞彙帶有一種敬意與信任的感覺，因此用在拜託他人時，往往會讓人難以拒絕。可以與「請幫幫忙」搭配使用。

0856 我們需要你的力量

0857 請務必把你的力量借給我們

0858 消防團員招募中，守護地方需要你的力量！
（東京都）

說真的、坦白說、單刀直入

近似詞 單純地、清楚的、決斷地

撰寫標題文案時，誠實表述是非常重要的一點。欺騙讀者是不可取的，每個人都會試圖想讓自己看起來更厲害或是隱藏自己的缺點。在這種情況下，誠實表達更能展現出誠意，並且往往會帶來更多的銷售額。

0859 說真的。請你務必擔任我們的產品試用員。

0860 坦白說，此次促銷的目的是因為下訂數量錯誤導致庫存過多，所以必須將這些產品予以處分。

0861 請容許我們單刀直入地告訴你，這封電子郵件是我們的新產品宣傳

告白

向異性表達喜歡的感情，稱之為「告白」，可以用於表達積極的情感。然而，在文案寫作中，<u>經常用來表示即將揭露原本不想說的事情或隱藏事物</u>的語感。

近似詞　招供、相關人士表示、坦白、洩露

0862　《成功者的告白》
（講談社）

0863　最後真正的目的是……想要告白

0864　《某位廣告人的告白》大衛・奧格威
（David Ogilvy）著

激動表示（宣告、揭露）

與「告白」的意思相同，可以傳遞出一種「激動地想要將衝擊性的體驗曝光」的聳動氛圍。

近似詞　暴露、暴露在陽光下、暴露

0865　廢除年收入天花板。聯合會長激動表示：
「這樣下去，企業將無法生存」
（DIAMOND online，2023 年 3 月）

0866　CoCo 一番屋社長激動宣告！
進入咖哩「聖地」印度的勝算
（東洋經濟 ONLINE，2019 年 8 月）

0867　前環球小姐日本代表激動揭露，
選拔舞台的幕後故事

其實……

經常用在想說真心話時。用於文章中也一樣，<u>讀者看到這個詞彙就有一種「接下來應該會說出什麼真心話或是祕密吧！」的期待感</u>。

近似詞　真正的是……、實際上……、
現在我可以告訴你……

0868　這個小禮物其實是針對新進員工製作的公司內部教育用手冊

0869　根據一項澳洲的研究報告，
玩線上遊戲其實對於提升成績有所幫助
（CNET Japan，2016 年 8 月）

0870　其實……我也曾經有過懼高症

展現出誠實、親切感

一定

近似詞 肯定、確實、的確、毫無疑問、明確無誤地

意思很接近「肯定」，用來表示說話者或是文案撰稿人強烈的信念，但是相對於「肯定」那種更為斷定的感覺，「一定」反而給人稍微柔軟一點的感覺，使用起來更方便。「明日一定會放晴」與「明天肯定是晴天」，你應該可以充分感受到這兩句的語感差異。

0871 相信一定會對你有所幫助

0872 一定可以找到近在咫尺的優惠！（JAF）

0873 這裡一定會有適合你的幼犬

通知

近似詞 引導、連絡、廣播、新聞、預告

在話題一開頭即表示有連絡事項要闡述。然而，由於無法讓人感受到現在不看也不會怎樣的急迫性，或是原本一定要看的必要性，所以也帶有難以讀取訊息的缺點。建議不要單純只用「通知」兩字，建議可以再稍微加上「重要的通知」或是「好消息通知」等詞彙。

0874 通知（使用於文件名或是標題）

0875 對你來說，將會是非常棒的消息

0876 感謝你平常的照顧，我們將發布一個重大通知

喜訊

近似詞 對＊＊的好消息、令人開心的消息、喜訊

只用簡單兩個字就能夠表現出「有好消息」、「令人開心的消息」，使用起來相當方便。但是，稍微帶有生硬的感覺，所以通常比較常用於「好消息的正式通知」。

0877 對於那些不能來東京的人來說是個喜訊

0878 對於擁有大型特殊駕照者，這會是個喜訊

0879 對於那些目標成為社會保險勞務士的員工喜訊

給那些發誓不會再＊＊者
的好消息

暗示過去覺得很討厭，但是受創者提出了解決方案。<u>想必很多人都認為某些事物雖然很討厭、想要躲避</u>，但是無論怎麼躲都避免不了，還是必須得接觸，<u>因此可以的話還是想要克服它</u>。是可以觸動這群人內心的一種表現方式。

近似詞 給那些發誓不會再犯者的好消息、
給那些放棄者的好消息、
給那些抵死不從者的好消息

0880 給那些斬釘截鐵發誓不會再減肥者的好消息

0881 給那些發誓不想再用英語會話的好消息

0882 給那些堅持不願意在婚禮上致詞者，
一個好消息

引導（指引）

相對於「通知」只是單純地連絡，<u>「引導（指引）」是指更有禮貌的安排</u>。因此，隨著使用場景不同，可能也會讓人覺得是「多餘的、無謂的照顧」。建議依照場景區分使用「連絡」或是「通知」。

近似詞 邀請、＊＊指南、廣播、通知

0883 參加開拓顧客文案寫作講座者的特別指引

0884 請容我引導你參加這場特別體驗

0885 黃金會員限定的優惠指引

介紹

介紹的對象不僅是人，也可以廣泛用於物品或是案例、內容等。<u>由於使用起來禮貌所以通用性高</u>，不論個人或是企業，也經常用於銷售訊息。

近似詞 引導（指引）、介紹、＊＊招待、宣傳、
告知

0886 介紹維也納愛樂樂團的真實故事

0887 介紹目前熱賣的最新款電腦各種機能

0888 介紹一下！搭載自動運作功能的新○○

請容我回答你的問題

近似詞　回答疑問、FAQ、常見問題、請發問

雖然是 FAQ（常見問題），但是比起單純標記為「FAQ」，這種用法會給人更有禮貌的印象。此外，「讓我回答＊＊的疑問」，可以方便明示對方我們將針對什麼事情回答。另一方面，「FAQ」的文字數較少，是大家比較熟悉的詞彙，因此也是很方便的表現方法。

0889　請容我回答客人的問題

0890　請容我回答常見問題

0891　請容我回答你對治療方法的疑問

幫助

近似詞　幫手、輔助、幫忙、補助

基本上與 support、支援的語感相同，但是使用「support」或是「支援」時，會強烈給人一種上位者對下位者的感覺，可能帶有由上對下的感覺。相對於此，「幫助」則稍微帶有中性的感覺。

0892　我們能夠幫助企業員工打造健康。（岡崎市）

0893　我們可以幫助你增加 Instagram 的追蹤數

0894　請容我介紹一款可以協助人事評估的好用 APP

樂趣（喜悅）

近似詞　滿足、歡喜、愉快、享受

喜悅往往會與滿足和樂趣相關。因此，在讀者想要獲得滿足，或是想要享受樂趣的慾望較為強烈時最為有效。此外，如「客戶喜悅的聲音」這種表現出第三方高興的模樣，也能帶來一定的可信度。

0895　請容我介紹客戶們喜悅的聲音

0896　請你盡享購物樂趣

0897　讓所有馬拉松參加者都能感受到完賽的喜悅！

佩服（致敬）

近似詞 敬佩、佩服、折服、無法匹敵

基本上就是「很厲害」的意思，但是比起單純地表達「很厲害」，這個詞彙可以極度表現出對方實力，例如成績、技能和技術等都非常出色，導致我們無法與對方匹敵，進而產生一種敬佩的心情。

0898　向美國航空公司達美航空的營運實績致敬（Forbes JAPAN，2015 年 12 月）

0899　她的 DIY 創作技巧，令人不禁佩服

0900　實在佩服與我們有業務往來的那位社長。能夠提升全體員工動機的教練心法究竟是什麼？

展現出誠實、親切感

偉大的文案作家①約翰・凱普斯　■ COLUMN

　　約翰・凱普斯的著作《*The Copywriting*》原文書初版發行於第二次世界大戰開始前的 1932 年，日本於 2008 年出版後不斷重刷，是本熱銷書。其中凱普斯最為知名的經典台詞是「我坐在鋼琴前，大家都笑了。不過，當我一開始彈奏……」。

　　那是一則美國音樂學校的廣告，撰寫目的是要宣傳「讓人能夠在家彈奏樂器」的課程。告訴大家「原本因為不會彈奏樂器，而被當作笨蛋的主角，靠著自學學會彈奏鋼琴，最後讓大家十分驚豔」這種「大逆轉的故事」。而這種「故事型的文案標題」很容易套用在各種商品。

　　卡普爾另一個厲害的地方是在尚未出現數位行銷等的時代，就可以完成如此具有「科學性」的廣告。所謂「科學性」的意思是藉由文章的差異性，將廣告傳單的讀者反應數值化，找出最有效果的部分。這種手法持續沿用至現在的行銷，除了「A／B 測試」（比較驗證廣告 A 案與 B 案的方法）外，其標題驗證手法迄今仍適用於很多事物。

Solution
提出解決方案的表現

在「痛點」與「強項」的來回傳接球之間，

創造出新的商機

文案寫作技巧能挖掘出真正的價值

　　與其擁有流暢華麗的文章撰寫技巧，本書可以說是更貼近於如何撰寫出充滿速度感、電影情境劇本感的技術。比起「該如何表達什麼？」的文章力，**「該如何排序說明？」的配置力**更是勝負關鍵。

　　特別是，開始的 3 個步驟，就是文案撰稿人大顯身手的地方。

Step.1　明確「問題」
　　明確定義出讀者必須緊急解決的「問題（痛點）」。

Step.2　醞釀「共鳴」
　　認真傾聽這些提案，縮短與讀者之間的距離。

然後……，

Step.3　介紹「解決方案」
　　針對讀者所持有的問題，介紹解決方法。

　　這時可能會有人覺得「原來如此，到了 Step3 再介紹自己的商品或是背後目的就好了吧？」請先別著急。希望你再多等待 1 個 Step。

　　那就是在「解決」階段時，不僅介紹商品，也要介紹解決方法的背景。也就是說，**可以介紹一些劃時代新技術或是機制架構等**。

舉例來說，像是使用目前所學到、典型的銷售訊息開頭。

Step.1	明確「問題」
	「你會覺得○○很困擾嗎？」
Step.2	醞釀「共鳴」
	「你或許會覺得○○和○○有很大的難度。
	（因為我也站在相同的立場，所以非常能理解）
Step.3	介紹「解決方案」

「那樣的你需要的是有人幫你緊急引導！你知道○○這種新方法嗎？」

這種文章展開的表達方式很像熱門音樂常用的和弦。旋律或是歌詞本身可以有很多種變化，但是到頭來曲調本身都是同一種和弦。文章也是，的確是有一種能夠掌握閱讀者人心的黃金表達模式。

比方說，以下案例也是同樣的模式。

Step.1	明確「問題」
	「目前發生的○○、○○等，你嘗試了所有的方法，都沒有得到結果，是有原因的。」
Step.2	醞釀「共鳴」
	「（我們和這些狀況）歷經過去○年、超過○人、進行了調查測試。結果……」
Step.3	介紹「解決方案」
	「我們找到了一個劃時代的發現。現在終於可以將這個新的○○商品化。在正式銷售開始前，我們還有招募觀察員。」

掌握住這種表達模式後，就能瞬間掌握住已經被廣告訊息轟炸一整天的讀者目光。因此，如果希望有更多人知道你的產品或是服務，就能藉此傳遞給更多的人。

銷售資訊開頭部分的展開模式會以填空的方式介紹，也是有理由的。看似單純的填空作業，其實是很了不起的事情。文案撰稿人會在撰寫文案時，將顧客「真正想要的東西（P）」與商品「真正的強項（S）」互相媒合。

乍看之下似乎是理所當然的事，但其實完全不是如此。因為：

A）許多賣家並不了解顧客真正想要什麼。因此，

B）即便自己的產品多麼有價值，也不知道該先推廣哪一種。

這樣一來，欲銷售商品的公司就只能不斷討論 A 與 B 的問題，永遠無法往前踏一步。

比方說，某位員工主張「這個營養補充食品含有能產生膠原蛋白的優異成分，相當適合作為 30 ～ 40 歲女性的抗皺因應對策」。另一方面，另一名員工則表示「這個營養補充食品含有可以支援記憶力的成分，因此，應該是 60 幾歲的公司老闆、高階經理人的必須品才對」，因而完全沒有辦法達成共識。

所以，我們必須快速媒合「賣方想要賣的東西」與「買方想要的東西」這兩個非常重要的問題。首先，販售的商品是否能找到符合這些條件的顧客。

【關鍵提問①】

> 只用 20 秒說明商品，就能讓顧客表示「拜託請賣給我」的會是怎樣的顧客呢？

會來請求購買商品的顧客一定是擁有其他人沒有的「痛點」。因此，透過尋找這個問題的答案，就可以發揮「強項」，找出理想的顧客對象。

下一個問題是，找出符合買方需求的商品「強項」。

【關鍵提問②】

- 為什麼這個商品能在短時間內輕鬆解決這個煩惱呢？
- 聽到回答後，顧客會提出怎樣的疑問呢？
- 有哪些具體、顛覆性證據能消除這些懷疑？

透過這些提問，解決買方的「痛點」，挖掘出自己商品的「強項」，就可以找出與過去截然不同的市場。

此外，在新興市場中，經常會將過去的研究或是技術直接轉用在其他產品身上。比方說，富士Film公司的美容化粧品「ASTALIFT」熱銷，進而發展成為一個護髮事業群，成為該企業營運的頂梁柱。然而，當初大家都會懷疑「為什麼一間做照片相紙的企業會跑去做化妝品呢？」。那個疑問的答案是，該企業之所以能夠讓相紙呈現出美麗的色調，其實是長久以來研發如何在極薄層上配置有效成分的奈米技術，因為如此顛覆性的技術，讓企業順勢起飛。

一直自問自答這兩個問題，也就是像是傳接球一樣，持續反覆透過「痛點」與「強項」，就可以挖掘出各式各樣的詞彙。再把這些產出配置於黃金文章法則「PESONA」中，一群能力旗鼓相當的顧問，原本需要歷經數個月進行調查與分析，不好容易整理出一個概念。**現在只需要30分鐘腦力激盪即可產生！**

行銷‧文案撰稿人，不該只是單純地在制式格式內，填入制式詞彙而已的寫手。事實上，在那些尚未被填入的空白處，**只要找出過去未知的新視角，就能描繪出嶄新成長的未來情境作家。**

展現重點

　　有幾種方法可以用來表現「解決方案」，首先是單刀直入地**指出解決問題所需的「重點」**。在此介紹的「＊＊的痛點（穴位）」、「達成＊＊的關鍵」、「＊＊的處方箋」等可以說就是這種表現的典型方法。

　　針對讀者的問題給予解決方案。在很多情況下往往難以用一句話表達清楚。因為很多問題都很複雜，不是單靠一種解決方案就能輕鬆地妥善處理好所有的問題。人際關係、外在形象、商務等煩惱很多都不是一朝一夕就可以解決得了的。所以，**只要先傳遞出「其中有重點存在唷！」先引起對方的興趣，再慢慢地說明詳細內容是最有效的方法。**

　　最初必須致力於掌握狀況。比方說，「訣竅」或是「公式」等的表現是「我有祕訣可以解決你正在奮戰的問題唷！」。除此之外，「○個步驟」或是「必勝表達模式」等其他表現也可以引發讀者想要知道「該如何轉變呢？」的興趣。

　　人們往往會覺得「想要改變」，但是又討厭改變現在的狀態。因此，首先要藉由引發興趣，讓讀者得到解決問題的第一個線索。

東西（者）

近似詞　＊＊東西（者）、做＊＊的東西（者）

透過使用「＊＊的東西」、「＊＊的事物」等拐彎抹角的詞句，往往會令人好奇接下來的發展。但是，這樣的提問內容必須要有趣才行。如果只是故作神祕地拖延，一直反問讀者「＊＊需要的是什麼東西呢？」，可能只會得到「不知道，也沒興趣啦！」的回應，那還不如一開始就直接說出答案會比較安全。

0901	醫療費的扣除對象 vs. 非扣除對象 （AllAbout，2020 年 1 月）
0902	對你而言，「失去了，會覺得最痛苦」的是什麼呢？ （《未來的工作選擇方式》）
0903	幸福不是「要來的」，而是要去「感受的」 （Forbes JAPAN，2019 年 6 月）

事情

近似詞　＊＊的事情、做＊＊事情

和「東西（者）」的意思很接近，「事情」表示發生的事件。如果指的是物理上的「物」，就不能用「事」來表現。所以不能夠將例文中的「事」直接置換為「東西（者）」。

0904 成功人士不會教你的事
《非常規的成功法則》

0905 重新審視家中的印表機，你將會發現它滿載著許多有用的功能。全都是家庭用複合機可以辦得到的事。

0906 擁有青春期與叛逆期的孩子，父母應該做的事
（Life Hacker Japan，2019 年 10 月）

重點

近似詞　重要的事、重要的事物、檢查站

告知讀者最重要的解決方案。這是前頁「事情」的變化型，加上「重要的」，就會更加令人矚目。由於比較有份量，使用這個詞彙時，後面必須要接一些嚴肅的內容。

0907 《1 分鐘內表達出重點的技術》

0908 這就是為了能夠長時間工作，護理師必須要記住的第一個重點

0909 學生時代可能做不太好，但是成為社會人士後，這件事情就會成為重點

＊＊是關鍵

近似詞　重要、重點、內部問題點、核心

加強最重要的事情，以及核心部分的影響力表現。再加上，還會醞釀出一種如果沒有這個部分，整體就無法成立的語感。如 0911，只是說出「人形娃娃的臉部最重要」，就可以感受得到影響力的差異。

0910 必吃！小魚乾丼飯的新鮮度是關鍵
（湯淺町）

0911 人形娃娃的臉部是關鍵
（吉德）

0912 白 T-Shirt 的清潔度是關鍵

不可或缺（不容錯過）

近似詞 錯過、不能忽視

用另一種方式表現出「很重要」的意思。在很多情況下，都會與「絕對」搭配使用。比起「重要的」，這個詞會比較輕鬆一點，經常用於表達「不想錯過」或是「不能夠錯過」的意思。

0913 ○○觀光絕對不容錯過的 20 個景點

0914 遠距工作不可或缺的出勤管理 3 大重點

0915 今年夏天約會，
你絕對不會想錯過的活動整理

變成怎樣

近似詞 這樣、會變成像這樣吧！、預想、宣言

與「距離遠近指示詞」通用，可以引發讀者的好奇心。人類一旦被說「這個」、「那個」，就會想要問「哪個？」。如果回答說「會變成這樣」，就會產生「為什麼會變成那樣呢？」的疑問。和其它表現一樣，必須特別注意，如果「會變成怎樣呢？」沒有順利引發讀者關心，讀者就只會回應：「喔，是這樣啊！」就宣告結束。

0916 加入 Facebook 後，
客戶數量竟然會變出那樣多！

0917 2100 年時，人類會變成怎樣呢？
3D 影像公開
（《新聞週刊》，日本版、2019 年 7 月）

0918 用微波爐做水煮蛋，竟然會變成這樣？
忘記時間所導致的悲慘故事

取決

近似詞 決議、左右、下決定、依據＊＊

這個表現方法如 0919，常用於「怎樣」這種沒有主語的句子。通常也不會明確寫出：「所以，我們決定了什麼？」。「取決」一詞表示這件事情本身會隨著成敗、成功與否、宿命等文脈而有所不同，但是就算沒有上述這些詞彙，只用「取決」一詞就可以代表一些意思，總覺得有點不可思議呢！

0919 10 年後的你會變成怎樣，取決於現在的你正跟誰交往

0920 《由東京大學研究生所開發！
聰明的說明力取決於一定的講話模式》

0921 國家的未來景氣取決於人口配置

決定（最終版、致命性一擊）

雖然有很多種變化形式，但是在使用語感上「決定版」、「致命性一擊」都是做出結論的最大要因。「決定版」常用於最終完成版、集大成這種語感。上述任何一種相關詞彙在展現重點的內涵上都很強烈。

近似詞 決定的、致命性一擊、最終版、最終、終極的、Ultimate

0922 好人不適合當領導者的決定性理由
（DIAMOND online，2022 年 12 月）

0923 《最終決定版：第一本音樂史》

0924 菁英官員更迭的致命性一擊，
你也會遇到同樣的危險！

策略

「策略」這個詞彙本身代表的意義就已經非常完整，所以重點是「想要說什麼」。在資訊已經很滿的內容上再加入「策略」一詞，只是聽起來很聳動，或許反而會帶來反效果。所以必須先擁有一些會讓人感興趣的內容，才能夠創造出有力量的訊息。

近似詞 作戰、計畫、規畫、strategy

0925 《市場定位策略》

0926 《競爭策略故事》

0927 讓績效最大化的「策略性休息」法
（Forbes JAPAN，2018 年 7 月）

戰略（攻略）

通常用於「能夠妥善完成的方法」、「聰明的方法」的文意。如文字所示，經常伴隨著一種戰鬥的形象，給人積極的印象，但是又有點非正式的感覺，必須先考慮清楚使用情境會比較保險。

近似詞 必勝法、獵捕法、＊＊攻擊、＊＊方法

0928 《女性市場戰略。消費市場預測所顯示的消費擴張和緊縮》

0929 絕對完賽！給初次參加者的東京馬拉松攻略

0930 不同場合的褲裝形象攻略

○個步驟

即使不使用「方法」這個詞彙，也可以顯示出這是解決方案。相對於「○個方法」的表現提出了很多種解決方案，與「○個步驟」差別僅在於後者表現出朝向單一目標前進的。提倡一步一腳印的程序，會比單純只聽到「方法」更值得信任。

近似詞 ○個程序、順序、程序、階段

0931 成為領導者的 5 個步驟

0932 可以讓行銷投資效率最大化的 7 大實踐步驟

0933 赴德國留學的 8 個步驟

解讀

醞釀出一種「只是從表面看，不太能夠理解」、「解開謎團」的氛圍表現。此外，為了進行解讀，必須要有相對應的知識或是技能，也可以藉此傳達出撰稿人本身的權威感。

近似詞 思考、解碼、顯現出來、浮現輪廓

0934 擁有解讀未來的敏銳洞察力，才能掌握最前瞻的時代

0935 經濟學者解讀現代社會的真實面（週刊東洋經濟 Plus，2019 年 1 月 19 日號）

0936 用飲食解讀日本文化與歐美文化差異

轉變

正如「現狀偏見（status quo bias）」一詞所暗示，人們其實很難改變自己的現狀。另一方面，很多人擁有「想要改變」，或是「不得不改變」的期望。問題解決型的商品就是為了讓人們有所轉變而出現的，因此直接訴求那些「想要改變」的心理也會很有效果。

近似詞 一改從前、重新轉變、前後差異

0937 DOUTOR 轉變。街頭也跟著轉變。（DOUTOR 羅多倫咖啡）

0938 只要買了這本書就能夠快速讓你的企業轉變為高收益企業！（《90 天讓你的企業更賺錢》）

0939 能夠戲劇性轉變「圓餅圖」說服力的使用方法（東洋經濟 ONLINE，2019 年 8 月）

改變

「轉變」是指自己本身改變，「改變」是指發生了其他事或因為某人而有所變化。也就是說，暗示是因為某人的意圖或是行動而產生變化。讀者看到這個詞彙時，自然而然就會有「是誰？」、「做了什麼？」的疑問產生。例如：「遊戲有所轉變」與「遊戲有所改變」，在語感上會有微妙的差異。

近似詞 開關、打倒、突破、打破

0940 能夠在短期間內改變組織的「行動科學管理」是？

0941 能夠改變遊戲的遊戲（Apple.com）

0942 「改變大企業生態的新創公司」MicroSoft 年輕員工創立的生態系（Business Insider Japan，2019 年 11 月）

訣竅

很多人不知道「訣竅（コツ）」的日文漢字是其實「骨」。也就是源自於「骨架、骨格」的意思，意思是「進行事物的關鍵、竅門、要領」。不是「方法」，講到「訣竅」就會讓人覺得其中必定有某種技巧或法則存在。

近似詞 祕訣、要領、竅門、重點、技巧、祕訣、要領、竅門、重點、技巧

0943 自製線上講座的訣竅

0944 咖啡師祕傳訣竅，大家不知道的 3 個選豆技巧（DIAMOND online，2019 年 12 月）

0945 自然妝容，產生透明感的訣竅

關鍵

意思是用以解決某件事情的重點。也可以表示為 key 或是 key point。比喻透過某種思考或是行動，而取得或是學會某些事物，進而解決問題的表現。

近似詞 Key、Key 重點、關鍵人物、重要部位

0946 振興都市的關鍵（日經 MJ，2019 年 3 月）

0947 打造超越業界的事業體，未來 10 年、20 年繁榮興盛的關鍵

0948 年收入 10 倍的關鍵（《非常規的成功法則》）

痛點（穴位）

近似詞 讓人不舒服的地方、重點、棘手之處、要點、本質

指在龐雜的訊息中，重要的點或是棘手的部位。感覺只要一按下這個穴位，就不需要繞遠路了，可以有效率地進行相關事物。

0949 最想要在招待客人時掌握的葡萄酒鑑賞重點

0950 就算是討厭數學的學生，也能夠立刻理解的一次方程式重點

0951 絕不會後悔的居家改造重點，免費教學

方程式

近似詞 標準公式、王道、鐵則、流派

和數學的「方程式」稍微有點不同，在文案的世界裡，具有「這樣做肯定就會變成那樣」的制式模式。典型案例像是「勝利方程式」，帶有一種把所有最好的方法濃縮成一句話的感覺。

0952 事業成功方程式

0953 稻盛和夫的主張「人生成功方程式」（PRESIDENT Online，2017 年 10 月）

0954 如果可以知道戀愛的成功方程式，就不會一個人寂寞地度過了

必勝表達模式・制勝公式

近似詞 正面攻擊方法、制勝策略、制勝機會

提供「照著這樣做，事情肯定會成功」的可靠解決方案。只要知道這些表達模式，就會可以複製成功的形象。附帶一提，必勝的相反詞是「必敗」、「必輸」，但很少會用到「必敗模式」的機會。

0955 厲害業務員在會議中的必勝表達模式是什麼？（PRESIDENT Online，2018 年 9 月）

0956 轉型為「小而美公司」的「唯一制勝公式」是什麼？（《Impact Company》）

0957 集客效果高的網頁設計必勝表達模式解說

鐵則

近似詞　原則、規則、基本

原本的意思是「不可更改、不可破壞的嚴格規定」，但是實際上通常會<u>帶有「原則」或是「法則」的語感</u>。想要用比較輕鬆的語感的話，也可以運用「訣竅」或是「基本」等意義的詞彙。

0958　中小企業社長指定繼承人時應該要知道的 7 大鐵則

0959　孩童便當應該考量的營養均衡鐵則

0960　方便購物的網站設計 30 鐵則

王牌

近似詞　必殺技、鬼牌、Wild card、祕密武器

撲克牌的王牌是指可以打敗對手任一張牌的牌。從中衍生出「<u>非常有效果的方法</u>」的語感。是日常生活中不太常見的詞彙，所以聽起來會感覺很有戲劇性。

0961　女孩可以打出的王牌可不只一張。
（LUMINE）

0962　打破傳統轉職活動的王牌
（Forbes JAPAN，2015 年 12 月）

0963　農業科技化才是振興地方的王牌

突破

近似詞　Breakthrough、打開、打破、穿越、刷新

等同於英文「Breakthrough」的意思，在語感上帶有「<u>穿越、延伸出去</u>」的感覺。不僅是解決問題，還啟發了對未來的想像。也可以用於打開路徑，或是突破後繼續往前進的意思。

0964　能夠讓你自我突破

0965　什麼樣的商業模式能為日本經濟帶來新的突破？

0966　打造溫柔育兒城市的突破點

展現重點

突破點

相對於「Breakthrough」有一種打破障壁後，還繼續延伸的感覺，「突破點」則帶有一種聚焦於打破障壁瞬間的感覺。因此，想要表達事情排除阻礙時，用「突破點」一詞會給人帶來比較強烈的印象。

近似詞 重大發現、新氣象、線索／頭緒、立足點

0967 克服「無法繼續下去……」的 7 個突破點

0968 解決涉谷「塗鴉問題」的突破點就是公開審議（Forbes JAPAN，2019 年 6 月）

0969 肩膀嚴重僵硬的突破點：舒緩按摩的魅力

機會

帶有「機會正好」的意思，但是同時又帶有「期間限定」的語感。如果經常處於同一種狀態，就不會用「機會」一詞。因此，「機會」這個詞彙具有振奮人心、讓人想要立即做出行動，具有快速有效的力道。

近似詞 機運、絕佳的機會、時機、順風、好時機

0970 千載難逢的機會來了！

0971 現在正是讓營業額倍增的好機會

0972 電子商務真正的風險與機會

視為轉機

相對於「機會」是期間限定的被動感覺，「視為轉機」是隨時可以用自己的力量創造時機，給人一種比較活躍的感覺。

近似詞 轉換、改變為一個優勢、一躍而起

0973 可以將消費提升視為一個轉機

0974 將客訴視為轉機，並轉化為公司粉絲的祕訣

0975 將恥辱視為轉機，靈機一動的一句話

處方箋

醫生因應症狀開立藥物的單子，稱作「處方箋」。在文案寫作方面，適用於想要提出「這樣做比較好喔」等有效建議時。

近似詞 菜單、願景、藍圖、大綱、腳本

0976　讓成熟企業再次成長的簡易處方箋（《Impact Company》）

0977　給煩惱於父母失智者的處方箋

0978　給第一次約會總是變成最後一次者的處方箋

提出方法

　　「＊＊的方法」這種表現可以隨意用於展示解決方案，並且理所當然地用在各種場合。然而，因為太常見，不太容易引起注意。因此，**為了避免成為平凡的詞彙，可以把重點放在方法的「內容」本身。**

　　美國知名文案撰稿人約翰・凱普斯曾說：「**說些什麼，比如何說更重要**」。「如何說」是「表現」的問題、「說些什麼」則是「內容」的問題。內容如果夠有趣，不論是說明「＊＊的方法」，還是「＊＊的祕訣」，都可以引發他人興趣。

　　比方說，「讓房間變整潔的方法」或是「不會讓房間雜亂的方法」或許會有點太普通。但是，「剛整理完就立刻亂掉的房間防禦法」的話，是否就會稍微帶有點趣味性了呢！再者，「3 天 1 次，只要 3 分鐘，就能讓房間維持整潔的方法」這種應該也能夠引發讀者的好奇心。這樣一來，**與其拘泥於措辭，不如思考該方法的內容本身，思考「重點應該聚焦在哪裡，強調什麼會更有趣」。**

＊＊方法（成為＊＊的方法）

| 近似詞 | 應該要做＊＊、＊＊的手段 |

標題中最基本且易於使用的表達方式。因此，可能會有聽起來「過於平庸」的風險。然而，如果該方法本身的內容是獨特的，那麼以正統的方式使用這個表達，會比使用一些奇怪而複雜的表達方式更簡單、易於理解。

0979　讓你的城市成為「宜居好市 No.1」的方法

0980　《藤原和博告訴你，成為一定能夠吃到那 1% 者的方法》

0981　由微生物學家解說「安全、有效」清潔智慧型手機的方法。
（BBC News Japan，2020 年 3 月）

能夠＊＊的方法

近似詞 ＊＊的指引、＊＊的指南

基本意思與「＊＊方法」相同。但是與「為了做＊＊，而」比較起來，「能夠＊＊的方法」會讓人更聚焦在「目的」性。

0982 能夠一早即工作活力全開的 8 種方法（Forbes JAPAN，2015 年 9 月）

0983 能夠用更好的方式，離開那些割捨不下的裝置（Apple.com）

0984 推薦旅行時，能夠在飯店或是旅館熟睡到天亮的方法

＊＊的精選〇種方法

近似詞 ＊＊的〇個方法、手段

在基本形「＊＊方法」上再加上數字，即可增加實質感、勾起讀者興趣。針對「使用的數字」要放偶數好，還是奇數好呢？過去曾有針對腦科學為主進行過各種研究，在行銷經驗法則方面，據說使用「奇數」會更有效果。

0985 可以維持話題持續下去的 7 種方法

0986 美國亞馬遜公司把年輕人變成白金會員的 8 種妙方（Business Insider Japan，2019 年 8 月）

0987 能夠把各家網路購物公司特點發揮到極致的 3 種方法

不＊＊的方法

近似詞 為了不要＊＊、逃離＊＊、未雨綢繆

相對於「＊＊方法」朝向正面，這個詞彙比較偏向避開負面情境。用來表示人類想要避免恐怖事物或是損失的心情。使用時的區別在於，想要聚焦在正面或是負面情境。

0988 在朋友的「LINE 群組」中不會感到焦慮的方法（東洋經濟 ONLINE，2019 年 5 月）

0989 在有本金損失風險的投資信託下，不會損失的方法

0990 當職場上的競爭對手受到老闆稱讚時，不會感到嫉妒的方法

停止＊＊的方法

近似詞 禁止＊＊、不再＊＊、和＊＊說再見

這是「不＊＊的方法」的變化型。<u>在停止怠惰的習慣或是一些契約，就可以獲得一些好處（益處）時，特別有效果。</u>抽菸、飲酒等就是最典型的例子。

0991 停止讓加班毀掉生活的 7 種方法
（PRESIDENT Online，2017 年 11 月）

0992 即刻停止智慧型手機中無用的選擇方案

0993 用完的東西不知道都跑去哪裡了，
立刻中止不善收納的方法

防止＊＊的方法

近似詞 STOP ＊＊、從＊＊守護自己

一般來說，「<u>預防風險相關的商品通常不太好賣</u>」，但是只是提供資訊的話，<u>讀者通常會有點興趣。</u>這種表現會自動鎖定合適的目標（N），並且與之連結。想要預防的事物＝問題，也就是說如果不把它當作問題，人們往往就不會想要預防它。

0994 防止員工出現「幼稚行為」的方法
（Forbes JAPAN，2018 年 2 月）

0995 防止孩子站起時突然頭暈的方法

0996 防止發薪日前缺錢的方法

取得（擁有）＊＊的方法

近似詞 得到＊＊的方法、實現＊＊的方法

也有一些訴諸「佔有慾」的表現方式，例如「得到」，這種表現適用於許多種狀況。然而，由於過於隨興，不能隨意使用。如果想要提高信任感，或是稍微有點正式時，<u>就可以使用這個「取得（擁有）＊＊的方法」。</u>

0997 擁有涼爽臥室的方法，即使是在炎熱的夜晚

0998 只需要照顧 2 成的顧客，就能取得 8 成營業額的營業方法

0999 擁有肌肉身材的方法

取得（擁有）A，
還可以取得（擁有）B 的方法

因為得到了兩件東西，所以可以一次擁有兩種滋味。由於到處都看得見「＊＊方法」這種表現方式，所以如果你有兩個優勢可以宣傳時，推薦使用。

近似詞 把 A 融入 B、不放棄 A 也不放棄 B

1000	出版一本書，還可以同時從事商務工作的賺錢方法
1001	擁有 8 小時深層睡眠，還可以保有興趣的時間管理方法
1002	獲得部屬信任，還比同期提早晉升的方法

有效方法

「方法」本身有很多種，當然有效果很好的。針對某個主題或是類型有很多不同的方法論，也很難確認到底哪一種方法比較好。在這樣的狀況下，文案就能有效發揮效果。減重、證照、健康等相關商品即是典型範例。

近似詞 有效的方法、高效的方法

1003	「比發獎金更有效，提升員工動機的方法」（Lifehacker・JAPAN，2017 年 2 月）
1004	讓孩子只在規定時間內吃零食的有效方法
1005	5 種有效大幅提升起床時深層睡眠感的方法

抽離（擺脫）方法

給人一種「從泥濘沼澤中解脫出來的感覺」。容易引起對現狀不滿意者的共鳴。作為變化型，還有一種表現方式是「解放」。

近似詞 已經吸取了＊＊教訓、從＊＊脫離、解放

1006	擺脫到府服務的方法
1007	注意到時已經吃下去了，輕鬆擺脫零食上癮症的方法
1008	輕鬆擺脫陷入 SNS 泥沼的方法

用＊＊，達成＊＊的方法

基本形為「＊＊的方法」，再加上條件
或是方法手段，即可產生具體性或是獨
特性。不僅可以達到「做＊＊」的目
的，也可以引起對該條件‧手段有興趣
者的共鳴。

近似詞	用＊＊，進行＊＊的方法、即使＊＊，也可以＊＊
1009	不用每天加班，依然能夠維持與目前薪水相同收入的方法
1010	只需要 1 萬元即可讓網站點擊率增加 20% 的方法
1011	用超優惠價格購買新型 iPhone 的方法

利用＊＊，達成＊＊的方法

「用＊＊，達成＊＊的方法」的另一種
變化型。這裡的「使用＊＊」會更聚焦
於「手段」。因為是「讀者本身擁有的
東西」、「自己擁有的東西」所以會讓
人覺得很親切。

近似詞	用＊＊實現＊＊、＊＊讓＊＊實現
1012	利用新聞集錦，「短期間內」穩定業務的方法（《銷售文案寫作禁忌》）
1013	利用空屋振興地方經濟的方法
1014	利用小蘇打粉清除鍋底焦黑髒污的方法

一邊＊＊，一邊＊＊的方法

兩種有好處（有益）的事情並存，會讓
人覺得更有價值。前半部可以是確定的
事實，不一定是好處。這時就可用在
「平常會覺得兩者並存有點困難，可以
單方面犧牲」的狀態。

近似詞	＊＊和＊＊同時進行的方法
1015	一邊讓企業成長，一邊讓員工加強與家人之間的羈絆
1016	善用補助金，確實幫助事業成長的聰明方法
1017	一邊全力以赴執行現在的工作，一邊準備獨立創業的方法

把 A 當作 B 的方法

近似詞 把 A 變成 B 的方法、把 A 變成 B、開啟

「可以把 A 用自己的意思改變為 B」的語感。原本事情是無法自行控制的，但是現在又好像可以任由自己的意思的感覺。

1018　把現有工作當作「天職」的方法
（Forbes JAPAN，2019 年 6 月）

1019　把「忙碌的每一天」當作「開心的每一天」的方法

1020　解決腮幫子外擴問題，讓臉看起來變小的方法

不用做 A，就能 B 的方法

近似詞 既然有了 B，就不需要 A、
不需要 A 就能 B 的方法

一般的使用方法是「雖然 A 有負面的部分，但是不需要犧牲該部分，就可以達到 B」，但是 A 也不一定是負面的事物，可以帶入一般性的思維的內容。

1021　不用緊張，就能和女性朋友侃侃而談的方法

1022　不用求顧客，顧客就會自己下單的方法

1023　不用降低照片畫質，又可壓縮檔案的方法就是這個

不用＊＊就能解決的方法

近似詞 可以避開＊＊的方法、和＊＊說再見

可以避開負面狀態的意思。如 1024 或是 1025 所示，用於「非常想要避開的內容」特別有效果。由於可以明確說出讀者的不安或是煩惱，宣傳的力道也會非常強勁。

1024　不用離婚就能解決的方法

1025　透過貸款，不用宣告破產就能解決的方法

1026　不用煩惱孩子進入「什麼都不要期」的方法

使用方法

近似詞　使用之道、運用方法、用途、技巧（hack）、利用法

如 1027 一些使用起來很困難的事物，如 1028 想要那樣做但是覺得很深奧的事物。或是，可以如 1029 提出令人意外的使用方法等，與這類詞彙搭配使用，易於引起讀者興趣。

1027　銀髮族專用的行動支付簡易方法

1028　向歷屆美國總統學習，有效率的時間使用方法（Forbes JAPAN，2019 年 2 月）

1029　不僅是防雨。保護時尚美鞋，防水噴霧的輕鬆用法

聰明的使用方法

近似詞　驅使、充分利用、拼命使勁地用

「使用方法」的變化形，這個方法稍微帶有「特別的、高度的、意外的」語感。會讓人更想要探索「自己所未知的、更有效果的方法」。

1030　寵物貓教我的，Instagram 的聰明使用方法

1031　進入公司第 3 年，獎金的聰明使用方法

1032　給無現金派的交通 IC 卡聰明使用方法

辦法

近似詞　How To、Technique、做～、做法

與「方法」一詞，在語感上有些微妙的差異。「辦法」會給人一種更有彈性的簡單印象。比方說，「讀書辦法太差」與「讀書方法太差」就可以看出語感上的差異了吧！

1033　《尋找你眼前寶藏的辦法》

1034　從東京大學成立新創公司的辦法

1035　遠離亂分配工作型老闆的「閃避辦法」（PRESIDENT Online，2019 年 9 月）

一招

用於「還有一種方法」的意思。通常會與「使」一起使用。<u>不會橫衝直撞地去碰撞問題，而是會給人像下棋般有策略性地思考、選擇方法的感覺。</u>如 **1037**，也可以單獨使用「招式」一詞。

近似詞 技巧、方式、＊＊術、＊＊法、方法對策、妙手

1036 加速全球拓展該使出的一招

1037 覺得「自己辦不到」時，全部放棄也是一招（《Impact Company》）

1038 擔心趕不上截止日期時，應該使出的一招是？

運用法

比起「使用方法」，使用「活用」一詞<u>會給人更有效率、沒有浪費、使用得很好的印象。</u>如果將 **1040**「旅館運用法」改成「旅館使用方法」應該就可以感受到語感上的差異。「運用法」會讓人覺得好像是比較有系統的「方法論」。

近似詞 活用方法、有效方法、利用法

1039 運用 Amazon 向全世界拓展市場的方法

1040 經常要到各地出差，商務人士的旅館運用法

1041 大學考前最後衝刺。運用歲末年初的時間即可以充分提升讀書效果

運用術

意思和「運用法」相同，但是「法」與「術」的用字差異，連帶會讓語感表現上也有所不同。「運用法」比較偏向方法手段，<u>「運用術」則聚焦在更有技巧的那一面。</u>

近似詞 技巧（hack）、活用技巧、使用方法

1042 不僅能夠檢索！還能作為「腦力激盪夥伴」的 Google 運用術（Forbes JAPAN，2018 年 4 月）

1043 自閉症兒的 ICT 機器運用術

1044 緊急情況下，汽車防護裝置的運用術

另一個（另一種）

近似詞 其他版本、差異、其他的

用於表示「追加的」的意思，但是用於「其他版本」的意思時，則表示這是目前為止一般所未知的解決方案，可以有效用在標題的醒目提示。同時又能讓人覺得稍微帶有一點神祕的故事性。

1045 你有所不知，奈良的另一個魅力所在

1046 複式簿記的另一種學習法

1047 地球上已經發生的另一個「科技奇點（Technology Singularity）」是什麼呢？（DIAMOND online，2023 年 3 月）

第 3 個

近似詞 其他的

根據行為經濟學，人類往往會在有過多選項時，陷入難以選擇的狀態。因此，選項通常都只會有 2 或 3 種。然而，也經常會遇到強迫選擇「生或死」、「要退休還是繼續下去」等二擇一的情形。這種時候，提出另一個選項，就能擴大讀者的視角。

1048 孩子的第 3 個家（日本財團）

1049 是否想要打造第 3 根收益支柱呢？

1050 煩惱於是要留在公司還是辭職時，還應該思考的第 3 個選項

有效

近似詞 發揮效果、有機能、有作用

經常被用於「有效治療腰痛」等醫療・美容近似詞。「有效」＝「有效果、可發揮效果」，也可以用在醫療・美容相關以外的對象。比起表現出「效果」，「有效」所表現出的「實効性」更高，真是不可思議。

1051 身心疲憊時，最有效的 10 款精油

1052 降低新攬客成本的有效策略是？

1053 進修可以有效提升財富與工作價值。那麼學習「如何生活」呢？（朝日新聞 DIGITAL，2023 年 4 月）

「文案撰稿人」的稱呼方法　　　■ COLUMN

　　為了銷售而撰寫文章，是一種稱作「文案寫作」的技巧。我們將撰寫這種文章的人稱作「**文案撰稿人**」。然而，「文案撰稿人」這種稱呼過於籠統，後續又有人將標題文案與品牌管理的文案專門撰寫人區分開來。如果更加強調銷售的部分，可以稱呼為「**銷售文案撰寫人**」、「**銷售寫手（小編）**」等。銷售寫手（小編）是指「**必須更加理解行銷流程，並且可以透過詞彙表現出來**」的人，本書定義為「**行銷‧文案撰稿人**」。

強調簡單

　　提供解決方案意味著「要讓人採取不熟悉的行動」。然而，有些事情應該要先知道。意思是如果可能的話，所有人都不會想做「困難的事情」。除此之外，即使所需的技能沒那麼困難，但是「需要長時間堅持或是付出大量努力」的話，門檻就會變得更高。**人們往往會被那些「能立即產生結果的事物」所吸引。反過來思考，讓人願意動起來的重點可以說是「降低行動的門檻」。而降低門檻的其中一種方法就是傳達出「這很簡單唷！」**

　　就算該解決方案（商品、服務）本身需要一些困難的技術或是流程，也可以先找出簡單的元素，並且聚焦在該重點上。這樣一來，**「強調簡單」可以成為讓人踏出第一步的跳板。**其實也不用多說，對於那些認為「或許我也可以做到？」的初次接觸者或是初學者來說，這的確有效，但令人驚訝的是，中高階者通常也會對此有所反應。

簡單＊＊的方法
（輕鬆＊＊的方法）

> 近似詞　不用麻煩就能＊＊的方法、
> 　　　　輕鬆＊＊的方法

「＊＊方法」的變化型。簡單且直接地表達出其「簡單程度」。<u>或許有些人會覺得這是一個守舊的、過時的詞，但是人類「想要享樂」的本質並不會改變。</u>因此，是個簡單卻又力道強勁的標題。

1054 失去的信用能夠盡快且輕鬆找回的方法

1055 使用 Evernote 簡單製作出業務手冊的方法

1056 簿記 3 級，1 個月就能輕鬆合格的方法

＊＊的簡單使用方法
（＊＊的輕鬆使用方法）

近似詞 每個人都可以使用＊＊、普通人也能＊＊

強調簡單

同樣是變化型，但是特別強調「簡單程度」的部分。如 **1057**、**1059**，在標題中表示可能會有人認為有點困難，<u>就可以為那些無法挑戰的使用者辯駁，藉此掌握住讀者的心情</u>。

1057 高齡者專屬的智慧型手機簡單使用方法

1058 能夠輕鬆讓皮鞋亮到發光的絲襪使用方法

1059 運用範圍意外地超廣泛！
Excel 函數的輕鬆使用方法

每個人都

近似詞 每人都、所有人都＊＊、大家的、任何人都

「每個人都」這個詞彙會讓<u>人覺得只要是讀到這篇文章的人都有機會</u>。乍看之下好像與「符合目標（N）」這一點有所矛盾，但實際上是針對那些對困難事物有抗拒，並且將覺得「自己符合」的人當作目標客群。

1060 《每個人都可以辦得到，變聰明的習慣》

1061 零風險，每個人都可以當老闆的時代

1062 任何人都可以寫出超棒內容的訣竅

簡易（easy）

近似詞 簡單的、輕輕鬆鬆、輕鬆取勝、太簡單了、輕而易舉

「簡易」有多種意思，在此當作「困難」的相反詞。<u>能以柔和且沒有偏見的說法來傳達簡易程度</u>，適用於各種情境。

1063 簡易的數位行銷教科書

1064 國中英語程度就能充分應對，簡易卻實用的英語短句

1065 想要買房居住者的簡易解說

簡單（simple）

近似詞 易於理解、直率、最小限、簡略化

除了最重要的重點之外，把複雜事物中其餘的部分通通去掉，並且整理為必要最低限度的狀態，稱作「簡單」。事實上對一個創作者而言，要將事物變「簡單」是一件困難的事情。然而，身為讀者，會因為期望的資訊被整理好而受到吸引。

1066 提高老闆時薪的簡單方法

1067 有了 iPhone 後，每一天都變得簡單（Apple.com）

1068 讓期望行動變成習慣的簡單方法

經典

近似詞 例行、王道、老套、主流、傳統

泛指不會受到流行所影響，一直都很熱賣的商品。實際使用時，通常帶有「基本的」、「大家都會這樣做」的語感。會給人一種「不可或缺」的安心感。

1069 整個月都不會重複的經典小菜菜單

1070 以後翻照片也不會有時代感的經典妝容

1071 每間點心店一定都會賣的 10 款經典點心

不會出錯的

近似詞 常識、約定俗成、正統派、耐看的

日文中原本是指「鐵板」，從鐵板給人堅固的印象，表現出「實在」、「經典」的意思。因為講起來比較輕鬆，不太適合用於正式場合，當「經典」一詞聽起來太普通時，建議改用「不會出錯的」。

1072 從幼稚園到國小低年級女生，絕不會錯、一定要學會的 5 件事

1073 感謝餐會上絕不出錯的穿搭。只要加上一個配件就會看起來比以往華麗許多

1074 雖然老套，但還是會讓人落淚。結婚喜宴上絕不出錯的歌曲集

標準公式

用於描述「有固定的做法」，雖然能讓人感受到重點所在，但語氣可能會顯得有些生硬，在使用上必須特別注意。

近似詞　慣例、常規、方程式、＊＊是最佳選擇

1075 打造熱門曲調的標準音階公式

1076 數位行銷的 10 大標準公式

1077 高爾夫小鳥推桿（Birdie）的標準公式

輕鬆地

直接了當表示「輕鬆地」。人們在做某事時，通常不喜歡過於努力或是痛苦，所以可以直接訴諸這種輕鬆的感覺。即使不簡單，也可以用於「本來應該伴隨痛苦或勞力，現在變得比較輕鬆」的情境。

近似詞　毫不費力、輕輕鬆鬆、躺著都能做、在○天○小時內

1078 適用於家庭聚會。輕鬆準備色香味俱全菜單的祕訣

1079 事實上她也能做得到，輕鬆又美麗的妝容

1080 輕鬆延長飛行距離，發球桿擊球的祕訣

睡覺時

忙碌的人想要擠出時間，往往會減少睡眠時間。睡眠固然重要，但如果能縮短睡眠時間，就能增加活動時間。因此，許多人都有「想要有效利用睡眠時間」的想法。然而，睡眠期間能做的事情有限，所以並不是什麼都可以在睡覺時完成。

近似詞　一邊睡一邊 ...、休息時、早起後＊＊

1081 在睡覺時治療腰痛。依人體工學設計的抱枕

1082 試試看能否在夜晚睡覺時燃燒脂肪

1083《邊睡邊賺大錢》

自然而然地學會

間接給人一種「不需要強迫自己去學會」、「即使不特別留意,也能自然而然地學會」的印象。通常描述從事與常規方法不同的活動時,自動或是附帶地掌握某項技能或知識的情況。

近似詞 放著不管就能自動學會、不知不覺間＊＊

1084 提升「深度對話能力」,
自然而然地學會「人際關係力」
(Forbes JAPAN、2016 年 6 月)

1085 30 天內自然而然地養成 1 日 2 餐的飲食食習慣

1086 一個人也可以練習,自然而地學會讀解力

不用太努力也

相對於「自然而然地學會」,這個詞彙會讓人覺得「雖然不必要特別努力,但是還是需要有一定的意識地進行」。這個表現方法適用於原本認為「需要付出努力才能完成的事情」。

近似詞 不需要那麼拼命、即使不用費力也沒關係

1087 不用太努力就能養成整理好習慣的自我暗示語

1088 不用費力也能熱賣的銷策略案例

1089 以自然的方式,不用太努力也能受歡迎的女性 5 大特徵

自動·自然

最能象徵輕鬆的詞語莫過於「自動」。然而,這個詞容易成為過度誇大的詞彙,使用時必須特別注意。如 1092,就算不使用「自動」一詞,也能傳達出自動這件事情。

近似詞 自動、即使不做任何事情、自動送上門

1090 每週一都會自動送上最新行銷情報。

1091 把重心放在左腳,就能自動地進行體重轉移(譯註:體重轉移指將身體的重量從一個位置轉移到另一個位置,通常在描述運動、舞蹈或某些身體活動時使用)

1092 讓資訊與人脈自然送上門的方法

半自動

近似詞　Semi-automatic

相對於前一個詞彙「自動」基本上指的是全自動的意思，這裡指的是流程中的某一部分可以自動化的意思。雖然全自動的效果更厲害，但使用半自動反而會給人一種更現實、更誠實的印象，有時也更具有效果。

1093　你是否對這種可以半自動招攬新顧客的工具有興趣呢？

1094　可以半自動運用 SNS 的祕密對策

1095　是否可以讓日常工作半自動化，減少加班時間呢？

不須勉強

近似詞　自然地、自然就好、順順地

對於一般認為非常困難的事情，可以強調「不需要勉強」、「自然就好」。如果對非常困難的事情卻說「很輕鬆」，可能會被認為「說謊」，表示「不須勉強」更容易讓人接受。

1096　不須勉強就能斜槓職涯，是否想要成為一名讀書會導讀人呢？

1097　再忙的人也不須勉強、可以堅持下去的健身房選擇法

1098　可以自行模擬不須勉強的房貸規畫

口袋

近似詞　小巧緊湊、收在胸口、便攜式

用來表示「小巧、輕便」的特徵。如 1099 或是 1100，表達出一種即使很重，但是體積小巧的話，給人容易使用攜帶的感覺。不僅限於物理性的事物，也可用在如 1101「可以隨時攜帶」、「藏在心裡」等無形的事物。

1099　可以放入口袋帶著走的薄型無線滑鼠

1100　可以放入口袋的小型行動電源

1101　把和女友的回憶收入口袋，一起去旅行

強調簡單

只要拿出手機就可以

近似詞 簡單地

不需要特別說明，手機就是智慧型手機的縮寫，手機幾乎已經滲透至日常生活，功能也更多樣化。表現出只要有一台手機就可以辦得到的狀態，方便用於想要強調「輕鬆感」。相反的，如果是目前手機無法達到的功能，只要改善該問題，未來的銷售通路可能會擴大。

1102 只要拿出手機就可以輕鬆進行膚質分析

1103 只要拿出手機就可以月入 10 萬元，副業的內幕是……

1104 只要拿出手機就可以，10 種建議可做的副業

漫畫圖解

近似詞 圖解、附有圖示（照片）、圖解、附插圖

想要將難懂的內容以容易理解的方式說明時，以漫畫形式最有效果。即使是嚴肅的內容，也常會透過漫畫來幫助讀者理解。雖然必須準備漫畫內容，但的確能吸引對內容不太熟悉的人，因此非常有價值。

1105 漫畫圖解——日本公司的青色申告制度（譯註：「青色申告」是日本的一種報稅方式，專門為個人或小企業設立，能夠享有更多的稅務優惠）

1106 本以為是節約策略，結果卻破產了……！？負債公寓的惡夢！漫畫圖解《負債公寓》

1107 《漫畫圖解：非常規的成功法則》

隨時

近似詞 一想到就、一旦決定、隨時隨地

強調「一想到就可以立即行動」，而且不論時間或地點。如 1108 或是 1109「隨時、隨地」或是「隨時、多次」的表現方式不但語感更好，還能產生一種節奏感。

1108 隨時、隨地、任何人。（任天堂）

1109 營業時間內可隨時、多次使用

1110 24 小時 365 天隨時都可以申請

只要

近似詞 僅有、＊＊以外都不需要

表示<u>只用一種方法或手段就能解決的事物</u>。對於原本認為需要一些複雜程序或是手續的事物，用「只要＊＊」、「只要做＊＊」的說法就能發揮效果。嚴格來說，這件事情不一定那麼簡單。

1111 只要這樣做就能提高銷售額。
激進的行銷策略

1112 想要一條像店家提供的那種熱毛巾。
其實只要用微波爐加熱一下就能簡單做到

1113 只要申請，就能得到補助金，
請多加利用自治區的福利制度

只要這樣做

近似詞 只靠這個、Only ＊＊、＊＊就 OK

用於「只要講出這個字，就會出現讓人想要更了解的效果」。<u>沒有要耍手段，只是要賣關子</u>。聽到「只要這樣」，讀者會想知道「是指要到怎樣的程度？」。

1114 只要這樣做，就能改變形象。
打領帶的小祕訣

1115 和外國人談生意，只要這樣做就能獲得信任的身體語言

1116 只要這樣做就能把牛排煎得鮮嫩多汁、令人驚豔

一個＊＊

近似詞 專注於＊＊、統一為、僅靠、Only

表現出手段的簡單程度。「一名女人獨自撫養孩子」、「一副手套挑戰世界的拳擊手」等，<u>用於想要強調這一件事物的重要性時使用</u>。也可以用於如 119「all in one」的情形。

1117 一個觀念就讓你更健康，「應該改變」的 12 個思維

1118 一只平底鍋就可以完成的晚餐菜色

1119 一台給你全世界。一切都來自於這一台
（Apple.com）

只要這一個

近似詞　只有這樣

「只要這樣做」與「一個＊＊」相結合的表現方式，成為「只要這一個」，但三種表現的語感幾乎相同，有時會有微妙的語感變化。試著分別帶入 1114 ～ 1122 的例句，就可以感受到語感上的差異。

1120 只要這一個就能輕鬆用手機完成影片編輯

1121 只要這一個東西，就能讓長時間飛行旅程變得超舒適

1122 隨身攜帶超方便，
手機、錢包都只需要這一個

微

近似詞　枝微末節的、小小的、僅有的、
　　　　微不足道的

並不是什麼大事，只是有一點點不同。讀者很容易會覺得「這種程度而已，我想我應該也可以做到」。

1123 讓明天變得更好的 7 個改變「微行動」
（Forbes JAPAN，2018 年 3 月）

1124 成年後，親子關係仍維持良好的微對話

1125 能夠獲得顧客深度信任的業務員微小習慣

輕鬆（實惠）

近似詞　簡單、簡便、容易、適合

雖然是強調「輕鬆」、「實惠」、「方便」的表現，但意思有些不同。「輕鬆」是指不用花費太多力氣、「實惠」是適合擁有、符合自己需求的意思。因此使用時必須依照場景與內容區分。通常兩者可以通用，但是不會將「可以輕鬆」說成「可以實惠」。

1126 一起節約用電、節省電費吧！
輕鬆節約用電的方法是？
（日本政府廣宣 on line）

1127 輕鬆入手的費用試算
（NTT Docomo）

1128 數量有限，
用實惠的價格即可享受到松坂牛沙朗牛排

清爽

近似詞 俐落、整潔美觀、乾淨俐落

原意是「沒有多餘的東西，感覺舒適整潔的樣子」、「心情或口感吃起來舒爽的樣子」。這個詞彙可以表現出一種知識或資訊經過整理，讓人心情舒暢的語感。

1129 60 分鐘的討論即可清除讓你對家居設計的煩惱

1130 清爽收納手機、平板等的充電線

1131 讓衣櫥清爽整潔的衣架活用技巧

當場（當下）

近似詞 立即、馬上、立刻

這種表現方式通常包含「不需要等待」的語感，能夠強調快速和有效性。結果或效果能立即顯現是很大的優勢。即使該事物需要一定的學習或是練習時間，透過簡化部分，使其能立刻見效，即可擴大銷售的可能性。

1132 當場送你亞馬遜禮品券 1,000 元

1133 採收下來的蔬菜可以當場享用

1134 面試當天，可以舒緩當下緊張的方法

輕鬆取勝

近似詞 不用辛苦、簡單地

即使不用特別努力，也能達到成果的極端表現。含有「做得很好」、「很有效率進行」的意思。雖然是用來表示「特別簡單」，但同時又含有「訣竅」或是「痛點」的祕方語感在內。

1135 未來可以輕鬆就職！20 個大學科系建議

1136 股市輸家與輕鬆賺錢入袋者的差異？

1137 輕鬆取勝！TOEIC 800 分戰術

清淡（簡單）

「清淡（簡單）」有兩種意思。一種是
「清爽的、清淡的」，如 **1139** 中用於描
述味道，也可延伸至性格等方面的形
容。另一種則是如 **1138** 所示，<u>比預期
更為簡單、順利</u>。可以根據前後文內
容，表達出正面或是負面的不同意思。

近似詞　清爽的、清淡的、輕輕鬆鬆、簡單地

1138 簡簡單單取得 TOEFL 61 分的聽力技巧

1139 京都的清淡漬物

1140 公司風氣簡單清爽，意外有魅力的○○公司

無＊＊

如「無壓力」、「免維護」、「無麩質」
等，能魅力地傳達出「不要 ×××、消
除、解放、不含」等意思。可以自己決
定要去除的對象，創造獨有的表現。

近似詞　不使用、不含有、不要

1141 每個人都辦得到：無壓力的通勤時間使用法

1142 10 款無油小菜

1143 你可以觀看無廣告的影片

行為經濟學與文案寫作　　　■ COLUMN

　　「行為經濟學」是從心理學觀點研究人類行動（經濟活動）的一門顯學。1978 年赫伯特・西蒙（Herbert A.Simon）教授榮獲諾貝爾經濟學獎。2002 年丹尼爾・卡尼曼（Daniel Kahneman）教授、2013 年羅伯特・席勒（Robert J. Shiller）教授、2017 年理查德・塞勒教授（Richard H. Thaler）相繼獲得獎項，因而在近年來受到世人矚目。根據這些研究，可以得知過去的經濟學假設是「人類非常懂事，而且會進行合理的判斷」。然而，事實上「**人類的行動往往極為情緒化，而且極不理智**」。請看以下範例，就會更容易理解。

　　A.　術後 1 個月的**存活**率為 **90%**。
　　B.　術後 1 個月的**死亡**率為 **10%**。

　　看到 A 的說明後，有 **84%** 的人會願意進行手術，看到 B 的說明後選擇手術的人卻只有 **50%**[❹]。仔細一看，明明兩者表達的機率是相同的（1 個月後的存活率為 90% ＝死亡率 10%），但是**只是表現方法不同，就會影響後續的行動差異**。選擇把框架框在哪裡（切割在哪裡）就會產生不同的效果，稱作「框架效應（Framing Effect）」。

　　在行為經濟學上，有很多針對這種「**詞彙的用法差異**」會對「**人類的行動**」產生怎樣影響的相關研究。根據這些結果我們發現，文案撰稿人從經年累月的經驗法則獲得的通則或是 Know How，可以與學術性結果連結。文案寫作與行為經濟學之間在「激勵人們的原理說明」下，有非常多共通點。

❹《快思慢想》（*Thinking, Fast And Slow*），康納曼著。

聚焦效率

　　既然付出努力，當然希望能更有效地達到結果。本來需要 1 個小時的清潔工作，能夠在 30 分鐘內完成當然最好。雖然全力以赴、認真努力的行為非常值得尊敬，但是說實話，大多數的人還是**希望能找到一種聰明且高效率的方法，避免走不必要的冤枉路**。從常用的「用最少的努力，獲得最大的效果」這類標語中也可以看出。

　　那麼，人們希望節省的是哪些「勞力」呢？從「最短距離」、「節省時間」、「3 分鐘＊＊」等詞彙中，最容易理解的就是想要節省「時間」。除此之外，也可以考慮「精神力」或「金錢」等的節約方向。

　　上述共通點的關鍵在於「成本效益」的比率。如果花費 1 萬日元，就能獲得超過 2 萬日元的投資效果，或者原本需要 1 年才能學會的知識可以在 3 週內掌握，那麼人們往往會非常樂意投入。最理想的情況就是**「低成本・高報酬」**。即便是「高成本、高報酬」，如果高報酬夠吸引人，仍然會有人願意付出勞力。

　　因此，**如果你的詞彙無法打動人，很可能是包含了讓人覺得「成本與回報不成比例」的要素**。在此章節中，我們會將焦點擺在「效率」，並且介紹一些能夠凸顯高性價比（cost performance）的表現方式。

只要〇分鐘

近似詞 只需〇分鐘、〇分鐘就可以了、〇分鐘＊＊

清楚傳達出能在短時間內見效的情形。關於「時間」並沒有一定要幾分鐘或是幾小時這種統一的標準表現。比方說，本來需要花費 5 年如果只需要 1 年，就可以說「只需 1 年」。但是，如果本來是 1 小時才能完成的事情，現在「只需 30 分鐘」，恐怕就無法給人「只要」的感覺。

1144 《只要 5 分鐘就能改變身體：厲害的熱刺激》

1145 過去要花 50 小時唸書，現在只要 5 小時就能夠唸完！（《銷售文案寫作禁忌》）

1146 無須事前準備，只要 15 分鐘就能準備好一家四口晚餐的方法

〇分鐘了解

近似詞 〇分鐘理解、〇分鐘掌握、＊＊〇分鐘講座

雖然明確標示出時間。但比起單純標出所需時間，更想要強調的是可以比起平常所需花費的時間來得短。時間本身長、短都可以使用，前提是必須接近需要花費的時間。

1147 3 分鐘了解樂敦製藥（樂敦製藥）

1148 90 分鐘了解真正的世界情勢！

1149 10 分鐘了解消費稅改革重點

只需一半的時間

近似詞 1/2 的時間、2 倍速、＊＊的時間只要一半

可以縮短一半時間是非常大的優點。原本需要 1 小時的事情，只需 30 分鐘，但用「只要」這個詞彙聽起來的效益不大，如果是用「只需一半的時間」就會很有效果。即使表達同一件事情，選擇能打動讀者的表現方式，說服力也會跟著改變。

1150 即使是困難的議題，比起以往只需要一半的時間就能夠得出結論的開會法

1151 只需一半的時間就能打造完美妝容的祕訣

1152 只需一半的時間就能完成工作，剩下時間可以經營副業的工作方法

一半

近似詞 減半、1/2、＊＊ half、半價、減少一半

除了時間以外，也可以將成本減半，適用於各種事物。如 1154 將「費用」減少一半，這件事情用肉眼看到就會覺得非常有魅力吧！適用對象包含金錢方面的成本、負面事物的比例、精神面的負擔等。

1153 勞動時間少一半，收入不減的時間管理術

1154 徹底比較低價手機，把私人手機費用降到一半以下

1155 將演講時的緊張感減半，讓你能在適度緊張下輕鬆演講的方法

瞬間

近似詞 轉眼、毫不猶豫、一瞬間、不知不覺之間

意思是「在非常短的時間內」。比起「絕對」，這裡指的是一種相對的速度，或是基於說話者主觀的感受。此外，這個詞彙也能透露出「人們的情緒」，給人更有人情味的感覺，更容易引起讀者的共鳴。

1156 瞬間提高成功簽約率的訣竅

1157 瞬息萬變的資訊科技業界動態變化圖

1158 可以瞬間變成配菜的小點心

速效‧迅速有效

近似詞 迅速、速食（即食）、速度、超速

都是「快速且有效」的意思。

1159 伸展運動對於緩解急性背痛，立即速效

1160 迅速有效！網站快速改善法

1161 天氣一冷就想迅速套上的羽絨衣

一瞬間

近似詞 轉瞬間、即刻、快到眼睛跟不上

與前一頁的「瞬間」意思相同,但是沒有具體的時間,「一瞬間」表示如「眨眼之間」這麼短的時間。因此,根據不同情境,有點誇張的感覺。

1162 《一瞬間創造現金!價格策略專案》

1163 辦公桌工作者必看。瞬間恢復眼睛疲勞的小技巧

1164 瞬間清醒
（麒麟飲料）

3 分鐘

近似詞 短時間、一碗泡麵的時間

3 分鐘象徵著不長也不短、恰到好處的時間。此外,像泡麵、超人力霸王等,都運用過 3 分鐘這個概念,因此比起其他數字,3 分鐘會讓人感到更熟悉。然而,由於指出的數值非常明確,因此實際所需時間也必須非常接近。明顯需要花費 10 分鐘,不能說只要 3 分鐘。

1165 3 分鐘讀完管理學巨擘
——彼得・杜拉克的睿智箴言
（DIAMOND online,2007 年 10 月）

1166 在辦公室就能輕鬆完成的 3 分鐘舒壓伸展操

1167 你的女子力高嗎?還是低呢?
女子力 3 分鐘診斷

捷徑

近似詞 祕密通道、後路、快捷方法、技巧

一般來說,繞路＝浪費時間、損失。因此可以傳遞出這是達到目的最短的路徑＝用很短的時間就能完成的優點。

1168 「我們不教你足球」,
足球訓練營通往成果的捷徑是?
（Business Insider Japan,2019 年 12 月）

1169 「犧牲睡眠時間」會有反效果,
邁向成功的捷徑就是充分的睡眠
（Forbes JAPAN,2018 年 3 月）

1170 這是對你而言最好的捷徑

最短距離、最快方法、最短路徑　近似詞 快速便道、祕密通道、快捷方法

「最短距離」比起「捷徑」，在感覺上
更強調「距離的遠近程度」。對於那些
一般來說需要耗費長時間、有各種不同
選項的事物，使用這個詞彙時，<u>往往能
夠強烈打動那些還在猶豫不決的讀者</u>。

1171　現在就辦得到。
自由業者邁向賺大錢的最短距離。

1172　這個 APP 是讓你能夠與母語者聊天話的最
快方法

1173　學習宗教是「有教養」最短途徑的理由
（DIAMOND online，2019 年 8 月）

省時　近似詞 會用耗費時間、輕鬆、縮短時間

原本是指「縮短工作時間」，但現在廣
泛用於表示「<u>用更少的時間完成</u>」或是
「<u>將原本需要花費長時間處理的事物，
壓縮至短時間內完成</u>」的意思。對於忙
碌的現代人來說，是一個極具吸引力的
詞彙。

1174　省時、簡單、立即實踐。
超基礎的行銷、文案

1175　已經不會在出門上班前慌慌張張了。
省時的櫥櫃收納術

1176 各種可以實現舒適、節能的最新省時家電

一口氣　近似詞 立刻、瞬間、立即、完全的

這個表達方式可以用來表示各種「程
度」，並且強調<u>該程度會有急速變化之
情形</u>。帶有一種「加速」的語感，並且
經常用在與「時間」相關的情境當中。

1177　採用內容行銷，一口氣提升簽約成功率的方
法

1178　13 億人口市場，一口氣獲得工作的最佳機
會來了（《挑戰企業》）

1179　一口氣縮短與她的距離。
10 款可以雙人一起玩的遊戲軟體

加速

近似詞 Speed up、踩油門、目不暇給

不是以同樣的速度前進，而是以階段式加速前進的感覺。也就是說，醞釀出一種「逐步加快步伐，最終抵達終點、達成目標」的語感。比起單純地說「快一點」，更能傳達出速度感。

1180 加速快樂程度
（Apple.com）

1181 用 LINE 加速招攬客戶的方法

1182 氣候變遷加速，過去 5 年全球氣溫屢創新高 by 世界氣象組織
（BBC News Japan，2019 年 9 月）

僅有

近似詞 一點點、微不足道、少量的、只不過

通常用於表示「即使資源有限也沒關係」。可以如 **1184**「僅有＊＊」並且指出具體的量或是時間，或是及如 **1183** 和 **1185** 不舉出具體數字。

1183 搭載太陽能電池，僅有光線就可以充電

1184 全世界僅有 6 人，他是特殊紀錄保持者的其中 1 人

1185 僅需一點點時間，就能讓全身放鬆的眼睛體操

槓桿

近似詞 利用槓桿、指數增長、複利

Leverage 指的就是「槓桿原理」。比喻如槓桿般，用少少的力量就可以產生很大的效果。在「作為重點」的意思上，它與「痛點」類似，但是「痛點」僅能作用於單一位置，而「槓桿」帶有一種可以從該點作為起點，再對其他地方產生作用的形象。

1186 「槓桿」不僅是一種技巧，更是一種生活方式！

1187 《槓桿時間術。無風險．高報酬的成功原則》

1188 想要大幅提升收入，就要尋找能有效槓桿的工作

聚焦效率

成本效益

近似詞 效率投資、聰明的金錢使用方法、性價比

成本與效益之間的平衡。和性價比（CP 值）的意思幾乎相同。也有「成本效益高／低」的說法。<u>可以用具體的數字來表達費用，但是卻不一定要用數字來展現成果。在這種情況下，「成本效益」就會是一種很好用的表現。</u>

1189 畢業五年後的薪資調查，
「成本效益最高」的專業科系是？
（Forbes JAPAN，2017 年 2 月）

1190 有效的新進員工培訓成本效益是？

1191 不論經營管理者帶來的成本效益如何，
也應該引進的裝備是？

CP 值

近似詞 用最小的＊＊，獲得最大的＊＊、性價比

Cost Performance ratio 的縮寫形式。<u>有一種非常隨性的感覺。</u>現今能選擇的東西太多、服務太多，所以大家都會想要選性價比高的事物。這個詞適用於想要給人一種輕鬆話家常感時，但在正式場合，最好還是完整使用「Cost Performance ratio」。

1192 重視 CP 值？還是重視機能？
現在流行的個人電腦選擇重點

1193 CP 值超讚！變化豐富的雞肉料理

1194 尋找 CP 值高的實習生
（日本經濟新聞，2017 年 8 月）

不須花錢

近似詞 不用費用、不用成本

<u>表現出「沒有金錢上的負擔，可以直接處理的小事」。</u>在文案寫作的詞彙中，用於簡短表達「不需要花時間」的方式很多，但是想要簡短表達「不需要花錢」卻意外地沒有太多。

1195 不須花錢，就能提升業績，該怎麼做呢？

1196《不須花錢，就能掌握客戶》

1197 不須花錢，就可以輕鬆 DIY 重新打造

提高期待感

當看到「終於」或是「＊＊即將到來！」等提高期待感表現時，往往會讓人感到心跳不已。**事實上這種「情緒」正是驅動人們購品的機制。**

比方說，當你想要購買一款高級手錶（如果對手錶不感興趣，也可以是衣服、車子、現場演唱會門票等任何東西）。你為什麼會想要得到它呢？也許沒有什麼特殊的理由，只是「因為想要，所以想要」這種情緒高漲使然。即使覺得「不是啦！我真的有想要的理由」。但是，當你回想起最初想要的情形，可能會發現那些理由其實都是後來附加的。

比如說，在《終極銷售文案》一書中寫到「人類會基於情緒衝動購物，並且會用藉口合理化」。首先，人們會被某些詞彙、設計或是品牌刺激，心生「我想要、我想買」的衝動。然後為自己找到一個「就是基於這個理由，所以我需要」，來說服自己以及他人。因此，我們需要使用那些能激發讀者慾望並讓產品自然而然地「賣出去」的詞彙，也就是說，**必須使用一些能訴諸情感而非強調邏輯的詞彙。**接下來介紹一些「提高讀者期待」的表達方式。

總算・終於

近似詞　現在正是、來吧、好不容易、等到不耐煩

兩者都有「期待已久」的意思。可以展現出對於某些即將到來的事情的期待感。「終於」有一種「在趨勢上終於走到了這一步」、「最終」則有一種「結局、到最後」，在語感上會有微妙的差異。

1198　世界杯橄欖球賽總算是來到了日本（Forbes JAPAN，2019 年 5 月）

1199　期待許久的新內容終於登場！

1200　明日總算要重新開放了

最後終於

和前述「終於」、「總算」的意思相同，可以展現出對即將發生事物的期待感。是一種可以讓事件的開始或是結束更加生動活潑的表現。

近似詞 從來沒有、期待已久的、一直在等

1201 嶄新的商業運作模式，最後終於啟動
（《挑戰的公司》）

1202 為解決日益嚴重的空屋問題，最後終於出現百元購屋方案
（東洋經濟 ONLINE，2019 年 8 月）

1203 老闆成為壓垮我的最後一根稻草，最後終於決定換工作

出道（初次登場）

用來表示「初次登場」、「初次使用」、「初次體驗」狀態時，使用「出道（初次登場）」這個詞彙時，可以給人一種華麗且有好兆頭的印象。

近似詞 登場、公開、初次登上舞台、正式演出

1204 在 Mac 上出道（初次登場）。
Mac 桌面上的 3 個新應用程式
（Apple.com）

1205 規畫要拿年終獎金當作股票投資的出道基金

1206 3 歲小孩的卡拉 OK 出道曲，讓祖父母們驚訝不已

現在

雖然是一個具有廣泛意義和用途的詞彙，在這裡使用的字面意義之一是「當下」。另一種意義則如 **1208** 所示，具有「因為有了這個時機」而擁有再次獲得令人矚目的效果。還有一種變化的表現形態是「就是現在」。

近似詞 就是現在、當今現下、Now、
當下＊＊中、＊＊進行中、當面

1207 為何現在的農業合作社都要這麼認真地推廣投資信託呢？
（東洋經濟 ONLINE，2019 年 8 月）

1208 想要告訴現在的孩子們，在世界廣為人知的日本文化傳統

1209 現在都在 YouTube 上獲得新客戶！

這就是

近似詞 這正是、This is ＊＊

強調「就是這個」的表現。稍微在修辭上帶有一點誇張的氛圍。如 **1210**，在「就是」的前面放入一些內容，利用「～。這就是＊＊」的倒置方法，可以帶來一種強烈的自信感。

1210 「意志力、高度願景、跨領域思考法」這就是伊隆・馬斯克
（Forbes JAPAN，2016 年 9 月）

1211 沒錯，這就是人生。
（美國運通公司）

1212 進入令和時代後人氣仍持久不衰，這就是原版奧特曼

這次一定

近似詞 下次一定、事不過三、下次肯定

這個表現能打動過去曾有過不太好經驗的人。在減重、檢定考試念書等容易有較多挫折者的情境下，會是一種很有效果的表現。但是，必須先回答出「我們所提出的解決方案與其他人不同，為何這次能讓讀者順利進行呢？」。

1213 日本的露營風氣重啟！
這次一定「沒問題」的理由
（《新聞週刊》日本版，2019 年 7 月）

1214 給這次想要克服憂鬱症的你

1215 週末球賽一定要低於 100 桿！
各種擊球的重點提示課程

再也不會

近似詞 絕不會再重複、絕對不再、真是受夠了

對於可能會再次發生一些發生不愉快的事件，藉此表示「可以予以防止」。能引起讀者共鳴。也可變化為「絕對不再」這種表達方式，但由於語氣較為強硬，使用的情境有限。

1216 再也不會痛了！預防腰痛的有效伸展運動

1217 只要記住這個，再也不會在演講時緊張了

1218 再也不會睡過頭的 10 款鬧鐘 APP 推薦

所有的

意思是「全部的」，但是比起表現為「全部的」，「所有的」帶有<u>更沉重且範圍更廣大</u>的印象。也常會使用「所有一切的」。

近似詞 所有一切的、全部的、包羅萬象

1219 所有的線上教材都可以轉用、另行運用

1220 雲端工具可以加快所有的作業

1221 超級客服中心，所有客訴都可以輕鬆搞定

觸動心弦

所謂「心弦」是指一種「隱藏在內心深處、感動且有共鳴的微妙心情」。在此因為「觸動」，所以使用了「會影響對方情緒」的語感。由於並非日常詞彙，使用情境有限，但是<u>特別適用於文學、音樂、繪畫等具有藝術性的事物</u>。

近似詞 感動、打動、受到震撼、深入心靈

1222 觸動心弦的詞彙法則

1223 觸動對方心弦的一句小小讚美

1224 最能夠觸動德國人心弦的 5 種日本伴手禮

＊＊以來的

<u>用來連結「過去已發生的重要事件」與「未來即將發生的新事件」的表現</u>。如 **1227**，可用於比較自己公司或是自己的過去。因為聽起來有點浮誇，無法一體適用於所有事物，但是可用於形容具有一定影響力的事物或是事件。

近似詞 發生＊＊後到現在、＊＊重現、睽違＊＊的

1225 區塊鏈為何會成為複式簿記以來的重大發明呢？（THE21ONLINE，2019 年 1 月）

1226 文藝復興以來的大革命

1227 創業以來的密傳醬汁現在仍持續使用著

最適、最佳

近似詞 恰好、再好不過、完美符合

如字面所示，表示「最合適」的意思。可以替換為「最佳（BEST）」。如 **1228** 的文脈，想要表達出「比起其他商品，我們更適合」時，使用「最適、最佳＊＊」這種講法就很方便。

1228 能把所有照片與檔案都保存下來的最佳位置（Apple.com）

1229 氣候變化劇烈的季節裡，10 款最適合的外出穿搭

1230 在此介紹讓太陽光發電處於最適狀態，絕對不可或缺的維運工程

最

近似詞 最頂尖、最佳的、最強的、至高無上、巔峰

意思是某事物在某一範疇中是最好的、最強大的。因此使用「最」這個字彙時，意味著已經與其他事物進行過比較。因此，在使用這個詞彙時，最好是比賽過的得獎商品，或仔細研究過的商品。如果自己想要銷售的商品優勢相當明確，即可與「最」這個詞彙放在一起強調宣傳。

1231 筆記型電腦史上，電池續航力最長的產品就在你手上

1232 A 組中，誰將最快晉級 4 強呢？

1233 東京 23 區中，海拔最高的蕎麥麵店

第一（一番）

近似詞 No.1、首屈一指、頂尖、卓越、天花板、巔峰

「第一（一番）」或是「No.1」通常會讓人擁有特別的憧憬。此外，由於這些詞語暗示「在眾多選擇中這是最好的」，對於正在進行商品比較的人來說，是非常有說服力的詞彙。

1234 面試時，第一件事就是不要試圖奉承面試官（Forbes JAPAN，2017 年 10 月）

1235 初次接觸 Facebook 也沒關係。這裡是第一套基本型 Facebook 廣告方案

1236 本店今年賣得最好的第一名商品

突然大幅

近似詞 一口氣、重磅、盡情的、確實地

比起「非常地」是更隨意的一種強調表現。使用這個詞彙後，會給人加速提高比例的印象。比較不容易用在正式情境。

1237 職業選擇性突然大幅提高的便利技巧

1238 能突然大幅提高顧客滿意度的接待方法

1239 一款能突然大幅吸引女性目光的運動腕錶

完全符合

近似詞 精準密合、完美符合、適合＊＊、 ＊＊搭檔

比起「最適」，這個用法帶有更輕鬆的語感。由於可以感受到當事人的主觀性，因此讀者更容易感覺到真實性。這個詞彙經常用在衣服等尺寸有多種選擇的東西上，但如果是要用「完全符合你的＊＊」，則可以用在任何事物。

1240 找到完全符合你需求的計畫

1241 男人時尚取決於尺寸。肩膀和袖口尺寸一旦完全符合標準，就能顯帥

1242 一定能找到一隻完全符合你需求的原子筆

巨大

近似詞 崇敬、偉大、莊嚴

帶有「大」的意思。能使用的場合有限，但可以用一種稍微「崇高」的語感來表達「非常大」的狀態。

1243 AI 開發者欲超越運算極限的巨大挑戰

1244 巨大的能量。巨大的能力。
（Apple.com）

1245 對於「草食系男子增加」的巨大誤解
（東洋經濟 ONLINE，2016 年 12 月）

更加

某種東西升級時，可以用簡短的詞彙表達出該等級進化的狀態。從文字看來會給人一種「增加一段」、「更上一階」的印象，帶有「非常地」、「格外顯著地」意思。通常用於表示等級「大幅提升」的語感。

近似詞 更上一階的、更進一步、格外顯著

1246 迎接你的將是色彩更加繽紛的秋季山景

1247 黑色星期五購物節，使用行動裝置的機會將變得更加活躍
（Forbes JAPAN，2015 年 12 月）

1248 你的髮型將變得更加時尚

極其

「極其」這個詞語結合了「真的」、「非常」和「完全」等意思。由於「極其」並不常用，因此相較於 1249 含有「very」意思的其他詞彙，看起來更為獨特，可以感受到隱含的情感。

近似詞 由衷地、非常地、真的、完全

1249 文件被管理得極其整齊美觀
（Apple.com）

1250 勝利的原因在於第 4 局下半極其精彩的犧牲打

1251 成長於那霸、在東京工作的我，時隔 5 年之久再次回到沖繩所發現的新景點

即將到來

帶有一種「從另一方靠近」的語感。有近期活動或訊息資訊發布時，相較於簡單地表達「我們來＊＊吧！」，使用這個詞彙能更有效地帶動人們的情緒。

近似詞 靠近、襲來、拉開序幕、黎明、破曉

1252 亞洲行銷・新時代即將到來！

1253 《自由工作者社會即將到來》

1254 秋季休閒季節即將到來，你會想和誰一起出遊呢？

多采多姿的

近似詞　各式各樣的、多樣化的、種類繁多的

比起單純地表示「各式各樣的」，這樣的詞彙表達可以讓種類的豐富程度更為立體。如這個詞彙本身，在撰寫標題文案時，比起使用「平凡常見的詞彙」，「使用一些日常生活中不太會引起注意的詞彙」更有效果。

1255　多采多姿的耶誕計畫帶來的耶誕佳節（丸之內 Hotel）

1256　以多種攻擊力見長的開路先鋒打者是球隊的核心

1257　你可以從以客戶立場為考量的多樣化選項中，選出最適合的方案

隨心所欲

近似詞　無拘無束、如己所願、自由自在、自由地＊＊

和「如同自己想像」的意思相同。「隨心所欲」帶有隨興的意味。「隨心所欲」這個詞彙容易打動那些覺得「如果遇到任何不順的地方，希望自己能控制住場面」的人們。

1258　一手掌握音樂，隨心所欲（Apple.com）

1259　如此一來，就能成為你想要的男友模樣

1260　你和那些能隨心所欲享受愛情和工作的人有什麼不同？

盡情享受

近似詞　品味／體驗、細細品味、徹底品嘗

可以強烈表達出「享受」這個語感。由於含有「盡情享受所有事物」的意思，比起單一事物，通常會用於複數事物或是用於較深奧的事物。典型的對象例如觀光地等。如 1262 所示，也可用於時間或是期間。

1261　盡情享受馬爾他島的神祕文化

1262　10 項鮮為人知的工作讓你盡情享受二度就業的職涯生活

1263　請與朋友暢所欲言並盡情享用美酒

營造祕密的氛圍

　　每個人都「只想接觸專屬於自己的特別資訊」或是「想要掌握他人所不知道的部分資訊」。一旦覺得有祕密，人們就會不由自主地想要打探消息。然而，之所以會有這種心情可能在於認為「**那些能夠順利成功的人一定是擁有自己沒有的特別資訊。他們就是因為知道某些資訊才能成功**」。

　　在股票交易中，儘管是「內線交易資訊」（不正當且違法），但是的確能夠搶在一般人知道之前先獲取資訊，並且往往能帶來利益。因此，不論資訊好壞，人們對於「尚未公開的資訊」總是抱著強烈興趣。

　　此外，如 P.253 中提到的「提供有趣的資訊」，基於「**互惠原則（Norm of reciprocity）」當人們獲得有用的資訊時，往往會想要回報**。如果提前告知讀者一些原本不應透露的資訊，讀者通常會表示感謝。

　　然而，在營造祕密的氛圍時，常見的錯誤方式是直接揭曉答案，例如「＊＊的祕密就是＊＊」。這樣做會讓讀者滿足於已知的答案，失去進一步探索的興趣。

＊＊的祕密

近似詞　Secret（機密）、Privacy（隱私）、＊＊的祕訣

這個詞彙很常見，因為它可以輕鬆創造出能引發讀者好奇心、強而有力的文案。也可以用「＊＊的訣竅」作為替代表現。由於「祕密」本身就不是輕易能洩漏出去，所以讀者會想要知道該祕密的「內容」本身是否就是真正的祕密呢？

1264 創投企業獲得巨大成功的祕密

1265 其滑順的祕密就在於一個隱藏味道
　　　　——巧達起司

1266 展現自然明亮魅力，春季妝容的祕密

驚人的＊＊的祕密

「祕密」只是因為沒有人知道，不一定
會與讀者的關注點有關。因此，這裡想
強調「如果你聽到的話，也會感到驚
訝」的語感。由於聽起來有點聳動，所
以最好避免用在沒有特別意義的事物。

近似詞 令人驚訝的＊＊的祕密、
令人震驚的＊＊的祕密

1267 我們只會告訴與會者如何獲得新客戶的驚人
祕密

1268 你名字中所隱藏的驚人祕密

1269 普通上班族發現了驚人的賽馬必勝祕密

＊＊的祕訣

與前面的「祕密」意思幾乎相同，但是
「祕訣」包含「最具有效果的方法」的
意思。因此，暗示「這個解決方案是有
效的 KnowHow」。比起「祕密」，「祕
訣」在許多情況下顯得更實用。

近似詞 ＊＊的要領、竅門、訣竅、
痛點（穴位）、重點

1270 把客訴轉變為機會，讓顧客成為公司粉絲的
祕訣是什麼？

1271 避免走下坡的祕訣

1272 居家工作時，保持工作熱情的 4 個祕訣
（Forbes JAPAN，2019 年 6 月）

公開

「將隱藏的事物公諸於世」的意思，即
使不直接說出，也能表現出「祕密」的
語感。

近似詞 揭露、Open、大規模公開、完全公開、
首次公開

1273 公開陸上自衛隊的領導者培養方法
（日經 Business，2020 年 3 月）

1274 串聯數位手法與人性化經營方法！
完全公開！

1275 四十多歲女演員公開了她的護膚祕訣

尚未公開

近似詞　尚未遇見的、珍藏的

尚未公開的股票、尚未公開的物件等<u>祕密資訊能讓讀者感到稀缺性，是會引起人們興趣的表現方式</u>。然而，由於期待變大，如果結果令人失望，可能也會因此失去信任感，因此使用時必須特別注意。類似的表現還有「非公開」，但是這裡指的是原本沒有公開意圖的情形，與「還未公開」的尚未公開略有不同。

1276　登入電子郵件者將可獲得尚未公開的內容

1277　期間限定，將播放尚未對外公開的對話

1278　會員可以獲得更多尚未公開的資訊

背後的祕密

近似詞　被蒙上一層面紗、暴露出來、告白

祕密本身一直隱藏著，所以講出「背後其實是有原因的」，可以表現出「<u>更深層處隱藏著什麼</u>」的感覺。讓人覺得外表看不出來，但是背後一定有什麼隱藏的祕密。

1279　公司標誌設計的背後祕密

1280　最高收益創新高企業背後的祕密

1281　廣島東洋鯉魚隊 3 連霸背後的祕密

相關人士絕對不願意透露

近似詞　相關人士絕對不願說出口、＊＊（專家）的真心話、＊＊隱藏起來

<u>重點是相關人士的部分必須是擁有一定權威的人</u>。可以產生一種深諳此道的專業人士或是專家想要隱藏的「祕中之祕」語感。是可以強烈刺激人們好奇心的表現。

1282　媒體相關人士絕對不願意透露的大型經紀公司的祕密

1283　旅行社絕對不願意透露的機票預訂機制

1284　即使算命先生知道，但是也絕對不願意透露的未來是？

驚人的事實

和「驚人的＊＊的祕密」給人帶來的印象幾乎相同，但是「事實」這個詞比較不誇張，會給人一種更客觀、中立的印象。這個表現適用於基於檔案或事實的內容。

近似詞　令人驚訝的事實、大吃一驚的事實、大吃一驚的事實、衝擊性的事實

1285 COSTCO 的 12 件驚人事實
（Business Insider Japan，2019 年 6 月）

1286 蒙娜麗莎畫作中所隱藏的驚人事實

1287 世界肥胖問題報告中的驚人事實

真實

表示「世上對於事物總有不同的解釋，但真理即是真理」。由於會讓人感受到「可能會與自己所抱持的見解有所不同」，反而能引發讀者興趣。或是，可以在想發表與社會認知相反的意見時使用。

近似詞　Real、真相、紀錄片、報告、實錄

1288 Facebook 廣告現有目標的真相

1289 商學院無用論：MBA 的真實與謊言

1290 牙周病的真相（LION）

本質、核心

一種帶有哲學性的詞彙，指表面上無法掌握的事物樣貌或性質。看到「本質」這個詞彙時，讀者往往會有所期待「可以輕鬆得知那些原本以為很複雜讀的事物要點」。

近似詞　中樞、本質、要點、重要位置

1291 跨時代傳承的商務核心就在這裡

1292 橄欖球和足球，兩者觀賽座位在本質上的差異
（PRESIDENT Online，2019 年 9 月）

1293 深入了解日本少子高齡化的核心問題

真相

與前一頁的「真實」是類似的詞彙，但是「真相」通常包含針對某事件或各個事物本身的「真正狀況」。因此，會在文案中創造故事性，讓讀者覺得背後彷彿有故事。

近似詞 實態、檯面下、內幕、背後真相、不為人知的＊＊

1294 區塊鏈的真相

1295 持續熱門的醫學考試，合格率僅 7%，超難關卡的真相。（Forbes JAPAN，2018 年 4 月）

1296 陷入僵局的事件真相是否能被解開？

不足為外人道的事實

「有個對某人而言不想讓人知道的祕密」這是非常神祕且強而有力的表達方式。不僅傳達出了「不為人知的事」，還控訴了其中涉及某些人士的利害關係。雖然使用的情境有限，但如果能在適當時候使用，會成為非常強而有力的文案。

近似詞 有問題的事實、陰暗面、被遮蓋的內容、機密

1297 學校不教的、資本主義不足為外人道的事實

1298 德國人選擇與納粹共存亡這個不足為外人道的事實（PRESIDENT Online，2019 年 9 月）

1299 年金問題不足為外人道的事實

全貌

意思是「事物整體的姿態」，「平常隱藏起來看不到的部分，現在完全顯現出來」的語感強烈。基本上無法期待讀者是否想知道所有內容，或是否有知道的必要。

近似詞 全體、整體情況、整個過程、大框架、概要（Outline）

1300 是否已經看到了「想要測試的能力」全貌？～ 第 3 年的模擬考～（朝日新聞）

1301 新型○○全貌揭曉！

1302 由總經理講述日本首間「東京寶格麗酒店」的全貌（東洋經濟 ONLINE，2023 年 3 月）

營造祕密的氛圍

隱藏

近似詞 看不見、沒發現、不知道、不為人知的

用於一般難以發現的情境，可用於正面或是負面情境。用於正面情境時，表示祕密或祕訣的意思。另一方面，用於負面時則帶有錯失重要資訊或是遺漏的意思。

1303 《找出隱藏版關鍵人物》

1304 迄今仍有人在玩的隱藏版遊戲軟體大作

1305 找出個人隱藏版才能的方法

禁忌的

近似詞 視為禁忌、被禁止的、危險的、不可行的

被禁止的行為。表示不可輕易進行的事物。例如經常聽到的「禁忌的果實」，伴隨著宗教的神祕形象。讀者往往會覺得該內容讓人感到刺激或是興奮。

1306 《銷售文案寫作禁忌》

1307 為了在 30 年後仍能維持諾貝爾獎得獎強國地位，所採取的極端措施——「將國立大學數量減少一半」
（Forbes JAPAN，2017 年 1 月）

1308 向白手起家累積鉅額財富的專家請益，禁忌型的股票投資法

幕後

近似詞 黑箱作業、內幕、蒙上面紗

從表面上看不出來的事物。與「祕密」不同的點在於「即使能夠確認事實，也不一定有用」。可以營造出一種神祕的氛圍，彷彿舞台幕後正在發生什麼事。

1309 賣車時應該要知道的——中古車查驗的幕後故事

1310 用數字解讀壽險公司的幕後操作

1311 最好別知道，一流飯店的廚房內幕

沒有人願意告訴我

近似詞 沒人願意說出口、不傳授的＊＊

帶有一種「教科書上沒有的」、「世間一般不會有人傳授的」的語感。因為某些事情或是利害衝突，所以該資訊不會在外流傳。然而，那些不一定是困難的內容。

1312 《沒有人願意告訴我──關於金錢的故事》

1313 沒有人願意告訴我，可以立刻獲得回信的工作用電子郵件撰寫方法

1314 沒有人願意告訴我，沒有接種疫苗也不會感染流感的方法

無法說出口

近似詞 沒有辦法對任何人說、只能帶進棺材裡的

每個人都會有一些難以啟齒的煩惱。如1315 所示，人際關係和內心情結就是典型的代表案例。因此，這個詞彙會引發部分讀者強烈共鳴。即使沒有「煩惱」，也可以用於表達「撇步或是祕訣」。

1315 新進女性員工無法說出口的可怕失敗經驗

1316 無法向客戶說出口，利潤得以顯著提升的供應商祕密

1317 無法說出口的不安，不需要直接面對面，改用文字對話的解決方法

精髓

近似詞 奧義、核心、傳家之寶

比起祕密或是祕訣，這個表現會給人較沉重的形象。在武道方面常聽到這個詞語。能營造出一種硬派和傳統的感覺，但同時也會讓人覺得有些生硬和誇張。

1318 向機器犬「AIBO」創造者請教「流程化經營」的精髓

1319 宣傳文句的精髓

1320 與會者最在意的「西裝穿搭」精髓

真髓、真正意義

近似詞 核心、本質、祕訣、魂、真本事

與「精髓」的表現同樣給人較沉重、生硬的印象。「真髓」在日文中還可以表達為另一個漢字「神髓」，帶有更高階的形象。雖然還是需要搭配場合選擇合適的用字，不過單憑一個詞彙就能展現出那種力道。

1321　可以在關鍵時刻展現真正價值的推球技巧真髓

1322　Amazon「顧客至上主義」的真髓是「不要相信人性本善」

1323　1% 頂尖行銷的真正意義是？

最終大絕招

近似詞 密技、王牌、最終手段、祕密兵器

這個詞彙雖然語感柔和，但與「精髓」的含義相似。暗示著「一直隱藏的、因為珍惜而未能使用的手段終於到了必須執行的時候」，因此能吸引讀者注意。

1324　群眾募資－現在就來體驗招攬客人、創造事業的最終大絕招吧！

1325　確保人才最終大絕招。柬埔寨版矽谷誕生

1326　避開週末購物中心附近塞車問題的最終大絕招

鮮為人知

近似詞 無人知曉、未知的、只有知道的人才知道

這個廣告文案會對那些認為「我已經對該事物非常了解」的人有強大吸引力。如 1329 提到觀光景點，再加上「鮮為人知的＊＊魅力」，會引發那些經常走訪該地者的興趣。

1327　鮮為人知的醬油力量

1328　鮮為人知的香奈兒客製化護膚油

1329　介紹一個外國旅客幾乎不知道的，鮮為人知的觀光景點

悄悄地

一種帶有祕密氛圍的表現方式。雖然與
「祕密的」兩者意思相近，但是「悄悄
地」更為隨意，帶有一種輕鬆、溫暖的
語感。如果將 1332 改為「想要祕密地
偷吃」，可以感受到細微的語感變化。

| 近似詞 | 保密的、祕密的、隱藏的 |

1330　悄悄傳授能在 2 個月內就讓 X（原 Twitter）追蹤數增加 1 萬人的祕技

1331　能讓人悄悄感到暖和的內絨布格紋裙

1332　會想在深夜裡悄悄偷吃的 10 款零食

偷吃步

本來是一個帶有負面含義的表現，但是
可以用來表示「巧妙地以最小的努力獲
得最大成果」這種積極的意思。

| 近似詞 | 狡詐、精明能幹、機警、投機取巧 |

1333　在會議中提出精闢意見的偷吃步方法

1334　某位知名吉他手傳授的偷吃步電吉他技巧

1335　在社會中更好生存的偷吃步祕訣

謎

「＊＊之謎」、「不可思議的＊＊」等詞
彙雖然很簡單但是反而能勾起強烈的好
奇心，非常容易使用。看到這樣的詞彙
時，讓人很在意該謎題的「答案」，想
按下滑鼠鍵、繼續閱讀下去。此外，只
用一個字就能展現出神祕感，是非常好
用的詞彙。

| 近似詞 | 不可思議、神祕感、真相不明、神祕 |

1336　AI 不會發生的「思維偏見」之謎

1337　眼科醫生和眼鏡店之間的謎團（「PRESIDENT」，2019 年 7/19 號）

1338　探尋古代安第斯文明的謎團，馬丘比丘 7 日周遊之旅

祕境

帶有「避人耳目」的語感。此外，還可以讓人感受到規模「小巧」。對於那些想知道與眾不同「內行門道」的人來說，是一個非常有效的文案。

1339 靜靜聳立在東京神樂坂的祕境小酒館

1340 藝人們的御用祕境咖啡館

1341 絕對無法在地圖上找到的祕境居酒屋

揭密

近似詞 劇透、揭開面紗、最後終於公開

原本是指魔術的揭密。這個詞彙通常用於輕鬆、娛樂氛圍的情境中。如 **1343** 所示，在日常熟悉的事物上，稱作「＊＊的揭密」時，讓人覺得背後可能隱藏著一些精心策劃的把戲或計算，從而激起好奇心。

1342 由老字號大牌廚師揭密的祕傳高湯

1343 揭密播音員的說話技巧

1344 揭密如何能在家中重現音樂廳般餘音繞樑的揚聲器擺放位置

文案寫作的目標對象是「讀者」　　■ COLUMN

　　在以日記型態敘事的 Blog 或是 SNS 等狀態下，講述「自己的事情」並沒有太大問題，但是不太建議用於行銷文案內。想讓他人閱讀文章，**不能只寫「自己想寫的事情」，必須寫出「讀者會想要知道的事情」**。也就是說，目標對象的主角是「讀者」。因此，我們必須非常了解該讀者＝顧客的狀況。雖然闡述的方式有所不同，但是一些業界知名人士們也都說過類似的內容。以下介紹幾個經典案例。

　　美國知名文案撰稿人——丹・甘迺迪（Dan Kennedy）曾在《*No BS Business Success*》這本書中介紹了一段小故事。一位精明的銷售員試圖向一位體型嬌小的老太太推銷新型住宅暖氣系統。他詳細解釋了熱能輸出、產品結構、保固和服務等所有應該要說明清楚的內容。當他講完後，老太太問道：「我只想問你一個問題，這個東西對於像我這樣的老太太來說，真的能保暖嗎？」這聽起來像個笑話，但是類似這樣**「無視讀者需求的廣告」在世上並不罕見**。

　　此外，羅伯特・柯里爾（Robert Collier）曾說：「適當且不可或缺的要素在於確實掌握對方反應。**應該先研究讀者，再研究想要銷售的產品。**知道讀者會如何反應後，再從產品中找出與讀者需求相關的重點，自然就能夠寫出有效果的銷售文案。」。「充分研究對方，找出對方在意的事物。在此基礎上，仔細研究自己的商品，並思考如何將商品與對方有興趣之處串連起來。」

　　人們往往希望別人傾聽自己的話，寫作時也會因為想讓別人理解自己的想法寫下想說的話。但要記住，主角並不是你，是讀者。

強調學習的重要

　　每個人都有「想要學習」、「想要獲得知識」的慾望。特別是日本人，從遠古時期開始這種傾向就相當強烈。有個有趣的故事。安土桃山時代的西班牙天主教傳教士聖方濟・沙勿略 Francisco de Xavier，曾經從日本寄出好幾封信回母國。其中一封的內容如下：

　　「日本人的好奇心強，往往會鉅細靡遺地詢問，他們求知慾旺盛，總是問題問個不停」、「日本人不知道地球是圓的，也不知道太陽軌道。但因為求知慾旺盛、想要知道很多事物，所以他們會輪番詢問我關於流星、閃電、雨、雪等事情。只要問到答案、得到說明，他們就會顯得非常開心與滿足。」

　　熟悉世界各國人民的傳教士沙勿略，對日本人能有這般程度的理解，表示自古以來日本人的確很勤勉好學。像這樣分享資訊是受到歡迎的。然而，**要注意的是「不要顯得居高臨下」**。如果缺乏對讀者的尊重，這種態度會反映在文章中。讀者可能會感到被輕視，進而對撰稿人反感。

＊＊的教導

近似詞　教訓、懲戒、小學堂（Lesson）、
　　　　＊＊告訴我的事

向他人求教學習時，對方必須已在該領域中獲得一定成功的「權威性」。如果這些知識方法沒有權威或可信度，就會給人一種獨白的印象。此外，學習的對象不僅限於「人」，還可以學習到「自然界」、「歷史」或是「學問」等。

1345	《被討厭的勇氣——自我啟發之父「阿德勒」的教導》
1346	《猶太富翁的教導》
1347	能讓傳說中的創業家一生堅守，來自父親教導是？

帶領你朝向＊＊

近似詞 引領＊＊、率領、承諾、連結

與「教導」一詞相同，前提是因為受到引導所以能到理想狀態。相較於「教導」給人一種單方面從指導者傳遞知識的印象，「帶領」的主體為學習者，因此被動的形象比較少。

1348 能夠經常帶領團隊走向成功，領導者的 3 個條件

1349 積極行動能讓正面思考帶領你走向成功

1350 核桃帶領你養成健康飲食習慣（Forbes JAPAN，2015 年 12 月）

建議

近似詞 建言、推薦、勸告、提案、提言

與前面的「教導」、「帶領」類似，但是「建議」並不一定需要權威。可以用於來自過去曾有過類似經驗的同事或是朋友「建言」。這個詞彙相當好用，甚至只是稍微比別人多一點點的建議，也讓人覺得更真實感與親切感。

1351 自己撰寫銷售文案時的 3 個建議

1352 獸醫師建議！絕不失敗的貓狗同時飼養訣竅

1353 給煩惱於人際關係的企業員工，來自身心科醫師的 5 項建議

學習

近似詞 從＊＊學習、模仿、從＊＊引導出

如字面上所示，就是「學習」的意思，但是這裡的用法暗示著「吸收好的部分」、「從不同領域中吸取教訓或是精華」。如 1356 提及一些原本不被視為學習對象或被認為完全無關的事物，更容易引起讀者興趣。

1354 從「7 分鐘的奇蹟」中學習真正的待客之道

1355 向戰國武將學習撤退的美學

1356 向嬰兒學習直率的情感表達方式

可以學到的事

近似詞 成為模範、有參考價值、帶來啟發

表示「可以成為模範」、「成為有參考價值」或「帶來啟發」。對那些商品或是發生事件的詳細狀況或事實關係其實並不那麼感興趣,但對於想迅速了解從中學到什麼的人來說,這種表現很有效果。

1357 從日本環球影城成功案例學習到的事

1358 孩子們可以透過夏季外宿集訓學習到的東西

1359 從鈴木一朗決定引退,學習到的事

自學

近似詞 獨學、自己學習、獨自掌握、在家學會

這個詞彙背後的讀者利益是「學習者擁有更高的自由度」。一般來說人們想要學習某項技能或知識時,需要走出家門並受到一定的時間限制。然而,強調「一個人就可以學習」這一點,間接地傳達出「可以隨時隨地按照自己的方式學習」的自由感。

1360 不需要到校,即可自學通過住宅地建築物交易員證照考試

1361 可以在家自學的吉他教學課程 DVD

1362 自學網頁設計配色基礎

教科書

近似詞 教材、教本、課程、指引、經典、指南書

由於義務教育的關係,大家對「教科書」這個詞都很熟悉,很容易在腦中浮現出具體形象。這個詞彙帶有「內容有保障」、「寫得正確」、「值得信賴」等含義。因此,常被作為書籍標題。另一方面,值得注意的是,有些人對於「教科書」這個詞彙會有些感冒與排斥。

1363 《加速器‧數位時代的商務祕訣:最強教科書》

1364 有男友者必備,簡單又可愛的甜點製作教科書

1365 不顯老的正確走路姿勢教科書

課（程）

和「教科書」同樣，但是稍微帶有生硬的感覺，不論好壞都伴隨著「學習感」。換句話說，同時帶有值得信賴、可靠的語感。想要強調「學問」或是「作為學問的可信度」時，就會成為一個非常容易理解的文案。

近似詞　指南、傳授、＊季講座、學校、學園、Shool

1366　企畫書、廣告文案、報告等，用於表達想法的作文課

1367　為了在草地錦標賽中獲勝，所開設的「網球課」

1368　可以根據場合改變形象的「領帶課」

小學堂（課程・Lesson）

在日本，學校的課程很少被稱為「Lensson」。因為，「Lensson」泛指「學習這件事情」。如 1369 所示，用這個詞彙用來形容較為古板正式的內容時，可以增添「輕鬆」或「趣味」的形象。

近似詞　課程、班、講義、專家談話

1369　鍛鍊銷售能力的行銷小學堂

1370　從修改衣服到製作原創嬰兒服，豐富多樣的縫紉小學堂

1371　為職業女性設計的快速料理小學堂

＊＊不教的

「學校不教的」這樣的標語很常用，但是不對外教學的場所不僅是學校，還可以廣泛用於職場、商店等。如 1372，可以表示學問、權威機構、教學單位等漏掉的資訊，或是無法透過理論掌握的實踐 Know How。

近似詞　在＊＊中無法學到的內容、在＊＊中無法學到的內容

1372　告訴你 MBA 不教的小型企業新攬客方法

1373　商學院不會教你的面試 5 個祕訣

1374　Google 大神不教的檢索方法

補習班

近似詞 升學補習班、教育機構、私塾、私人補習班

一般的來說,比起「學校」,使用「補習班」一詞帶有更高階或是給人可依照個人需求量身打造的教學內容印象。因此,比起使用「＊＊的學校」,使用「＊＊補習班」會給人一種更靈活應對的感覺。經常用於介紹講座、補習班或社群等。

1375 完全行銷攻略補習班

1376 由現役化妝師指導的實作化妝補習班

1377 高齡者專用的手機使用補習班

重溫

近似詞 review、復習、回顧、前次的＊＊

與「複習」的意思相同。儘管這個詞彙的語感較輕鬆,但也不一定只能用於非正式場合。涉及到回顧和學習某內容時,也可以在正式場合中,使用這個詞語。

1378 可以通過影片重溫鐵桿擊球的基本技巧

1379 重溫後覺得很有趣的日本明治維新運動

1380 隨著歲月增添深度,重溫「咖啡色皮鞋」的魅力

認真的

近似詞 認真的、嚴肅的、真的、真槍實彈地、全力以赴的

是一個與「輕鬆地」或「隨意地」意思處於相反位置的詞語。帶有認真投入、「全力以赴」的語感。因此,需要注意的是不太適合用於只想簡單了解事情的人。

1381 現在正是認真因應 YouTube 策略的時刻

1382 小型企業應該認真推動工作方式改革

1383 想要認真掌握正手擊球而進行的訓練方法

精熟（精準）

「精熟」的意思是把一件事物完全學會。除此之外還有「＊＊精熟」的表現方式，也會用於表示「贏家」、「專家」。

1384	Java 精熟講座
1385	徹底比較精準投資的 3 種手法（日本經濟新聞，2019 年 9 月）
1386	給想要精熟沖繩方言者的建議

訓練營

「訓練營」原本指的是美國軍隊的新兵訓練機構，後逐漸演變用於表示軍事化的訓練方式。現在，也被廣泛用於稱呼各種訓練和研修活動。雖然不是常聽到的表現用法，但可以用於簡短表現出「在密集的一段期間內，都要做某些訓練」的意思。

1387	文案寫作訓練營
1388	比利訓練營（Billy Blanks）
1389	程式設計訓練營

模仿

關於技能或技術方面，模仿常被視為提升能力的第一步。另一方面，也帶有缺乏原創性的負面意涵，因此表達為「無法模仿」時，可以作為差異化的訴求要件。

1390	讓人忍不住想要模仿的 10 種最新藝人時尚風格
1391	絕對無法被其他公司模仿的技術實力
1392	「模仿巴菲特的投資人」所欠缺的視點（東洋經濟 ONLINE，2022 年 5 月）

告訴我吧

近似詞 告訴我（讓我聽聽）

「告訴我吧＊＊」的使用形式有 3 種變化。如 **1394**，在後方加上具有權威者，表達出「向○○請求，告訴我吧！」的情境；**1393** 則表達為「告訴我○○吧！」的情境。此外，如 **1395**，「請告訴我關於○○的事」也很常見用於 FAQ 中。

1393　告訴我吧！日本銀行
（日本銀行）

1394　告訴我吧！一朗老師
（SMBC 日興証券）

1395　請告訴我這屬於哪一種郵件
（日本郵政）

研究所、Lab

近似詞 實驗室、試驗場

可以用於「命名」。當然，這裡並不是指真正的研究機構，而是用於表達在特定領域有深入探究。順便一提，「Lab」是研究所一詞「Laboratory」的縮寫。

1396 介紹由田園生活研究開發出的便利小物

1397 孕媽咪研究所

1398 有機棉研究所

密集

近似詞 集結、注

表達出透過在一定期間內集中投入資源和勞動力，可以縮短總花費的時間或增加產量的想像效果。與其思考詞彙如何表現，建議不以某種觀點進行考量，讓某件事能在限定期間內專注進行。

1399 支援 4 月的新生活運動，3 天密集特賣會

1400 黃金週短期商務中文會話密集訓練

1401 要不要密集聘用一些想轉職的對象呢？

218

上癮（適合、陷入）

意義上可以有很多種變化。如 **1402** 帶有「變得非常熱衷，停不下來」的語感。**1403** 具有「符合、適合」的語感。**1404** 則有「陷入≒落入陷阱」的語感。

1402　一旦試乘就上癮！電動車的駕駛體驗（日產汽車）

1403　最適合扮演社長的前 5 名演員

1404　越是待人和善的人越容易陷入「自我壓抑」的困境

偉大的文案作家②大衛・奧格威　　■ COLUMN

　　讓我們介紹一些在美國漫長的文案寫作歷史中，相當著名的銷售文案標題（可以吸引讀者注意力的文案標題）。

　　大衛・奧格威（David MacKenzie Ogilvy）（1911-1999）：出生於英國，而後移居美國，被稱作「**現代廣告之父**」。據說即使是在日本，從事廣告公關的人沒有人不曉得他的大名。大衛・奧格威的成就非凡，在廣告史上留下的著名標語包括：

　　「以每小時 60 英里的速度行駛時，新款勞斯萊斯車內，最大的噪音是電子鐘的聲音。」完美描述出新款勞斯萊斯的「**安靜程度**」。

　　還有一個。「（在肥皂之中）只有 Dove 含有 1/4 潤澤乳霜」這個標題的重點是不只把肥皂當作「洗淨髒污的商品」，而是把它定位在「**給予滋潤**」＝保濕商品的位置。遠遠超越單純的日用品，在滿足人們「想要變美麗」的慾望方面表現得非常好。藉此創造出針對在意保濕問題女性朋友的新市場。

Offer
提案的表現

行銷‧文案撰稿人的工作是，
把商品價值提升到極限，
然後賣掉它。

可以提高銷售產品價值的報價方法

所謂「提案」是指介紹「商品內容」和「銷售條件」。比方說，假設這本書的文案是：「收錄可在熱銷文案寫作中使用的 2400 個例句，從初學者到專業人士都能終身使用的詞彙大補帖，現在只需 2200 日幣（含稅）！」。

有些讀者可能會這麼認為：「原來如此……。那這樣就會很輕鬆了。我所要做的就是從目錄中找到需要的資訊並將它 copy 下來！」

然而，可惜的是，我們真的這樣做的話，可能連批發商都無法幫我們賣出去。因為不管你的產品有多好，如果無法正確傳達出它的價值，就永遠不會有人想要買它。

我們的目標是「要向更多客戶銷售（讓客戶的數量最大化）。或者，可以提高價格產生更大的銷售額（利潤最大化）。無論採取哪種選擇，行銷、文案撰稿人的工作就是**為了**將產品的價值提高到極限並且銷售出去。

這樣一來，就可以達成這兩個目標。對於大量的競爭產品，識別產品功能並且清楚地表達，以便完全符合特定客戶需求，這件事非常重要。必須讓客戶覺得「我必須立刻得到這個才行」。

所以，就讓我們來介紹能提高商品價值的行銷文案表現技巧吧！

【提高商品價值的技巧 1】
和不同範疇的商品做比較

比方說，假設手上有一款「日本甘酒」，價格只要 100 日幣左右。雖然商品中有很多能讓人類維持健康的營養素，但若只賣 100 日幣，很容易給人一種內含果汁為 0% 的類果汁飲料感。所以，業界人士開始在文案上用了一句「用

喝的點滴」，來表現甘酒這種商品。

你知道打點滴的費用嗎？看一下皮膚科或美容整形外科的價目表就知道，其實打個點滴恐怕要花上數萬日幣！

像這樣把有相同效果，但截然範疇不同的商品放在一起比較，就會突然提升「賺到的感覺」。

【提高商品價值的技巧 2】
備妥兩種價格區間

針對同個商品，備妥「標準版」與「豪華版」等兩種價格。這樣一來，對賣方而言就可以獲得兩種效果。

一種效果是**提高成案率**。也就是說，會讓顧客願意購買。因為，對顧客而言，他們的選擇並不是「買？ vs. 不買？」，而是變成了「該買標準版，還是豪華版？」。

另一種效果則是可以**拉高平均購買價格**。因為有一定比例的顧客，會想要購買價格區間更高的商品。成案率提高後，平均購買價格也會跟著拉高。如果沒有達到效果的話，只能視為行銷人員怠惰。

【提高商品價值的技巧 3】
大量的優惠活動

以下是在電視廣告中常見的典型表現模式：

- 今天下單購買者，我們將免費贈送給你○○，做為優惠。
- 還有最先下單的○人，我們將加贈平時難以獲得的○○，以及……
- 我們還為你準備了○○……，甚至還有○○……以及更多○○優惠。

如果剛好是自己想要的商品，就會覺得「能得到這樣的優惠實在太難得了」，進而想要立即下單訂購。雖然是刻板的表現方式，但卻是全世界共通的銷售表現模式。

【提高商品價值的技巧 4】
有憑有據的自信與保證

「保證」是賣方背負了買方所產生的購買風險，讓買方能夠安心購買的行動方案。也就是「滿意保證」與「效果保證」這 2 大保證。

「滿意保證」是指「不論任何理由，只要顧客無法滿意就不收錢」。
「效果保證」是指「如果沒有達到預期的結果，就全額退款」。

透過有效地表現與適當地保證，賣方就能向顧客傳達出對商品的高度自信。

【提高商品價值的技巧 5】
讓商品名稱變得直觀易懂

命名非常重要。直接關係到商品的價值。這是因為，隨著手機購物日益普及，超出螢幕範圍的冗長商品說明讓人難以閱讀。想要透過一些無法清楚表達「究竟在賣些什麼商品？」的廣告引發顧客興趣、關心，並促使顧客點擊下一頁，已經成為一種極為困難的技能。因此，廣告訊息必須在顧客看到的瞬間，直接且明確了當地傳達出「我們在賣些什麼？」。

因此，關鍵在於，**商品名稱是否直觀易懂，並且容易被搜尋。**如果商品名稱只有賣方自己看得懂，那只是為了自我滿足。防患於未然，以下分享我的失

敗經驗。

　　某次我推出講座，名為「最強的誘因磁鐵講座」。我試圖精確描述每個人都會需要的集客技巧，於是使用了「誘因磁鐵（lead magnet）」這個專業術語。然而，讀者感到困惑，心想：「誘因磁鐵是什麼！？」

　　「誘因磁鐵」是指像磁鐵一樣用來吸引潛在客戶的免費內容或是試用品。當初我信心滿滿地推出了這個講座，想告訴大家如何掌握這項人人都需要的集客技巧。然而，結果卻大失敗。

　　於是，我把題目改成《線上講座的製作技巧・銷售心法課》，反而爆炸性地熱銷。明明講座內容完全沒有改變。

　　在這個一直被時間追著跑的數位時代，無法壓倒性地讓人覺得簡單易懂，就無法傳達出價值。如前所述，提案（Offer）中包含了各種技巧，例如與其他商品的比較、準備多種價格、優惠以及保證等。

　　其中，當今最強有力的就是「簡單易懂」。也就是說，**一個好的提案必須由清晰明瞭的詞彙構成**。

　　因此，在閱讀本章之前，請先回答以下問題，這個問題將幫找到一個能清楚傳達出商品價值的表現方式。

簡單來說，你想要銷售的產品，到底是什麼商品？

　　想清楚答案，接下來介紹的詞彙和表達方式，會更加容易運用。

傳達提案內容

　　「指出問題，並且提出解決方案」是撰寫銷售文案時常見的表現模式。然而，「解決方案（S）」和「提案（O）」之間的區別，乍看之下似乎容易理解，但實際上可能不太好懂。所以先解釋一下這兩者的區別。

　　「解決方案」指的是一般手段，而「提案」則是這次「你」想要向讀者提出的具體方案。舉個例子應該會比較清楚，針對「因為過胖，所以需要減重」這個問題，「減重」就是一個「解決方案」。然而，從眾多減肥方法中，提出你推薦的「＊＊式減重法」並且附帶相關條件，這就是「提案」。

　　在文案寫作中，我們常說**「說什麼，比如何說更重要」**。也就是說，「提出什麼內容的提案」才是最關鍵的重點。**如果內容本身無趣，不論如何巧妙設計表現方式，最終還是無法吸引到讀者。**確實，最大程度地展現產品的魅力很重要，但如果過度膨脹，可能會導致「廣告誇大不實」或是「誇張表現」。文案的力量在於 100% 傳遞產品的真實魅力，而不是將它誇大到 120%。**如果產品本身無趣，可以想辦法讓它變得更有趣，或者重新挖掘有趣的元素，才能帶來更好的結果。**

請給我（期間）。這樣就能……　　近似詞 如果有（期間）的話，就可以＊＊

過去經常使用像是「給我 3 週時間，就能讓你的肌膚年齡年輕 10 歲」這樣具有承諾效果的表現方式。然而，根據目前法規，對於直接宣稱效果與功效的表現會有所限制。依商品不同，也可能會遇到藥事法相關的問題。因此「這樣就能……」的後續表現必須充分注意。

1405	請給我 3 個禮拜的時間。 就能改變你對於減重的想法 （《銷售文案寫作禁忌》）
1406	只要給我 2 個月，就能給你這樣的身材 （RIZAP）
1407	請給我 30 分鐘！就能發現真正的自己 （《非常規的成功法則》）

請放心交給我們

近似詞 請放心交給我們、就交給我們、
包在我們身上

一種宣傳信賴感的便利表現方式。通常也會將「關於＊＊的事就交給我們」的提案內容附加在旁邊。這種表現方式簡單，不會讓人感到不適，同時還能表達出自信。這種表現方式特別適用於技能、知識或技術相關的服務。

1408 如果有外牆、屋頂油漆工程需求，請放心交給我們！

1409 100 名員工以下的企業會計業務，請放心交給我們

1410 如果有不動產相關問題，請放心交給我們

為你送到

近似詞 贈送、寄送

雖然和「送」、「贈」的表現類似，但是比起「送到」，「為你送到」聽起來更有禮貌，是常用於銷售的表現。

1411 將安心與安全送到你身邊

1412 將熱騰騰的食物送到你家門口

1413 為你送上來自各個領域的最新資訊

所以

近似詞 因為這樣所以、基於這樣的理由、
就是因為這樣的原因、正因如此

將語氣轉換為「解決方案」或是「提案」時，是很方便的詞彙。描述完問題所在或是優點之後，終於要進入商品、服務的內容時，只要用「所以」就可以進入正題。用 PESONA 配置法來看，會在進入 S 以及 O 之前使用。

1414 所以，我們開發了結合手寫優點的數位工具

1415 所以，最有用的就是文案寫作

1416 所以，3D 列印機就此登場

浮現

近似詞　明確、顯現、被揭露

是指「變得明確」、「變得可以理解」，但帶有一種自然而然浮現的語感。<u>彷彿會讓你自動聯想、感受到那些自己以外的事物或是情況。</u>

1417 你的「強項」將會浮現出來

1418 以客訴為契機，浮現出的 5 大溝通問題

1419 因颱風災害而浮現出的日本基礎建設弱點

診斷

近似詞　檢查、確認、測試、學力檢查

進行診斷往往需要一定的技術，因此<u>暗示必須具備專業水準才行。</u>在網路行銷中，能讓人享受過程並獲得結果的「診斷型內容」往往會成為吸引潛在客戶的強力工具。

1420 行銷基礎力診斷

1421 肌膚護理診斷

1422 你知道多少呢？
商務用資訊科技術語常識測試

如果＊＊，就可以＊＊

近似詞　只要有＊＊，就可以＊＊

將「如果＊＊」作為前置條件。<u>對於符合該條件的人來說，「就可以＊＊」的內容會成為「自己的囊中物」，因而對該提案產生興趣。</u>能產生符合該對象（Ｎ）需求的效果。

1423 如果是優良駕照，可享保費 10% 折扣

1424 如果夫妻皆為 65 歲以上，可享 30% 入館費折扣

1425 如果是白金會員，店內購物可享 10% 折扣

＊＊同時，還可以＊＊

近似詞 可以一邊（維持）＊＊，還可以＊＊

同時表現出 2 個優點（益處）。與「可以獲得＊＊，也可以獲得＊＊」類似。不僅可以實現 A，同時也可以實現 B，讓人感受到「二次甜頭」。此外，也可以如 1427，將原本不相干的事物放在一起，讓讀者有一種意外的感受。

1426	在提高利益的同時，還可以為社會做出貢獻的終極企業經營法則
1427	在環遊世界的同時，還可以獲得高額收入的工作是什麼？
1428	在合法節稅的同時，還可以增加儲蓄

＊×＊

近似詞 取＊＊與＊＊的精華之處

表現出某物與某物的「結合」、「加乘效果」、「取其精華」的意思。不用撰寫文章多加說明，也能透過一種意象迅速理解，很適合在必須減少字數時使用。當推出具有組合概念的商品時，可望成為非常有力道的文案。

1429	數位 × 類比＝文理融合，進化型的業務工作
1430	「影片制作事業」×「教育事業」×「社會福利事業」
1431	印尼音樂 × 香氣，打造東方療癒空間

＊＊的技術

近似詞 技藝、手法、技能、KnowHow、能力

比起「＊＊方法」，這個詞彙的語感中包含了更專業的因應。可以單純作為「特技」的意思。如 1432 所示，將單純的「方法」特意稱作「技術」，可以隱晦地表達出平常不經意進行的事情（思考、書寫）「其實還有更深的內涵」。

1432	現今領導者所追求的是能夠解決本質問題的技術
1433	《〔新版〕思考的技術、撰寫的技術》
1434	讓母語人士能夠點頭接受。用英語說明複雜內容的技術

技巧（technique）

近似詞 方法（Method）、玩法（play）、性能（Performance）、特技

和「技術」的意思相同，如果是用英語，看到時往往會讓人覺得眼睛一亮。原本採用正常攻略的話，會需要花費一點時間才能達成目標，但是如果知道「技巧（technique）」，則會給人一種效率良好，可以在短時間內達成的印象。

1435 技巧上要從身邊開始限縮範圍，以便鎖定可以介紹的朋友

1436 讓無法休息的工作人「立刻睡著」的技巧（PRESIDENT Online，2019 年 9 月）

1437 給孩子們的蛋糕製作基礎技巧

如何呢？

近似詞 怎麼樣？、要不要試試看呢？

藉由疑問句的方式，把決定權交給讀者，可以消除被侵犯的感覺。只是這種方式「很容易被拒絕」，所以在傳遞訊息方面稍微有點薄弱。提案時要避免陷入「這樣如何呢？」「不了，不需要」的問答模式。

1438 就用甜點 DIY 作為小學生姊妹的溝通管道，如何呢？

1439 這個秋季就用阿斯科特寬領巾來搭配，如何呢？

1440 來點當季的「下關河豚」，如何呢？

請

近似詞 請務必、無論如何、可以的話

和「如何呢？」比較起來，「請」是以撰稿人為主體的措辭。講出「請」這個字，並且意圖讓讀者接受。這種表現會讓對方很在意自己能得到什麼。

1441 請享用餐後甜點

1442 請感受這段令人感動的全新體驗

1443 請先從體驗環節開始吧！

推薦＊＊

近似詞 建議、邀請你參加＊＊

會讓人腦海中浮現出福澤諭吉的《學問之勸》。「推薦」、「建議」、「勸告」、「力薦」、「鼓勵」等相關文字表記有很多種。

1444 推薦使用九谷燒陶藝家製作的陶器酒杯

1445 推薦與愛犬一起在海外中長期 Long Stay

1446 比起大數據（Big Data），更推薦採用數位內容行銷

建議

近似詞 首選、本週推薦＊＊、最推薦的＊＊、引薦

看起來和「推薦」類似，但使用方法稍有不同。這裡大多用於「建議＊＊」的形式。此外，也可以放在句末，採用「＊＊的建議」形式。「在眾多選項中，這是最好的唷！」，會給讀者一種這能節省資訊收集時間的快捷印象。

1447 建議提供給 60 歲世代的創業方向是？

1448 今年春天，建議給煩惱於花粉症者的 5 款空氣清淨機

1449 給喜歡皮革製品的你，建議使用天然皮革手機套

首選

近似詞 本命、最有力候選人、真正王牌、被提名為＊＊

強烈推薦最好的東西。「推薦＊＊」一詞帶有一點修辭性，但是「首選」的表達方式則稍微偏口語化，給人較隨意的感覺。這個表現適用在不是將眾多商品一一列舉介紹，而是聚焦推薦「就是這個」的殺手級商品。

1450 今年夏天，神田昌典首選的外語書就是這本

1451 令人矚目的 18 個品牌首選錶款（PRESIDENT Online，2012 年 8 月）

1452 擴大募集個人首選的「愛情喜劇」清單

請試用看看

近似詞 請嘗試看看、＊＊，感覺怎麼樣呢？

這個表現方式比起「請購買」、「請使用」<u>更間接</u>，比較不會有壓迫感。因為並不是要求讀者做出正式決定，只是<u>建議「試試看」</u>，所以心理的負擔會相對<u>較低</u>。

1453 請以首月特別價格 500 元（含稅）試用看看

1454 請試試看這個方法能讓晚餐的準備工作變得多麼輕鬆

1455 請先試用免費試用品

現在正是入手時機

近似詞 今在正是機會、＊＊的入手機會

這個詞彙最初常用於證券界，意思是「在行情可能上漲時買入」。在文案寫作中，不涉及市場行情或是價格波動時，也可用來傳達「<u>現在正是購買的最佳時機</u>」。這個詞彙非常適合用在季節性商品或流行產品的促銷。

1456 現在正是入手一件舒適亞麻襯衫的好時機！

1457 現在正是入手這 3 款進口車的好時機

1458 丸之內女性上班族精選「現在正是入手口紅的好時機」

話不多說、別煩惱了

近似詞 別說些有的沒的、甩開那些爛藉口

使用時的語感帶有如 1460「<u>話不多說，做就對了</u>」，或是如 1459「<u>別無謂地想太多了</u>」。如 1461「<u>沒有任何藉口</u>」，聽起來洋溢著自信，同時也給人一種準備挑戰吧！的感覺。

1459 話不多說，希望你能透過音樂療癒出放鬆的感覺

1460 別煩惱了！總之中元節就交給 JIJIYA 壽司（《銷售文案寫作禁忌》）

1461 話不多說，就先嘗試看看吧！

直接了當

近似詞 直接、完完全全、單刀直入、迅速的

會直接觸及某些事物的核心或是本質時，即可插入此詞彙。可以替換為「重點是」、「簡單來說」。使用「直接了當」這個詞彙時，會讓人們注意後續要說的內容，因此想傳達什麼重要的事情時，可以作為強調的技巧。

1462 該如何直接了當地向外國人推銷東京奧運？

1463 直接了當地回答各式繼承問題

1464 直接了當地解決各種居家裝潢煩惱

偉大的文案作家③羅伯特·柯里爾 ■ COLUMN

羅伯特·柯里爾（Robert Collier）（1885-1950）：在美國不僅是一位文案撰稿人，也是思想家、哲學者等，在各個不同領域都擁有一定的知名度。有人會將他與著名的戴爾·卡內基（Dale Carnegie）和莫非（Murphy）並列成功的哲學領域權威。羅伯特·柯里爾的代表著作《The Robert Collier Letter Book》發行於第二次世界大戰前的 1937 年，是每個文案撰稿人不斷傳閱、超過 80 年的經典名著。只需要運用他文案寫作的技巧，就可以從煤炭、焦炭，一路賣到襪子、衣服等所有東西。他認為**世界上有各式各樣的商品或是不同的購買理由，但是人類的本質幾乎不會變**。這就是文案寫作之所以能夠超越時代，持續運用並且得以實踐的理由。

此外，羅伯特·柯里爾表示「**許多文案撰稿人誤以為只要模仿那些效果好的文案措辭，自己的文案就會產生同樣的效果。這是一個大錯特錯的想法**。措辭本身並不是重點。**真正重要的是如何修改、調整那些用以支撐有效文案的背後概念**」。模仿過去曾經有效的標題文案的確會有效果，但是柯里爾告訴我們，應該去探究「人類想要購買東西的普世心理」，背後那些真正的理由才是重點。

強調新穎性

　　「第一次體驗時會覺得非常感動，但是隨著時間的推移而逐漸習慣後，感動的程度會慢慢減弱，最終變得毫無感覺」，這樣的經驗你我應該都曾經歷過。月薪是 10 萬日幣時，如果增加 3 萬日幣，一定會想要舉起雙手歡呼。但是，當 13 萬日幣的狀態持續一段時間後，就會變得理所當然，難以再感受到幸福。如果月薪達到 50 萬日幣，再增加 3 萬日幣，恐怕也無法再有當初的那種感動。因此，我們對於價值的感受並非固定不變。

　　此外，雖然這一點在文案寫作中已經成為常識，但是人們對於「新事物」總是會表現出一定的興趣。更嚴謹地說，或許應該理解為人們會對「與以往不同的狀況」有所反應。至於為什麼會對不同的狀況做出反應，其中一個理由可以用人類的大腦結構來解釋。根據美國神經科學家保羅·D·麥克萊恩（Paul Donald MacLean）博士的理論，人類的大腦可分為三個層次：控制反射的原始「爬蟲類腦」、掌管情感的「哺乳類腦」、以及負責理性的「人類腦」。其中，「爬蟲類腦」會最先對外界做出反應。對生物來說，周圍環境的變化會引發對危險的警覺，促使其確認是否安全。這種不安正是好奇心的來源。也就是說，**儘管一開始會因為新奇而做出反應，但是當我們發現「習慣＝安全」後，就不會再需要特別反應了**。因此，新產品必須不斷推陳出新或是重新包裝，正是為了打破這種慣性狀態，讓人們對「新鮮感」做出反應。

新登場、新上市、新發明

近似詞　終於推出！、終於登場、新品上市

這種表現方法僅限用於商品或服務本身有所更新時。由於新產品並不會那麼頻繁地推出，因此可以使用的場合有限。然而，<u>由於人們對新事物的抵抗力較弱，這些詞語能夠強烈引發人們的興趣。</u>

1465 《經典白》加上《奢華藍》重新登場！！
（Seven-Eleven · Japan）

1466 異國風味 · 全新上市

1467 提高經營者時薪的全新發明：Life Lift

全新、最新

近似詞　新的、全新的、嶄新的、新鮮的、現在流行的、最新

「新＊＊」這種表現方法相當方便，但是有時候在詞語前單獨加上「新」這個字還是會顯得不太自然。這時，<u>靈活運用「新的」這種樸實直接的表現方式，反而可以適用於各種詞語。</u>例如，**1469**表現為「新英語學習法」會讓人感到有點不太舒服。直接使用「全新」這種形式，反而更能夠強烈地表現出新穎感。

1468 邁向全新設計 · 全新規格
（Apple.com）

1469 全新「英語」學習法
（「PRESIDENT」，2016 年 3 ／ 22 號）

1470 打造網路強者的最新模式

新常識

近似詞　＊＊已經過時了、還在＊＊嗎？、新標準

<u>無法更新商品時，訴諸某個突破點有所改變也是一種有效的方法。</u>即使商品本身不變，只要能夠發現新的視角，就可以將定位為「新常識」。此外，<u>這樣的表現方式還能夠隱約地表達出「以往的標準已經過時」。</u>

1471 行銷與文案寫作的新常識

1472 文科腦也能快速瞭解的 AI 新常識
（日經 XTREND，2019 年 6 月）

1473 選擇助聽器的新常識？

新食感、新發現、新資訊

近似詞 沒有嘗試過的、世界（日本）初、解禁

「新常識」的另一種詞彙變化，即使商品或是服務本身沒有改變，也可以透過改變突破點或是視角提出新的觀點。如 **1475**，針對那些長久以來存在的事物，只要賦予全新的思維架構，就能讓人注意到嶄新的魅力。

1474 絲滑柔滑的融化新口感

1475 新發現古都奈良的魅力

1476 取得黃金周期間中的活動最新資訊

非常規的

近似詞 難以置信的、違反常理、無人知曉的、扭轉局勢的

「非常規」帶有一種與以往被認為是常規的理論完全不同的語感。此外，還能夠讓人感受到添加了一些曾經被視為「禁忌」的事物。因此，不僅能傳遞出「新鮮感」，還能表現出一種「逆轉思維」的概念。

1477 《非常規的成功法則》

1478 提升業績的非常規習慣

1479 全美公開賽冠軍所公開的非常規高爾夫練習理論

顛覆想像（超越常識）

近似詞 難以想像、脫離常規、打破框架

「非常規」會給人一種稍微瘋狂的感覺，而這裡在某種程度上緩和了這種語感。由於聽起來有些誇張，因此讀者會期待較有煽動性的內容。

1480 歡迎大家參與顛覆過去想像、最前瞻的資訊科技・技術展

1481 顛覆百元壽司印象，高品質的一盤

1482 超越對一般護髮洗髮精想像的亮澤度

發現

近似詞 找到、探索、發掘、找出一條明路

指「發現未知的事物」。這個詞彙雖然簡單，但是卻能讓人心情飛揚、心跳不已。加上「再」，成為「再發現」後，可用於表現重新發現原本認為「已知」事物中的新內容。

1483 國中三年級生的自我探索計畫

1484 只要回到森林，就可以在山野中找到一些商業啟示

1485 重新發現美味的札幌

全面更新（重新開放）

近似詞 煥然一新、改裝、回歸初心、新生、＊＊革命

可用來表現「雖然不是從零開始製作，但是因為煥然一新，所以會給人一種新鮮的感覺」。常用於店家改裝或是餐飲店的新菜單通知等。

1486 為工作帶來更多啟發。Office 365 全面更新

1487 久等了，這週末我們將全面重新開幕

1488 受好評的咖哩套餐重新登場

進化

近似詞 進步、Power（Grade）UP、型態改變

「進化」包含兩種意思。一種是指「進步、發展」，另一種則是生物等演化成與原本不同的狀態。一般使用時，不僅是指單純的變化，還帶有「伴隨進步的變化」的意思。

1489 你原本已經掌握的「未來地圖」，有了戲劇性的進化

1490 進化中的未來能源商機

1491 低估了創業 180 年的老店實力，便利商店的進化
（PRESIDENT Online，2019 年 8 月）

劃時代的

表現出過去並不存在類似的東西，現在以嶄新姿態呈現出來。近似詞有「聞所未聞」或「未曾有過」，但僅限相當大的變化。如果使用「劃時代的」這個詞彙則不用太過拘束，通用性較高。

近似詞 革命性的、聞所未聞、未曾有過、無法比擬

1492 提升生產性＝讓時薪跳躍性地成長的劃時代解決方案

1493 餐飲連鎖店中，極富魅力的前副社長於新橋開設居酒屋的劃時代理由（Business Insider Japan，2018 年 12 月）

1494 日本不再推出劃時代新藥的那一天（日本經濟新聞，2019 年 5 月）

革命

「法國革命」等詞彙讓人聯想到因統治者而改變的重大歷史事件，但在一般情況下，這個詞彙更多是用來表現「某種狀態的急劇變化」。意味既有的規則或標準被徹底改變的感覺。

近似詞 revolution、變革、空前絕後、事變

1495 待客革命

1496 精釀啤酒革命（日本經濟新聞，2019 年 7 月）

1497 文具專家也感嘆不已的鋼筆革命

拉開序幕

此修辭表現出「拉開布幕」＝「開始」的意思。雖然也可以用「開始」一詞來表現，但是「拉開序幕」更能讓人感受到故事性或是戲劇性，提高讀者的期待感。經常用於「拉開＊＊時代的序幕」。

近似詞 Opening、序章、序章、新時代

1498 拉開宇宙大航海時代的序幕（日經 MJ，2018 年 10 月）

1499 Bottega Veneta 執行長表示「拉開新篇章的序幕」（Forbes JAPAN，2019 年 4 月）

1500 拉開護髮新時代的序幕

當季熱門（流行時尚除外）

原本想用來描述蔬菜或魚類等季節性或是新鮮度的詞彙，從中衍生表現出「最令人矚目」、「盛產期」的意思。比起只寫「最新」，更帶有一種新鮮的感覺。

近似詞 有活力的、充滿生氣的、剛摘下的、年輕有活力的

1501 股票市場中，有 414 間「當紅炸子雞」企業（東洋經濟 ONLINE，2013 年 6 月）

1502 一口氣向你介紹雙足步型機器人等「當季熱門技術」

1503 最受女大生歡迎的 10 款當季熱門應用程式

最前線

用來表達「這是該主題的最新資訊」。一般來說，前線的資訊需要花點時間才能傳到後方，但這裡指的是「最前線」，因此能明確感受到最前瞻的景象。此外，這個詞也常用來表示「事情發生的第一現場或是即時情況」的意思。

近似詞 最前瞻、開拓邊疆、未曾涉足的、開創者

1504 最前線的前瞻科技可以讓生活更豐富——聊天機器人

1505 勞動方式改革的前線逼近！

1506 將育兒、雙薪家庭夫妻感受運用於顧客服務的最前線工作

領先他人一步、領先

這個表現並不是指突然大幅超前，而是只領先了一步，所以讓人感覺到自己或許也能達到目標。這個詞彙還可以廣泛用於「拉開與夥伴或是競爭對手差距」的文案中。

近似詞 搶先一步、前衛的、尖端的

1507 為 20 多歲的育兒世代提供領先他人一步的廚房活用術

1508 從 0 歲開始，領先他人一步的英才教育

1509 將領先的安全性放在指尖上（Apple.com）

次世代

近似詞 New Age、新世代、接下來的

一般來說，我們會將「下個世代」理解為「孩子們的世代」，由於會隨著孩子們的年齡增長而有所變化，因此未有明確的基準。此外，在機械領域，這個期間可能又更短。可以改用「將來」、「下一個時代」、「未來的」等表現方式。

1510 告訴年輕經營者！該如何為打造次世代的日本奠定基礎呢？

1511 將次世代的安全放在你家

1512 次世代主題會由「顛覆性的缺失」所決定（《Impact Company》）

先驅

近似詞 先鋒者、先行、先驅、開拓

如 1513，和「先鋒者」的意思相同，帶有一種「領先時代」的語感，但即使過去並非具有領先性，如 1514 或 1515，也可用於「最初」或是「即早」的意思。比起單指「很早」，這個詞彙帶有更洗鍊的印象。

1513 貝魯斯柯尼前首相是民粹主義政治的先驅（日本經濟新聞，2023 年 6 月）

1514 從沖繩開始預選全國的先驅球員，目標是能夠登上憧憬的甲子園球場

1515 以一般銷售模式打頭陣（作為先驅），開始接受預約訂單

搶占

近似詞 嗅覺敏銳、預告篇、搶先開跑（flying）、先行

面對新事物，往往分為謹慎派和積極派。有些人的好奇心大於擔心嘗試新事物風險，對於未知事物敏感且積極主動的。除此之外，有些人會想要「比其他人更早知道未來會流行什麼」。這個詞彙是與這類人產生共鳴的表現方式。

1516 為什麼我們能夠一次又一次地創造出搶占市場的企業？

1517 搶占再生能源革命投資金額的「敏銳嗅覺」（日本經濟新聞，2019 年 6 月）

1518 搶占潮流：今秋最令人矚目的圍巾顏色與圖案特輯

創造、打造

近似詞 創造、歸零、注入生命

意思是「重新創造」或「重生」，但是帶有如「創造天地」這種詞彙的崇高形象，具有其他詞彙無法替代的獨特氛圍。形象上會是從頭開始創造新的東西，而不是改進現有已存在的東西。

1519 透過提問來創造業務的方法

1520 能夠刺激智慧創造的擦出火花專案（東京大學）

1521 創造粉絲的商業祕密

AI 時代、AI 時代來臨

近似詞 近未來、Future

在 AI 成為人類生活中理所當然的存在之前，仍然可以持續保有前瞻感。暗地裡訴諸「隨著電腦以及演算法進步，一般技術或技能將變得無價值」、「必須好好培養只有人類才能做到的事。」的威脅感。

1522 AI 時代，成長型商務的創造方法

1523 正因為 AI 時代來臨，我們必須走出舒適圈唷！（Forbes JAPAN，2017 年 11 月）

1524 全面性 AI 時代來臨，過去必要的學歷，現在有何轉變呢？

先進、前瞻

近似詞 先鋒者、開創者、創新、肇事者（引火者）

「最先進」的意思，常用於表示技術或 KnowHow。由於前提要有壓倒性的進展，因此可以使用「最新的」或「領先一步」。

1525 神田明神的前瞻經營術（日經 MJ，2019 年 7 月）

1526 結果，我們集結了最前瞻的 Know How ！

1527 全面先進（Apple.com）

潮流

搭乘順著潮流漂流的小船，就能輕鬆前進，如果逆著潮流走則會耗費體力。如同這個感覺，單獨使用這個字，帶有「trend」的意思，如果用「順應潮流」、「閱讀潮流」等，則有抓住時代潮流的意思。

近似詞 trend 、趨勢、風潮

1528	能夠順應新商業模式潮流的企業 VS 不能夠順應的企業
1529	看懂外食產業的趨勢
1530	褲裝 look 的新潮流與辦公室的連身洋裝強碰 （NIKKEI STYLE WOMAN，2019 年 9 月）

傳遞有用的資訊

　　買東西時，往往會將「是否有附帶一些好處」做為最重要的判斷依據。所謂「好處」是指「買到這個東西是多棒的事情啊（＝獲得利益）」。比方說，一台擁有 512GB 記憶容量的手機。「容量為 512GB」只是單純的「特徵」。相對來說，因為容量有 512GB，「**可以大量保存照片，會讓人覺得能隨身攜帶大量的回憶，很開心**」，或「**可以立即提升容量，讓人可以從害怕喜愛的照片會消失的壓力中解脫**」，這些就會成為「益處」。也就是「特徵」與「益處」的差異。

　　即使一直宣傳「我們的商品、服務超級厲害」等「特徵」，但因為無法與人們情感面直接連接，就會很難賣出去。其實並不是那樣，而是**必須將那些厲害之處轉化為「對讀者而言有什麼好處」的「益處」，才能促成購買行為**。

　　文案撰稿人應該深入思考買方「**真正想要的理由**」，並作為訴求。只有在思考自己的商品或服務能為買方帶來什麼樣的幫助，並且能運用詞彙表現出有用之處時，才會讓讀者產生購買慾望。為了找出益處，可以對自己簡單提問：「**結果最後會變成怎樣？**」在不斷重複這個問題，最終就能觸及消費者「真正的想法」。

不容錯過的消息

近似詞 划算的資訊、挖寶資訊、好康消息

「不容錯過」的意思是「讓人想聽的。值得一聽的消息」。經常用於表示「聽了會有好處唷」或「不要錯過比較好喔」的語感。

1531	對於經常需要使用印表機的人來說，這是一個不容錯過的消息
1532	用 Mac 聽 Podcast。這是值得一聽的好消息（Apple.com）
1533	想要告訴愛好客製化機車的你，一個不容錯過的消息

帶來、造成

近似詞 產生、引發、引起、掀起

這個詞可以用在正面「帶來幸福」或負面「造成損害」等情況，不論是正面還是負面，都隱含了一種「即使什麼也不做，那個結果也會自然而然地到來」的語感。因此，用於正面情況時，往往帶有「輕鬆獲得」或是「不需努力」的意思。

1534	為金融科技帶來的未來做好準備！
1535	為客廳帶來花香的香氛蠟燭
1536	智慧手機與智慧手錶將為血糖管理帶來革命性變革（CNET Japan，2019 年 12 月）

up

近似詞 ＊＊提升、直線上升、逐漸高漲、上昇

雖然此表現與「＊＊上升」的意思相同，但「＊＊up」的語感更有力量，聽起來也更有節奏感。例如，「薪水突然大幅上漲」與「薪水突然大幅 UP ！」給人的印象截然不同。

1537	含有多酚，美味 up 的紅酒（Sapporo 啤酒）
1538	有能力的人為了職涯 UP，每個週末的固定習慣
1539	介紹一種讓副業收入可以大幅 UP 的省時方法

完全、整個

近似詞 全部、所有一切、全包、完全一樣

「完全」比「所有‧全部」更為口語化
的表現方式。雖然不適合用於正式場
合，但是相較於「房間全部」，使用
「整個房間」更能生動傳達出真實感。
而「整個」則比「完全」又更加口語
化。

1540 將整個房間改造成隔音室，音樂人的 DIY

1541 完全承接你翻修房子的所有煩惱

1542 完全照顧你染髮與頭皮的困擾

降低成本

近似詞 降低成本、合理化、精簡／瘦身化、
Cost cut、削減支出

從極端的角度來看，要提高收益，只有
增加銷售額或降低成本這兩種選擇。因
此，「成本降低」，意味著提高對方收
益，是一個很大的益處。對於那些自覺
浪費金錢的人來說，會在這點上特別有
共鳴。

1543 提升運維效率、降低成本，AI 對製造業造
成的衝擊
（Forbes JAPAN，2017 年 8 月）

1544 降低企業設備保全成本的 3 個方法

1545 降低獲得理想客成本的方法

恍然大悟

近似詞 大開眼界、受到啟發、豁然開朗、
恍然明白

用來表示「因為某個契機，使得意義或
是訣竅變得更加清晰明瞭」的語感。

1546 聽到的瞬間就會立刻想跟 10 個人分享！
在憲法與商業行為之間，令人恍然大悟的話題

1547 透過影片即恍然大悟，粉底的使用祕訣

1548 聽到的瞬間即恍然大悟的明治維新解說

傳遞有用的資訊

兼具優點

近似詞 搭檔、對喜歡的東西隨心所欲

所有的事物幾乎都會有優缺點，優點有時也會變成缺點。這個詞彙具有將複數事物的優點組合在一起，讓缺點最小化的意思表現，因此會讓讀者覺得非常划算。

1549　彷彿是兼具繁華都市與悠閒鄉村氛圍優點的城市

1550　具有創造性和邏輯思維，兩者優點的簡單方法

1551　兼具舒適與品味「兩種優點」的商務皮鞋

不只是 A，B 也

近似詞 A 也 B 也、不僅 A

可以在想要表現出「不僅是＊＊」的意思，但是卻不想那麼生硬的時候使用，是一個很方便好用的表現。當然也可以用於正式場合，所以廣泛通用性也很高。和「A也、B也」的意思雖然相同，但是會隨著使用方法不同，會給人聽起來較為「貪心」的感覺，所以用「不只是 A，B 也」的表現會更容易使用。

1552　不只具有設計性，也兼具實用性的 10 款商務公事包

1553　TOYOTA 佐藤社長不只針對「淨零減碳 EV，也針對 HV 等提出全方位策略」（NHK，2023 年 4 月）

1554　不只是亞洲，非洲地區也正在擴大中

現在已經不好意思問了

近似詞 不能問人、不知道可就尷尬了

每個人可能都遇到過這樣的情況，「隱約好像了解，但是其實並不知道它到底是什麼」。或者，非常適用於像是「世界上每個人都在談論它，如果你不知道，你就會被排除在對話之外」或是「很難聽得清楚，但是卻又想知道」的內容。

1555　現在已經不好意思問人的臉書使用方法了

1556　太丟臉了，現在已經不好意思再問的棒球規則

1557　為了不要在日後哪一天丟臉，現在就不好意思問的餐桌禮儀

條件、要件

近似詞　＊＊必要之物、前提條件

單純地在「必要」這件事情上強烈表達出「如果沒有這個，就無法實現」的意思。相反的，<u>如果能夠知道這個條件，並且滿足它，就能夠順利獲得益處</u>。

1558　即使是在已經成熟的產業界，也能夠開始真正成長的條件

1559　成為熱銷文案撰稿人的要件

1560　在以男性為中心的職場中，女性可以立足的條件
（日經 Business，2019 年 7 月）

力量

近似詞　＊＊之力、POWER、能量、動感十足

想要擁有「力量」的慾望相當強烈。不只是肉體的力量，也可以用於權力等無形概念，對於帶有這類憧憬的人產生強烈共鳴。<u>可以讓人感受到好處就是「只要獲得那種力量，就能實現自己想做的事情」</u>。

1561　《超越的力量：領先一步的人看見了什麼》

1562　搶占下一個趨勢的力量

1563　POWER！一口的力量
（明治）

持續＊＊

近似詞　Keep、殘存下來、維持下去

即使瞬間變好，要能持續維持良好狀態也很困難。這個詞彙可以強調未來該好處仍會持續下去的表現。<u>對於那些擔心將來無法順利下去、隱約有所不安的人來說會比較容易有共鳴</u>。

1564　本金持續不斷增加的祕密投資技巧

1565　持續創造成長市場的老字號企業創新力

1566　能持續開口說話的英語能力維持法

終身

近似詞 一生、跨生涯、整個生涯、一直

經常用於終身保險。雖然帶有「到死為止」的意思，但是直接使用「到死為止」可能不太合適，改用「終身」會更自然且更容易被大眾所接受。此外，這個詞彙能傳達出「持續不斷」的語感，因此非常適合用於強調「效果持續」的狀態。

1567 《終身擁有「無限財富」的方法——羅伯特・艾倫的實踐方法！成為億萬富翁指南》

1568 本公司獨棟住宅附有終身售後服務

1569 一旦掌握這項技能，即可終身受用

一直

近似詞 永久地、永遠地、無止盡、Forever

給人一種「將來也會持續發揮效果」的印象，與「持續＊＊」具有相同的意思。然而，如同「一直能賺錢」的表現，只要用「一直」這個詞彙，就能傳達出「『持續』賺錢」的感覺。

1570 你想知道 10 年後還能一直賺錢的能力是什麼嗎？

1571 將人生的重要時刻一直保存在相簿中

1572 因為想要一直住在這座城市裡，所以想要打造出一間令自己滿意的房子

無數次（不斷地）

近似詞 無論多少次、＊＊ again、重複、反覆

不僅是一次，還有反覆的意思。如 **1573** 或 **1575** 所示，常用來表現「令人上癮」或「不斷重複」的意思。當然，也可以單純用來表示反覆多次的意思。

1573 加入 5 種香料，讓人百吃不厭的義大利麵醬

1574 目標是打造出一個即使失敗，也能讓人有機會不斷 Challenge 的社會

1575 即使距離遙遠，依然讓人想不斷造訪的離島魅力

更

近似詞　再者、此外、再加上、還有還有

「還有更多好處」，表現出加入一些好處的感覺。持續使用「更～、更～」也能產生節奏感。

1576　《讓你的企業在 90 天內賺到更多的錢》

1577　一直，美味。更加，創新 。
（日本 KFC 控股公司）

1578　更進階的日經新聞使用方法
（日本經濟新聞）

再（更多）

近似詞　PLUS、更加、增添

提示出優點（益處）時，比起一次把優點提出來，特意留幾個在後方，最後再一次追加「而且，這個也是」，會更有氣勢。

1579　還能再進化，新型顯示器誕生

1580　想要拍出爛照片，變得更難了
（APPLE.com）

1581　購買者優惠禮，再贈送「文案寫作超基礎」

更進一步

近似詞　更進階、加速、停不下來

相對於「再」具有「重疊上去」的感覺，「更進一步」則帶有「比起以前，程度更高。更進一層的」的感覺。可以在想要表現出比先前，氣勢又更增長感覺時使用。

1582　兼顧「更高速度」與「更高安全性」

1583　這個秋季將推出更進化的新款式！

1584　運用數位行銷更進一步擴展業務，
收益 up ！

傳遞有用的資訊

249

每天使用

近似詞 經常使用、daily、everyday

如果是每天使用的物品，心裡會覺得即使稍微奢侈一點也能回本。這個詞彙經常用於衣服、家電產品、化妝品等。正如「積少成多」，由於是每天要使用的物品，這些小小的差異就能帶來一定的差距。因此，這個詞彙也可用來強調「使用頻率高」。

1585　既然是每天都要使用的廚房，為什麼不優先考慮操作比較方便的格局呢？

1586　讓孩子每天都要使用的牙刷，常保清潔的建議小技巧

1587　將你喜愛的隊伍顏色融入每天使用的馬克杯吧！

不變的

近似詞 不改變的、維持現況的、不動的、可使用○年

經常用於「一直不變、持續擁有價值」的文脈。「不變」的日文讀音和「普遍」相同，但是兩者的定義不同，「普遍」是指「擁有共通的價值」。如 1588 的「行銷」，明明是會隨著時代而有所變化的東西，在此表示「即使時代改變，本質也會留存下來」讓讀者覺得有興趣。

1588　《不變的行銷》

1589　從開始到現在一直不變的規則，「棒球三出局」的美妙之處（日本經濟新聞，2019 年 6 月）

1590　絕對不變的野生雄性生物與雌性生物關係

意外地竟然不知道

近似詞 意外地不知道、自以為知道的

表現出一種「以為都知道了，但實際上並非如此」、「讓我告訴你一些你不知道的事吧！」的語感。讓人覺得自己明明知道，但聽到這樣的介紹後，又會忍不住想要了解更多。

1591　來介紹一間，地方居民竟然不知道的隱藏版名店

1592　意外地竟然不知道的房車基本的維護保養

1593　好像應該知道，但是令人意外地，其實大部分人並不知道的前 20 個花名特選

參考密技（虎之卷）

近似詞　教典、聖經、指南、指南書、指引

「參考密技（虎之卷）」的語源來自中國古代兵法書《六韜》中的「虎韜卷」。<u>原本意指奧義、祕傳，現在泛指講義等參考資料或是參考書的意思。</u>

| 1594 | 海外安全參考密技
（日本外務省） |

1595　個人事業主的報稅參考密技

1596　即興演奏必備的古典吉他參考密技

密技

近似詞　奇襲、奇策、密技、隱藏密技

一般來說不為人知的技法或是技巧。「普通人不會使用」、「非基本技能」，因此印象中是給進階者用的。<u>採用正面直擊法可能耗時費力，適合想要用更短的時間、更有效率的方式達成目標的讀者。</u>

1597　花道家元傳授能長時間維持插花作品美觀的珍藏版密技

1598　可以運用在各種育兒面向的手機 APP 密技

| 1599 | 面對網路求職要求填寫「最近年收入」的閃避密技
（Forbes JAPAN，2017 年 11 月） |

共通點

近似詞　共通、共通項目、類似點、符合、
　　　　背後的意思是＊＊

有時候單指多個事物之間的共同特徵，但是在大多數的情況下，<u>語感上會用來表示這些共同點會連結到「一定的原理原則」。</u>而從共同點浮現的原理原則，似乎能夠決定勝敗與否。可以如 **1602** 用於正面事物，也可以如 **1600** 或 **1601** 表達負面情況。

| 1600 | 從《財富全球 500 強》名單中消失的企業的共通點 |

| 1601 | 無趣者共通的 4 種「自我破壞表達模式」
（PRESIDENT Online，2019 年 9 月） |

1602　能準時完成工作者與喜愛運動者間的共通點

一次

近似詞 同時、統一

詞彙的意思原本是「一個動作，一次行動」，但經過延伸後，語感上經常用來表達「統一處理」的意思。類似的詞彙還有「一齊」，不過「一齊」比較像是「一齊盛開」這種用來表示大量事物在同一時間發生的情境。

1603 一次公開過去 5 年所累積的社交媒體運用技巧

1604 一次性介紹這個春天備受矚目的家電產品

1605 當前熱門的〇〇使用者一次齊聚

凝結、集結

近似詞 壓縮、填滿、集結

語感上帶有去除無用部分，只保留本質的意思，讓人有一種內容濃縮且有效率的印象。類似的詞彙還有「濃縮」，但是「濃縮」通常會用於食品類，並不常見作為一般廣告文案使用。像是我們就不太會說「濃縮的 KnowHow」。

1606 美國最新行銷技巧全都集結在此一冊

1607 細緻的設計，凝結了強度與安心（京瓷）

1608 將長達四分之一世紀的行銷經驗結集在此一冊

提供有趣的資訊

　　有人親切的對待你或獲得有用的資訊時，**會想感謝對方。也會想回報對方一些什麼才行**。比方說，在超市試吃，會覺得「不買的話，有點不好意思」。像這樣，得到別人幫助時產生回報的情感，在心理學上稱為「**互惠原則**」。這個原則對於試吃免費提供試吃品是有效的，但不一定是實體物品，即使只是提供一些「有趣的資訊」，這個「互惠原則」也有作用。

　　對於接收資訊的對象而言，如果真的有用處，你會瞬間成為導師般的存在。反覆提供相關資訊後，有機會在與讀者之間建立起信任關係。由於，對方會產生「想要回報的心情」，因此，**當下試圖想讓對方購買某樣東西時，購買的門檻就會突然大幅降低**。如今，企業經常透過媒體或電子報定期發佈有用的資訊，這不僅是為了維持關係，也包含了銷售目的。因此，提供的資訊必須是確實、有價值且有用的，否則毫無意義。

使用說明書

使用說明書雖然會讓人想到機械等的「操作說明」，但是在此介紹的是用於「人」的情況。語感上帶有會提供「對待某人的應對方法、接待方法唷！」的感覺。如果其他人對於對待某人覺得「難以應付」，而有溝通障礙時，這個詞彙會很觸動人心。

近似詞	使用說明書、使用手冊、指南、指南書、指引

1609	「下班不回家族（FURARI-MAN）」的使用說明書《Newsweek 日本版》，2019 年 7 月）
1610	肉食系男子的使用說明書
1611	在泡沫經濟期即進入職場的老闆使用說明書

○特選（○特殊）

近似詞 精選、○個物品、○個精選

是一個非常好用的表現方式，可以用來介紹從眾多事物中精心挑選出來的幾樣東西。數字上並沒有特別的限制，根據介紹的內容，也可能會超過 100 個，但是一般來說，以 5 ～ 20 個左右，最多不超過 30 個為宜。如果數量過多，讀者可能會感到厭倦。

1612 不應隨便向員工要求的 5 種特殊行為

1613 人情巧克力回禮中，最受女性歡迎的 15 款特選禮物

1614 推薦給內向性格者的 20 種特選職業，以及養成法解說

指南

近似詞 參考書、教本、教科書、地圖、Map

指南有「引導」的意思，可以在不知不覺之間與讀者的期待與安心感連接在一起，帶有「請好好引導我」、「不會迷路」、「只要交給我就好了」的意思。

1615 Quick Study 指南

1616 Facebook 廣告的終極指南

1617 2020 年版銀座美食指南

手冊

近似詞 Note、手帳（帖）、必備、＊＊口袋

「手冊」、「指南」都帶有「指引」、「簡介手冊」的意思。然而，用於旅行情況下，一般通常會使用「指南」。如果非要比較的話，「手冊」給人的感覺尺寸更小巧，容易拿在手裡或放入包包中。

1618 第一本寶寶專屬的營養手冊

1619 日本全國船釣手冊

1620 人事專員的勞動基準法手冊

規則

近似詞　規定、決議事項、戒律、規章

伴隨著罰則，最典型的「規則」就是「交通規則」，也可以用來表示「決定的事物」、「決議事項」。如 1622「斥責」等「無意識養成的行動或是習慣」被當作是「規則」，用來暗示有某種規則存在，因而讓人忍不住對其產生興趣。

1621 成功實踐客戶服務的 10 項規則

1622 不只是要提醒注意，用於維持生產力的「斥責規則」（Forbes JAPAN，2019 年 5 月）

1623 夏天也不會讓人感覺濕黏不適的男性個人生活規則

使用手冊（manual）

近似詞　實用書、指引、How to、教科書

「程序書」，也就是指用來表示記載程序的文件。雖然帶有「凡事依照使用手冊」、「依賴使用手冊者」等負面印象，但是需要做些處理時，只要有一本使用手冊在手，就不需要嘗試錯誤，也不會走冤枉路了。

1624 迅速平息顧客怒氣的「完美客訴處理手冊」

1625 為 30 歲上班族準備的「獨立創業使用手冊」

1626 為了維持長期關係的「遠距離戀愛使用手冊」

有用（好用）

近似詞　有幫助的、便利的、有效的、划算的

直接了當表示「有用（好用）＝益處」的一種表現。通常都會與「什麼是有用的」、「在什麼情況下，有用」等內容合併在一起表現，但是也可以用於表現「有助於人生」、「終身受用」等抽象的情形。

1627 1 人進行遠距工作的 10 項好用工具

1628 上傳料理照片到 SNS 時的好用影像修正 APP

1629 突然下雨也別慌，推薦 5 項好用物品

＊＊時可以使用

近似詞 有用、發揮作用

「＊＊時可以使用」有很多種表現形態，這裡主要的意思是「有用」。「有用」與「可以使用」的語感幾乎相同，但是隨著使用場景不同，「可以使用」會給人更具有實務應用的印象。如果 1630 是要表達「對當下有所幫助」，改用「當場就可以使用」更能讓人感受實踐的力道。

1630 立即可以使用的記帳基礎知識

1631 出國旅遊時可以使用的 20 種便利小物

1632 商務會談時立即可用的機智笑話點子集

透過＊＊得知

近似詞 可以確認、顯現出

表現出基於事實的報告氛圍，可以展現出對於新資訊的興趣。不僅可以用於調查或研究，也可以用於表示個人的經驗等。

1633 針對 3000 名公司員工進行個別調查後得知的「理想上司類型」

1634 從 PowerPoint 的修改中得知！讓資料傳達訊息到位的關鍵在於「詞彙」
（NIKKEI STYLE，2023 年 3 月）

1635 透過 AI 分析得知，容易焦慮者的生活習慣與思維表達模式

啟示

近似詞 暗示、Key、關鍵、線索、頭緒

P.214 的「建議」是指從某人身上獲得的解決方案。相對來說，「啟示」是以該資訊為契機，自己導引出解決方案的感覺。比起直接提出解決方案，使用「啟示」一詞，雖然會讓讀者感到著急，但是不會有被強行灌輸答案的感覺。

1636 可實踐 SDGs 的生活啟示
（環境省）

1637 對於接下來還要存活 30 年的經營啟示

1638 安全前往發展中國家旅行的 5 個啟示

開關

當然不是指物理上的開關，而是用來表示某種「開啟」或是「關閉」的狀態，可以被切換的。比方說，如 1640、1641 中提到的「幹勁」或「警戒心」，可以用來表現人類的情緒／心態的切換。

1639 透過切換遺傳因子開關「阻止癌細胞增殖」的驚人嘗試
（Forbes JAPAN，2019 年 5 月）

1640 即使是懶洋洋的一天，也可以打開幹勁開關充實地度過

1641 危險：在海外旅行中，絕對不能關閉警戒心的開關

重點

近似詞 要點、精髓（essence）、本質、核心（關鍵）、要領

在「要點、重要的點」的意思下，通常會與數字搭配使用，如「〇個重點」。乍看之下與「方法」類似，但是並非單指方法論，而是用來表現為了達成某個目標所需的重要本質。此外，這個詞彙給人一種更抽象的感覺。

1642 確保收益的 3 個定價重點

1643 從錦織圭選手的雙手反拍，觀察其體重移動重點

1644 會影響女性員工支持度的會議發言 3 大重點

小知識

近似詞 雜學、冷知識、小技巧、TIPS

意思是雖然只是微小的知識，不用期待什麼重大效益，相反地，會有一種即使不做什麼大不了的事，只要稍微下點功夫，也能期待一定效果的語感。

1645 京都旅行中有用的茶道小知識

1646 為了避免搬家當天手忙腳亂的小知識

1647 可以有效使用 Excel 函數的小知識

原則

近似詞 原理、法則、鐵則、約定事宜、黃金法則（Golden Rule）

意思是「基本的規定事項」。可以用來表現無論在什麼情況下都不會動搖，用以支配事物的法則。不過，這是一個口氣很重的表現方式，如果內容不夠嚴肅，就會不太適合。

1648 沒有人願意傳授的商業文章撰寫方法，3 大原則就是「結構‧對象‧語感」（DIAMOND online，2020 年 2 月）

1649 成為全球成功領導者的共通性原理原則

1650 身為優秀運動員應實踐的「提高表現」原理原則

關係

近似詞 關係、關聯、交集、聯結、連結

不僅僅是親子、男女、師徒等一般的人際關係，針對「多個事物如何相互連結？」這件事情經常能夠勾起人們的興趣。尤其是在雙方狀況形成對比、各自具有強烈的魅力等，一般認為兩者毫無關聯的事物，會顯得更有效果。

1651 《金錢與英語的非常規關係》

1652 神道與商業的深厚關係

1653 從雅樂中理解日我與音樂之間的絕妙關係

方便的

近似詞 方便的、即時的、不受時間和地點限制

用於表現「便利的」的意思，可以用在正面亦可用於負面的情境。如 1654，所謂的「工具人」，只有為了讓某些人方便的時候才會被招喚，就是一種負面的情形。如 1655 或 1656，則表現出「不受時間或場所限制」的靈活度，則是正面的情形。

1654 避免成為「方便被使用的工具人」，必須有效表達出 NO

1655 其實「超方便！」薄紗百褶裙是成熟又可愛的穿搭！（Domani，2019 年 9 月）

1656 只要在自己覺得方便的場所、方便的時機學習，就能成為讀書會導讀人

預想、預報、預測

近似詞 預言、預測、估計、推算、里程碑

「能比他人更早知道未來即將發生的事」是重要的優勢。雖然「預言」這個詞讓人聽起來有些誇大，並且伴隨著神祕可疑性，但如果使用的是「預想、預報、預測」等詞彙，就可以在適當狀態下，表現出「個人見解」。

1657 AI 預測長野縣 2 萬種未來可能性中，最好的情境是什麼？
（朝日新聞 DIGITAL，2019 年 6 月）

1658 《成功的未來預報》

1659 如果能夠理解這種表達模式，就能預測個人和團隊的動向！

接下來的（未來的）

近似詞 從這一刻開始、即將到來、即將來臨、明日的

給人一種搶占時代先機、放眼未來的感覺。即使是過去已經存在的事物，只要能夠喊出「接下來的＊＊」，就能傳遞出一種前瞻性的感覺。讓人默默地感覺到「過去的規則都變了」，也讓人感到焦慮。是簡單，又能夠掌握人心的詞彙。

1660 如果不了解接下來 10 年的世代變化，就無法做生意了！

1661 《讓我們來談談未來的「正義」》

1662 未來的日本漁業為何不可缺少資訊科技策略

○年後

近似詞 經過○年後、未來○年後

意思是「從現在開始到○年，這段期間會持續相同狀態」，「在○年之前，將處於持續改善的狀態」，而且，關鍵重點是「○年後的將來」。

1663 《10 年後依然留在你書架上的商業書籍》

1664 5 年後，毛利增長 2.5 倍！

1665 應該先考慮 20 年後的年齡結構，再進行徵才活動的理由

提供有趣的資訊

access

近似詞 交通手段、方法、接近、連結

一般來說，「access」通常用來表示「從車站到某個位置」等地理位置或是交通手段。在文案寫作中，將接近某事物或是靠近某事物稱作「access」，會讓人產生一種帥氣且洗鍊的印象。

1666 可以快速 access 日本最大行銷寶庫

1667 使用雲端硬碟，即可隨時隨地 access 你的照片或文件

1668 葡萄柚的香氣，快速 access 清爽感

這些那些

近似詞 常有的、典型的、熟悉的感覺、刻板印象

是比「常有的」更為隨意的表現方式，但是「這些那些」擁有更好的節奏感，能傳達出一種「有所共鳴並且真實感受得到」的語感。不過，這個詞彙在正式場合中不常用。常見於喜劇表演中，「這些那些」是一種普遍會受到歡迎的表現方式，可以引發人們共鳴或者似曾相識的感覺。

1669 給喜愛沖繩的人們：你所能感受到的沖繩這些那些趣事

1670 真想找個地洞鑽進去！酒後失態的 10 種這些那些情形

1671 大學教授眼中，各學院學生的這些那些特徵

習慣

近似詞 共通點、訣竅、傳統習俗、慣例、癖好

大家都知道這是「（做）＊＊者的習慣」等典型做法，包含了一種「在習慣上有共通點或訣竅」的語感。可用於正面表現或負面表現。

1672《與成功有約：高效能人士的 7 個習慣》

1673 站在世界巔峰。日本藝術家的思考習慣

1674 恐導致整天狀況不佳的 3 個晨間習慣

常識

帶有一種「應該要有的知識」或是「理應知道」的語感。一般來說，日本人聽到「大家都在做」時，就容易會出現「自己也必須那樣做」的窘迫感。這是雖然是一個簡單的辭彙，但是效果非常強，因此要注意避免過度煽動情緒。

1675　注意過時觀念。
　　　暴力制裁＝職場霸凌已是基本常識

1676　這樣的行為在海外行不通，不是常識嗎？
　　　（日經 MJ，2017 年 9 月）

1677 為改革者準備的佛教常識

特輯

如同我們所熟知的新聞、雜誌、電視節目等，這個詞彙可以用來表示「我們收集了某個特定主題或是話題的相關資訊」。將零散的資訊集中在一處，透過提出「特輯」或是「特別節目」的概念，為想綜合了解或進行比較的讀者提供特別價值。

1678 100 個優秀企業特輯

1679　稱為 B 級實在是太可惜了。
　　　根本都是極品！B 級美食大特輯

1680 本週是母親節特輯

＊＊記

總結報告時常用的表現方式。具體來說，可以用於觀賽記、遊記、食記等。單純使用「＊＊記」的適用範圍較廣，如果使用「＊＊日記」，則會增加私人感，因此需要確認話題對象是否適用，避免產生不適感。

1681 夏季全國高中棒球觀賽記

1682　心跳加速、驚險刺激，只帶一個背包就出發
　　　的南美祕境遊記

1683 3 個月內實現減重 10 公斤的減肥日記

僅有的

近似詞 僅僅、枝微末節的、極少

用來表示數量或程度非常少（小）的表現方式。類似的詞彙有「極為」、「極」、「枝微末節的」、「微小的」等。如 1684，<u>經常用於以條列式介紹內容或是顧客評價等</u>。雖然有比較輕鬆隨意的感覺，但也可以用於相對正式的場合。

1684　在此僅介紹豐富內容中的極小部分

1685　職場上動作快者與動作慢者間僅有的顛覆性差異是什麼？
（DIAMOND online，2022 年 11 月）

1686　其實僅有極少數企業會採用的人事制度是？

262

強調獨立性・優異性

　　當今世界充斥著相似的商品和服務，真正原創的東西幾乎不復存在。試圖想要銷售自己的商品，一經搜尋就能輕易找到類似品。即使發明了一個真正劃時代的商品，也會立刻被他人模仿，類似品隨之出現。**在資訊透過網路迅速流通的現代，只憑藉「獨特性」銷售的時間變得非常短暫。**

　　也就是說，前提是你必須讓顧客從眾多相似的商品和服務中選擇你的產品。這時還有一個重要的問題。那就是「**為什麼顧客會選擇從你這裡購買，而不是去別處購買？**」。顧客之所以會購買某樣東西，是因為它有其他地方沒有的「某種特點」。雖然「價格便宜」也是一個理由，但如果只想依賴低價一決勝負，對手也會開始削價競爭，最終只會演變成一場消耗戰。

　　所以應該強調的不是價格，而是「**你獨有的特點（獨特性）**」或「**比他人更優越的方面（優勢）**」。這個部分稱之為 USP（Unique Selling Proposition，獨特銷售主張）。接下來將介紹**找到想要銷售商品的 USP，將其語言化，並進行宣傳的表現方法。**

＊＊流

近似詞 師承＊＊、＊＊流派的、作風

「流派作風（風格）」這個詞彙原本用於武道或茶道等領域，指某個人或是派系的獨特作風，而後被流傳引用。同樣會將人的名字、流派或團體的名稱，甚至是國家或地區的名字加上去，用來表示獨特的方式或方法。藉此賦予該商品一種品牌形象，使其具有獨特性和辨識度。

1687　讓動盪的 5 年變得有價值，神田流工作哲學

1688　JR 東日本的新動作，「日本流」能在英國扎根嗎？
（東洋經濟 ONLINE，2019 年 8 月）

1689　史丹佛流「可以變聰明的睡眠」實踐術
（PRESIDENT Online，2019 年 3 月）

＊＊式

近似詞 ＊＊式、＊＊型、＊＊形式、＊＊志向

意思和「＊＊流」相同。相對於「流」來自於「流派作風（風格）」，「式」則來自於「方式」。因此使用「式」，會給人一種「方法」更具體的感覺。比起用「式」這個字，「流」較有復古感，建議可依照情境選擇。

1690	巴塞隆納式足球俱樂部，高效團隊運作的關鍵是什麼？
1691	地中海當地主廚眼中的「地中海式飲食」（Forbes JAPAN，2019 年 4 月）
1692	七田式教育（七田·教育研究所）

方法（method）

近似詞 手段、手法、KnowHow、How to

就是「方法」的意思，除此之外，還包含「理論」、「方式」的意思在內。對於某種獨特的方法或是理論被冠以「＊＊方法」這樣的名稱時，其獨特性和內容特色會更鮮明。

1693	打造次世代的知識創造方法
1694	重新在美國流行的「近藤麻理惠整理法」效果（Forbes JAPAN，2019 年 1 月）
1695	利用「北併法」規畫住宅區北側景觀創新 ╳ 交流社群（豐田住宅）

思考法

近似詞 ＊＊方法、思考方法、解方、從＊＊角度來思考

一種「將獨自的理論或是思為模式取名字」的使用方法，或是「將某些思維模式或思考歸納在一起」的使用方法。如 1697 的「故事思考法」即是前者，1698 的「5W1H 思考法」則是後者。

1696	脫離時薪思考法！什麼工作是可以為未來累積財富的累積型工作？
1697	《故事思考法》
1698	可以寫出清楚易懂文章的「跳脫 5W1H 思考法」

理論

近似詞 theory、藉口、學說、邏輯

針對某件事物，整理出自己的想法，再將命名為「＊＊理論」。「＊＊」可以放入自己的名字，或是舉例。不論如何，因為語感上帶有「對獨特事務的見解」，讀者往往會因為對某個人獨特的世界解釋方式感到有興趣。

1699《春夏秋冬理論》

1700 打造未來的商業架構新理論
——搶占「U 型理論」先機！

1701《LOVE 理論》

先鋒者

近似詞 開拓者、權威人士、先者、先驅、開祖、始祖

在日文中，帶有「開拓者」的意思，給予最初開啟該領域者的稱號。要成為第一棒有風險，但是成功的話回報往往也很可觀。想要宣傳推銷的商品如果可以在某些方面成為首創，就可以運用這個表現方法給自己貼金。

1702 業界先鋒一舉集結！次世代辦公用具展覽會

1703 開啟機器人時代，向先鋒者學習

1704 無人機開發先鋒者如是說，何謂次世代機種？
（ITmedia，2019 年 8 月）

被選中

近似詞 ＊＊選擇、精選、嚴選、隨選

如 1707，可以具體寫出被選出的對象，或是如 1705 或是 1706 也可以不具體寫出對象。兩者都是為了訴諸「被人選出」的優點，讓人覺得這個商品很有人氣，給人處於優勢的印象。

1705 被選中的住宅用地
（日經 MJ，2019 年 1 月）

1706 被選中的，永遠是綾鷹。
（日本可口可樂）

1707 被東京丸之內商務人士選中的 5 大腕錶品牌

被＊＊選出的理由

近似詞　＊＊（顧客）做了＊＊的理由

經常用於廣告的表現手法，幾乎已經成為一種定型格式。<u>必須清楚地表達出「與其他不同之處」</u>，以便讓讀者信服。

1708　根據問卷調查結果，沖繩被日我選作為國內旅行的理由

1709　大家持續選擇索尼損害保險的理由（索尼損害保險）

1710　我們被選出的 5 大理由

與他人不同

近似詞　無人可以仿效、不允許其它追隨者、和過去不同

直接傳達出「與其他事物不同之處」的表現。比起「被選出的理由」，這樣的表達方式更為直接，<u>可以讓讀者注意到這個「不同之處」</u>。此外，這種表現也會給人一種充滿自信的印象。

1711　舌尖上殘留的味道層次感與其他不同

1712　與以往的文案寫作截然不同！在此才能學到的講座內容

1713　與過去 180 度截然不同的攬客法則

就是這裡不同

近似詞　為什麼會選擇＊＊呢、＊＊是決定的關鍵

針對「與其他的不同」，<u>更具體地明確表示出存在的差異點</u>。可與距離遠近指示詞連用，說到「這裡」，會讓人想知道是「哪裡」。<u>讀者會對不同的內容產生興趣</u>。

1714　新進人員會因為「跟著我做就好」這種帶領方式而理所當然地無法成長，一流的指導方法就是這裡與眾不同（DIAMOND online，2019 年 8 月）

1715　Panasonic 的洗衣機就是在這裡與眾不同（Panasonic）

1716　「牡丹餅」與「御萩」的不同之處就在此

世界上唯一的

近似詞　唯一的＊＊、No.1 的＊＊、獨特的

一看到這個詞彙就會想到 SMAP 的熱門歌曲《世界上唯一的花》，常用於訂製或是客製化產品。在個別接單生產的情況下，基本上不會有完全相同的產品。然而，重點在於，巧妙地強調「每個產品各有不同」，同時也傳達出「每個產品都是特別且有價值」的理念。

1717　耗費 128 小時，完成「全世界僅此一件西裝」的喜悅
（Forbes JAPAN，2017 年 2 月）

1718　你的手機殼將會是世界上獨一無二的

1719　讓我幫你打造，這世上唯一、專屬於你的人生設計

史上最＊＊

近似詞　前所未有的＊＊、首次嘗試、罕見

「史上」即是「歷史上」，原本是用來表示「過去從未有過」的意思。然而，也可以用於表達「在自己、自己所屬公司或是業界等的歷史中，達到過去未曾達到的最高等級」。換句話說，這種說法的核心條件在於「透過縮小範圍，找到能成為第一名的部分」。

1720　引進西鐵史上最高級的豪華巴士
（西日本鐵道）

1721　平成最後的象徵，JR「史上最強」的特快列車是？
（東洋經濟 ONLINE，2019 年 3 月）

1722　Calbee 史上最厚！比一般洋芋片厚約 3 倍！
（Calbee）

看似有，但其實沒有

近似詞　意外地不存在＊＊、一直想要這樣的＊＊

對於「一旦被指出，雖然不會感到非常驚訝，但是不知為何一直以來都不曾存在」這種情況的簡短巧妙表現。看到這個詞彙時，人們會不自覺地關注產品的意外性和便利性。

1723　看似好像已經買過，但是其實還沒入手的文具特選
（PRESIDENT Online，2010 年 11 月）

1724　這個實用！今年秋天我們推出你好像應該有，但其實還沒入手的百元商品

1725　仔細想想，好像應該要有，但是竟然沒有買過鞋類保養品

最了解的

近似詞 熟知、精通、全知全能

用非常簡潔的方式表達出「非常了解」、「熟知」、「精通」等意思，並且散發出專業的氛圍。讀者期待的是有一個全面了解該領域的人能幫忙精挑細選、介紹「精華之處」。

1726 最了解 EV 的汽車——特斯拉「Model 3」
（讀賣新聞 Online，2020 年 1 月）

1727 最了解市場的法律專家——大岡越前
（Forbes JAPAN，2015 年 7 月）

1728 我們是最了解木工師傅難處的住宅建設公司

＊＊法則

近似詞 天理、鐵則、命運、原理、作法

簡單來說，就是「如果這樣做，就會變成怎樣」的因果關係。通常用於表達「獨自發現的理論或是訣竅」。此外，由於具有法則性，會讓讀者覺得只要能理解這個部分，就能控制大局。如1730，如果每個人都願意做些什麼就可以達成目標，原本的狀況越不具有法則性就越受到人們矚目。

1729《賺錢詞彙法則》

1730 工作表現永遠不會變差，通用的「休息法則」

1731 向好萊塢女星學習，看起來高級奢華的配色法則

The・＊＊

近似詞 元祖＊＊、頂尖＊＊、說到＊＊就是＊＊

這是一個常見的表現方式，在日文圈中使用時，其實定義並不明確。語感上，類似於「始祖」、「典型的」、「代表性的」語感。即使是原本看起來普通、聽起來有些過時的詞彙，也可以賦予其「具有某種特別意義」的含義。

1732《The Copywriting》

1733 次世代行銷實踐會 The 實踐會

1734《The Goal：企業的終極目的是什麼》

請比較一下

近似詞　請比較看看

並不是自己主張「我比＊＊好吧！」，而是讓讀者自行比較差異，從而認同這些差異。透過這種方式得出的結論，<u>不是被動式地接收訊息，而是來自讀者的判斷，因此會有更強烈的認同感</u>。然而，必須注意的是，如果提供的內容不具有讓人想去比較的吸引力，讀者可能會失去興趣或覺得麻煩。

1735　請比較一下這個鋒利度。
可以瞬間讓你的刀具恢復如新的磨刀器

1736　請比較一下整年的電費

1737　請將如此完整的保固條件與其他家的比較一下

在＊＊評價最高的＊＊

近似詞　好評的、口碑的、掛保證的、高評價的

可以是「在當地的」、「口耳相傳的」、「在特定場所或人群之間」、「在社群媒體上」等多樣化的評價範圍。不僅適用於商品提案（O），同時也符合該目標（N）的角色設定。如果讀者對於「在＊＊範圍」的部分有共鳴，就會引起強烈的反應。

1738　東京評價最高的前 10 名料理教室

1739　以優秀售後服務聞名的當地小型建築公司

1740　在 SNS 上評價極佳，知名美容師駐店的美容沙龍店

並非等閒之輩

近似詞　並非浪得虛名、不可小覷、令人畏懼、非同尋常

意思是「不是普通人」，主要用於正面的文脈。「並非等閒之輩」<u>更多的是依靠直覺的一種「感覺」，無法從檔案或是一些理由中得知</u>。因此，是一種能讓人留下神祕印象的描寫方式。

1741　感受「那個人並非等閒之輩」的氣場，體驗活動募集中

1742　完成度之高，不是一般等閒之輩的動漫角色作品，「名偵探皮卡丘」能征服全世界嗎？（Forbes JAPAN，2019 年 5 月）

1743　在家庭聚會上展現的刀工技巧，讓大家紛紛傳言她並非等閒之輩

不盡相同

近似詞 不同、不相似

刻意不直接說「不同」，反而可以更加強調差異性。將例句改為「不同」，即可清楚感受到語感的差別。「＊＊不盡相同」通常是概括了某一範圍的表現，而「＊＊和＊＊不盡相同」則是針對兩者進行比較的表現方式。

1744 每一枝鋼筆都不盡相同

1745 每一款茶都不盡相同
（麒麟飲料）

1746 工作與照護兼顧，並不等同於「育兒」
（PRESIDENT Online，2019 年 6 月）

差別

近似詞 差、差異、不同

如 1747，有很多透過傳達 Good 與 Bad 這兩者正反對立的差別，來引發讀者興趣的使用方法。也可以用於比較優點和缺點的對比性。另一方面，如 1749，也可以用 FAQ（常見問題）來闡明自己所屬公司的產品或服務，與類似產品或服務之間的區別。

1747 「自大的人」與「謙虛的人」只有一個差別
（DIAMOND online，2022 年 11 月）

1748 線上活動與看影片的差別是什麼？

1749 ○○講座進階班與專家班的差別是什麼？

業界

近似詞 圈子、＊＊界、同業者、相關人士

在銷售文案中，這個詞彙常用來表示在同類型的產品或是服務中，自己（或所屬公司）處於優勢有利地位。由於常用在商業情境，因此可能不太適合用在輕鬆場合。

1750 實現人力派遣業界首屈一指的續約率！

1751 業界首次！搭載 GPS 機能

1752 美容業界中前所未見，能因應中、英、韓語的美容沙龍店

No.1

一般來說，人們對第一名印象深刻，但是對第二名則往往沒有記憶。第一名與第二名之間的差距竟然會如此之大。因此，強調「No.1」有直接打動人心的特別力量。沒有人會想說「我們被選為第二名」吧！

1753 國民票選 No.1

1754 持續受到大家愛用，銷售量 No.1

1755 受到大家愛用，市占率 No.1

＊＊第一

近似詞　一流、極致、上等、主席、桂冠、一級

成為世界第一或日本第一並不容易。因此，尋找能成為第一的範疇也是一種方法。如果無法在全日本成為第一，可以縮小到縣。如果縣也無法，那麼就縮小到市。然而，範疇如果縮得太小，可能也會給人不太自然的感覺，必須特別注意。

1756 日本第一的銷售員激動表示：
如果有意見，那就自己來賣賣看吧

1757 去看看吧！東京第一長的商店街！
「戶越銀座商店街」

1758 練馬區第一高的公寓

原創

近似詞　獨自的、客製化

一種直接了當表現出「獨特性」的方式。可以用來強調提供者的獨特性，也可以聚焦於使用者（或購買者）獨特性等兩種情形。

1759 本店原創印刷 T-Shirt，前 500 名購買者可享精美好禮

1760 最少只需 5 件，即可製作出專屬於你的原創商品

1761 打造讓第二職涯更具優勢的原創方法

強調獨立性・優異性

271

來自＊＊

近似詞 從～開始、以～為起點、製作／策劃

用來表示「發源地的」意思，可以加入地名，表示「發起該案的地點」或是放入人名、大學校名或是研究機構等名稱。可以藉此表現出獨特性。也可以具體加入如「來自日本」、「來自米蘭」等地名，或是抽象地表現如「來自地方」。

1762 支援來自農林漁村的創新作法！（靜岡縣）

1763 來自東北，連結全世界的教育

1764 來自京瓷的原創動畫特製網站（京瓷）

拿手絕活

近似詞 拿手絕技、看家本領、擅長的技藝

近似於如 P.227「請放心交給我們」所介紹的，帶有「如果是＊＊的事，請放心交給我們」的語感，可以透過這種表達方式強烈展現出提供者的自信程度。加入公司名稱或是自己的名字，如「＊＊的拿手絕活」，即可擴大應用範圍。

1765 ＊＊公司的拿手絕活

1766 ○○（人名）即席的拿手小菜

1767 我的 20 種 Excel 拿手絕活

最強（最棒、最佳）

近似詞 適合、恰當、非常合適

表達出「非常優秀」或是「自己覺得很滿意」的重點強調語感。除此之外，亦包含「適合」的語感在內。

1768 Store，這是邂逅 Apple 產品的最佳場所。（Apple.com）

1769 《全世界菁英都在實行的最強休息法》

1770 對你來說，什麼是最棒的工作？

國王（＊＊之王）

近似詞 王道、King、女王

表現出在該領域非常優秀，或是，處於該領域最高等級的表現。沒有 No.1 或是業界沒有第 2 名等明確的排序時，比較容易使用。然而另一方面，如果曖昧不明、太多沒有明確根據的情況下，也會失去信用。

1771 中古車買賣之王

1772 太陽能發電之王

1773 國寶級的薩赫蛋糕
（Henri Charpentier）

強調獨立性・優異性

標語和標題的差異　■ COLUMN

　　「標語（catch copy）」和「標題（head line）」非常類似，但是扮演的角色卻不同。標語是**針對該項商品，展現出其形象的詞彙**；標題的目的則**是為了讓人繼續閱讀後續的文章，用來作為最初引發讀者興趣的詞彙**。標語為了要完全傳達出該商品的魅力，必須要壓縮為一個簡短的詞彙。相對於此，標題則不需要傳達所有內容，只要引發讀者願意閱讀內容，能交棒給後續文章就算成功。因此，在對外形象上，**標語屬於個人競賽**，標題則**屬於團體競賽**，用這種方式去思考比較容易理解。

提出銷售條件

　　假設有 A 和 B 兩家商店，正以完全相同的價格 9,800 日幣出售一雙完全相同的慢跑鞋。但是 B 店有「贈品」，現在購買會送清潔專用噴霧。你會想買哪一間店的商品呢？如果你覺得贈品有吸引力，可能就會選 B 店。即便 B 店的價格稍微高一點，如果差價只有 100 或 200 日幣，你仍會選擇附有贈品的商品。換句話說，**在做購買決策時，我們通常都會綜合各種條件後再決定**。這些條件，包括銷售價格、優惠、付款方式等，統稱為「報價（offer）」。

　　讓我們來介紹銷售條件的標語範例吧。許多人已經很熟悉，經常看到「原價＊＊元，現在只要＊＊元」這樣的價格表示方式。這與一種被稱為「**錨定效應（Anchoring Effect）**」的心理效果有關。所謂「錨定效應」，是指當**我們看到一個數字後，就會影響我們接下來看到數字的感覺**。所以與其一開始就標價「3 萬元」，不如標示為「原價 5 萬元，現在僅售 3 萬元」，這樣一來錨點會被定在 5 萬元，這樣看來，3 萬元顯得比較便宜。因此，這種報價方法在現代社會中被廣泛地使用。然而，必須注意避免違反如日本《不當景品類及不當表示防止法》中關於雙重價格標示的規定。

僅需（只要）

近似詞 頂多、剛好、難以置信的

主觀表現出「少」這件事情。實際的數字取決於人們對於該價格標準的印象，不能一概而論。如 **1774**，訂閱看到飽服務是「每月 300 元」，或許的確可以用「僅需」。但如果使用家電的電費是「每天 300 元」，那麼這種用法就不太合理。應該要先了解大眾對價格的標準，再來強調低於該標準的特色。

1774 每月僅需 300 元即可無限觀看影片

1775 每月電費僅需 20 元

1776 一天僅需 35 元

剛好

「正好」或是「不會再增加」的意思。由於價格標示簡單明瞭，可以消除消費者的疑慮。然而，聽起來較俗氣，因此需要選擇合適的場合使用。

近似詞 Only、精確地、沒有找零、包含所有費用、恰好

1777 運動服套裝，剛好 3,000 元整

1778 初期費用和安裝費用全包，剛好 5 萬元整

1779 優惠活動實施中，完全無需額外費用，只需剛好 1 萬元整

買二送一（半價）

也可以用「Buy 2 Get 1 Free」來表現，是相當知名的行銷手法。由於是以企畫為前提，因此並非適用於任何情況，一般來說，這是用於提升客單價的有效策略。與其以半價售出一件，不如讓顧客購買兩件，這樣不僅能提高銷售額，還能增加毛利。

近似詞 組合購買更划算、這件商品如何呢？

1780 任選 1 塊 300 元以上的蛋糕，買 2 送 1

1781 同時報名參加 2 場講座者，第 2 場半價

1782 購買 2 套男士西裝，第 2 套半價

不收費（免費）

關於「不收費」這件事情，有很多種方案可以考慮，此處列舉三種方式：一是產品主體部分不收費（1783），二是附贈贈品（1784），三是提供不收費的樣品（1785）

近似詞 Free、免費、免錢、服務

1783 發現洞察力．實踐講座 Lesson 1。限時公開不收費

1784 購買書包者將免費獲贈可黏貼在隨身物品上的「姓名貼」

1785 首次購買者，請試用「潤澤系列」迷你瓶免費試用品套組

免手續費

近似詞 無須支付費用、無須手續費

在原本的商品或是服務價格以外，還有其他費用花費時，稱作「追加費用」。對消費者而言，減少這類支出帶來的痛苦，將有利於銷售。或購買一定金額以上時，就能免運費，可期待增加購入金額的效果。

1786 貨到付款免手續費

1787 分期付款免手續費

1788 購買超過 3,000 元免運

＊＊費用全免

近似詞 無須費用、無須收取費用

和手續費同樣，強調不需要在原本價格上花費額外「追加費用」的好處。或是，如 1791「初次諮詢費」等，用於表示原本應該是需要費用，但是可以特別免費的情形。

1789 初期費用全免

1790 停車費全免

1791 初次諮詢費用全免

免費

近似詞 Free、免錢、服務、不收費、公益服務

聽起來稍顯通俗，所以在正式場合中基本上不太適用。「免費」一詞，可以消除消費者在金錢上的所有風險，是一種終極的報價優惠。然而，正因如此，有些人會懷疑是否有隱藏的條件，因此最好附上能讓人信服的說明解釋。

1792 可以獲得免費宣傳的基本工具
《終極銷售計畫》

1793 賣屋 4 年內可免課所得稅的方法
（PRESIDENT Online、2009 年 1 月

1794 100 人中即有 1 人有機會獲得 10,000 元以下免費購物的大型抽獎活動

退還現金

近似詞 現金回饋、退還

常見零售業商店導入集點卡等制度。乍看之下會覺得與「折扣」沒什麼兩樣，但可以運用在維持期望價格等情況。在消費者心理方面，退還現金也有一種「錢回來了」的賺到感覺。

1795 本月申請者，現金 3,000 元將全數退還

1796 從官方網站預約者可退還現金 1,000 元

1797 每累積 50 點，即可退還 1,000 元現金

優惠折扣

近似詞 折價、○ % OFF、賺到○（金額）

優惠折扣的種類非常多。例如：整組優惠折扣或是家庭優惠折扣。若大量購買時，還有「量販優惠折扣」。對於買了其他家東西的人，或早鳥來說是「特別優待」。經常會有生日活動等附帶的特別優惠折扣等。可以根據銷售者的想法，提供各式各樣的優惠方案。

1798 只要有 2 位以上的家庭成員共同申請，即全數適用家庭優惠折扣

1799 羽絨被 3 件組優惠折扣

1800 至講座開始前 1 週為止，早鳥報名優惠折扣實施中

首次亮相活動（初體驗活動）

近似詞 初次亮相、首次公開、見面會、初次登場、新登場

可以分為從銷售者的角度（首次公開）或是從消費者的角度（新顧客）兩個面向去思考「首次亮相（初次登場）的是誰（事、物）」。如 1803，是從銷售者的角度宣傳，算是前者。如 1801「展開新的潛水活動者」等，則是從消費者的角度來宣傳，屬於後者。

1801 潛水初體驗活動實施中

1802 從一應俱全的數位相機畢業。單眼相機初體驗活動

1803 AQUOS 4K 新產品首次亮相活動（夏普）

庫存清倉（庫存處理）

近似詞 清倉、清倉大拍賣、售完

「處分」與「清倉」兩者的意思相同，比起庫存「處分」，「清倉」的感覺比較溫和。「處分」帶有一種拋棄的感覺。「清倉」也帶有一種掃除、清除的意思。但是，如同棒球術語「清壘」一詞，不一定有負面意思。

1804 今年夏天的最後機會！庫存清倉大拍賣

1805 不計成本！對於赤字有所覺悟的庫存清倉處理。

1806 庫存處理促銷拍賣中

新入會活動（新客招募活動）

近似詞 宣傳、歡迎新人

要讓新顧客與既有顧客成為你的粉絲，就好比一台車有兩個輪子，不能過度偏心，重點是必須維持平衡。對於新顧客，往往需要廣告費等成本支出。因此，如果一直專注在新活動，很可能會導致招攬到新顧客卻沒收益的結果。

1807 網站會員新入會活動實施中

1808 新店開幕入會活動期間，附有 3 大 Welcome 優惠

1809 8 月將實施新客招募活動。請務必把握機會試用看看。

介紹活動

近似詞 承蒙介紹、好友活動

幫忙介紹顧客者，一些「介紹手續費」有時會讓人覺得沒禮貌。使用這個標題文案時，可以表達出對介紹者與被介紹者的感謝之意。

1810 好友介紹活動

1811 家族、朋友介紹活動

1812 新會員介紹活動

居家

近似詞 家裡、自己家中、在家裡、at home

在家就可以做的事情，也就是說，可以訴諸「不需要在指定時間，前往指定地點也沒關係」的隱藏版好處。用在要出門才能使用到的商品，或是必須前往學校、補習班才能學到的知識等，最具效果。

1813 居家自學速讀法

1814 居家自助染髮

1815 收益模擬訓練居家版

設計範本

近似詞 雛形、格式、表達模式、速查表

也就是所謂的「雛形」。將預想的使用方法事先整理好，並且提供幾種表現模式。顧客不需要多費力或必須先擁有一些 KnowHow 才能製作。取得設計範本會讓人覺得感恩，有一種如獲至寶的感覺。

1816 快速可用的收益模擬 Excel 設計範本

1817 可以大幅提升錄取率的履歷表設計範本

1818 初次見面就抓住對方的心，免費的名片設計範本

回收

近似詞 回收、收購、交換

指一種買賣制度。「回收」的目的是為了喚起消費者的換購需求，同理消費者「想換新產品，但是又覺得丟棄仍能使用的舊物會感到內疚」的心情。透過回收，消費者只需負擔回收金額與新購價格之間的差額。

1819 舊機回收，購入新款 iPhone 最多可享 31,120 日幣的優惠折扣。（Apple.com）

1820 購買新眼鏡者，本公司將一律以 1,000 元回收你已不再需要的舊眼鏡

1821 我們將從你的購買金額中，扣除回收的預估價

＊＊日

近似詞 ＊＊ Day、＊＊日和、＊＊時間

以「＊＊日」為主題，成為提供某種特別活動的契機。因此，許多企業和商店都會提出這種紀念日。透過營造「特別感」，可以讓銷售的節奏感更加鮮明，也能增加話題性，或許有機會招攬到新的顧客。

1822 機油濾清器日（7 月 10 日）

1823 玻璃窗日（10 月 10 日）

1824 生鮭魚日（7 月 30 日）

方案

近似詞 企畫、計畫、專案、講座、教室

「Program」可以表達多種含義，如電視台節目或電腦程式等。此處的語感是指「有規畫」的講座或是課程情境。給人一種學習過程已被整理過的感覺，比起直接說出「可以讓你變成＊＊」，更能展現出內容的專業性。

1825 可與孩子一起參與的 5 天程式設計學習方案

1826 21 天做出能讓顧客感動的方案
（《90 天讓你的企業更賺錢》）

1827 企業體質的健康維持方案，面對的課題與解決方案
（Forbes JAPAN，2016 年 11 月）

365 天 24 小時工作的銷售人員　　　■ COLUMN

　　行銷廣告信、行銷文案（sales letter）被稱之為「**Salesmanship in Print**」，即「**印刷版的銷售業務員**」。真人推銷員必須從頭開始，經過一定的教育訓練後才能開始販售東西、做生意。然而，雖然經過教育訓練，但是大家並無法具備一樣的銷售能力，因此往往會因為個人表現而有結果差異。這些無可奈何的個人表現差異，也會在反映在業績表現上。而且，每次可以拜訪客戶的數量有限，即使在店內招待客人，每天可以對應的人數也有限。

　　然而，如果是銷售廣告信，只要製作一次、發送一次就可以 24 小時、365 天，全年無休、不間斷地進行銷售工作。無論你在睡覺或放假出遊，都會幫你持續推銷。而且還不會被投訴工作太辛苦、職場霸凌等。《華爾街日報》已經使用相同內容的推銷文案超過 20 年，因為**內容夠好就不必改變，可以不斷地反覆使用**。此外，在製作推銷文案的流程方面，雖然需要努力，但一旦完成，就可以**重現最頂尖推銷員的推銷說帖**。不會因為真人銷售員的個人差異而產生不同的結果。

　　在以網路銷售為主流的現在，銷售文案通常會刊載在網頁上，稱作「登陸頁（Landing Page，LP）」。LP 與銷售文案的差別在於 LP 不需要耗費太久的發送時間，就可以向大眾傳送資訊。因此，**擁有一個厲害的登陸頁，就好比請到一個 365 天、24 小時接待客人的超級業務員**。

Narrow
選擇對象的表現

所謂行銷

就是以現有支持者為核心，

「發揮自己才能，與合適者相遇的一種技術」

勇於篩選，才能遇見完美客戶

介紹完商品（O）後，重要的是——篩選出符合價值觀的目標顧客（N）並且精準配對。文案寫作的初學者可能會認為：「好不容易顧客就近在眼前，如果還要篩選掉一些，豈不是太可惜了嗎！」

然而，這只是杞人憂天。相反地，**越是經過篩選並且精準配對，反而更能刺激讀者的反應**。我是在 20 多年前發現這件事情的。

作者神田為了提升客戶的銷售額，幾乎每天都在修改廣告文案。幾週過後，結果就會陸續開始顯現。某一次，他連續修改了幾個文案，經比對後發現修改前、後的客戶反應率提升了好幾倍。於是他試圖尋找這些讓讀者有明顯反應文案的共通點，結果發現，那就是一**「要有針對購買對象者的專屬限定表現」**。

「符合目標客戶（N）」的例子，大致會是以下這樣的文章內容。

- 「因為這些是限定優惠，實在無法提供給所有人。」
- 「由於使用的是稀缺性材料，生產數量有限。一人限購兩箱」
- 「每件商品都是由工匠精心手工製作，因此能釋出的對象有限。」

當時，他認為因為有設置篩選條件，像是「限時」、「限量」等方案，才能驅使讀者願意購買，並提升成交率。然而，不僅是如此。

「這些有所篩選詞彙」不僅僅是為了催促讀者「再不買就買不到了」，還有一個更為重要的層面。那就是**「有效率地讓買方遇見最合適的賣方」**。

如果能夠藉由篩選配對，遇到完全符合的買方，**就能降低顧客流失率，增加回購或是介紹新顧客的機會**。在進行商買賣時，就能親眼看到各式各樣的行

銷行動方案效果。

在那之後，經過了 20 年──「篩選配對」變得更加重要。因為，本來就與賣方不匹配的買方（＝不需要銷售人員提供商品的顧客），一旦收到賣方寄來的電子郵件等訊息，往往會更頻繁地採取以下這些帶有懲罰性意味的行為：

「批評該企業」

「減少向該企業購買商品」

「拒絕與業務人員見面」

透過這樣的篩選配對，不僅能提升顧客對接收訊息的反應率，更重要的是，能夠與顧客建立長期的互動關係，並且在這個過程中讓顧客買單所帶來的價值最大化（顧客終身價值＝ Life Time Value）。因此，篩選配對可以說是最關鍵的一環。

那麼，如何進行最有效的讀者篩選配對呢？首先，為了明確篩選出適合的對象，要先回答以下的問題。

【關鍵提問】

- 在各種類似的<u>企業</u>中，為何現有的顧客<u>會</u>選擇我呢？
- 在各種類似的<u>商品</u>中，為何現有的顧客<u>會</u>想從我這裡買這件商品呢？

重點是要先**聚焦「既有顧客」**。理由在於那些已在使用你家產品的使用者，他們能告訴你一些自己未曾注意過的「強項」。

曾向某位牙醫師詢問：「你認為你家牙醫診所的強項是什麼？」，對方回答「治療很仔細、細心」。然而，實際詢問既有患者，得到的真正答案竟然是「自己在看診時，孩子有一個可以遊戲的空間……」。也就是說，牙醫師連自己診所的優勢都搞不清楚。

因此，首先要做的事情是，透過確認那些表達滿意的既有顧客為何滿意，明確自己的價值，知道自己應該鎖定哪一類的顧客對象。

接著是，**策略性善用「顧客意見」**。想要在「既有顧客」中找出未來想要獲得的客層，只要先找到具代表性的使用者，就可以請對方提出一些「顧客意見」。這樣一來，就可以期待「物以類聚，人以群分」的效果。

具體而言，如果目標是高可支配所得（＝高年收入）的客群，那麼可以爭取在企業中放上自己公司的名稱或是 logo 標誌，或是從負責人那裡獲得「推薦者心聲」，就能帶來長期且顯著的效果。

然後，最後要介紹的……雖然是很古老的手法，卻是想要提高成案率最不可或缺的

「限定」。傳送訊息後，如果讀者都完全沒反應，首要懷疑的原因就是，沒有「限定」。如果不是限定，顧客就會覺得隨時都可以買，而遲遲不願意下手購買。

只要沒有設置「限量」和「截止期限」，會讓人覺得隨時都能買到，往往就不會採取行動。「限定」有兩種類型，那就是**期間限定**和**數量限定**。

期間限定是指明確標示出截止日期，如：「3 大優惠至○月○日為止」「早鳥優惠價將於○月○日結束」。

數量限定是指明確標示出限定所能提供的商品數量，如：「僅限前○名」「一人限購○個」。有時也可以把這兩種條件組合在一起，但是重點是「限定」必須要有真實性。

例如在英語會話教室門口，寫著「現在入會費免費！」的廣告旗幟已經被曬得褪色，任誰看了都會覺得不可信吧！寫著「就是現在」，但是那面廣告旗幟卻一直在路邊停車場飄揚，早就已被人識破了。所以，沒有人會因為這樣的截止日期而匆忙行動。

另一方面，如果是「我們將為參加 TOEIC 考試的考生代繳考試報名費」的宣傳活動，因為考試日期有一個很明確的期限。所以根據考試日期來設置截

止日期，就可以定期推出具有真實性的限時活動。

　　總結上述內容，行銷就是**以截至目前為止的支持者為核心**，「**能發揮自我才能並找到合適對象的技術**」這樣說起來，就是要防止使用者流失、增加回購率，並且增加使用者為自己的宣傳意願，從而提升顧客的終身價值。

　　相反地，勉強吸引而來的顧客，最終還是會因為無法理解你提供的商品價值而流失。不僅如此，甚至可能會在網路評價中留下負評。

　　這樣一來，**也會難以遇到那些原本應該會對你的商品感到非常滿意的人**。一旦找到完全符合的顧客，你的商品評價分數就會變高。結果，不但能順利賣出商品、顧客還會介紹商品給親朋好友。

　　擁有斷捨離的勇氣，是生意長長久久的必要策略。

鎖定目標讀者並向其招手

　　你是否有過這樣的經驗，即使在喧鬧的派對現場，依然能清晰聽見正在與你對話者的聲音？這就是廣為人知的「雞尾酒會效應」。人類的大腦會對接收到的資訊篩選，並只關注對自己有用的資訊。不僅是在派對現場，這種優先關注某些資訊的現象，稱作「選擇性注意」。**文案撰稿人的工作就是要挑選出那些能打動讀者「選擇性注意」的詞彙。**

　　即使對著人群大喊「大家請聽我說」，也很難引起反應吧！然而，如果是說「請有患有異位性皮膚炎孩子的媽媽們聽我說」，會怎麼樣呢？能引起有異位性皮膚炎孩子的媽媽們反應機率將大大提升。或許就像是被點名一樣，難以忽視。這樣一來，**越是縮小範圍，對方越容易認為「這就是在說我」**。換句話說，**能獲得反應的文案，必定包含具體鎖定、描述和呼喚目標對象的元素。**你可能會擔心：「縮小範圍會不會讓銷售對象變少？」如果你想擴大影響範圍，還有一個有效的方法，那就是**不要只對大眾廣泛發送出一個模糊的訊息，而是準備多條針對該特定目標的精準訊息。**

給＊＊者

近似詞　給＊＊的你、＊＊唷、給從事＊＊者

提到「給＊＊者」時，被視為目標的讀者就會容易覺得那個訊息是要給自己的。對文案撰寫人而言，如果非常了解是「要寫給誰的（＝「目標顧客角色」）」，就可以順利地寫出訊息。

1828	給顧問業者，以下是來自神田昌典的建議
1829	給因為腰部劇烈疼痛，導致晚上睡覺時翻身困難的人
1830	給你企業領導人！一起來學學小學生的多人大跳繩活動吧！

給煩惱者

近似詞　給煩惱於＊＊的你

這種表達用於直接了當指出煩惱（P），並將訊息傳遞給目標對象時。如 **1833**「家中 Wi-Fi 經常斷線」等，<u>越是能具體描述出煩惱情況，相關人士就會感到越真實，越容易產生共鳴。</u>

1831　給煩惱著初春花粉症，眼睛發癢不適者

1832　給煩惱著產後身體不適者

1833　給煩惱著家中 Wi-Fi 經常斷線者

給有朝一日想＊＊的人

近似詞　給有朝一日想＊＊的你、給將來想＊＊的人

對於那些還對將來懷有夢想或希望的人比較容易有反應。這種表現方式是針對一個很模糊的未來願景階段，因此與其直接引導至銷售商品，<u>應著重於「能先引起關注」的文案。</u>

1834　給有朝一日想要辭去工作，自己創業的人

1835　給在沒有負債的情況下，能夠在自己喜歡的地方開一家咖啡店的人

1836　給考慮將來想要養狗的你

給想要在〇年內完成＊＊的人

近似詞　給〇年內想要＊＊的你

「有朝一日想要＊＊」這種表現帶有一種夢境般模糊的印象，但如果「想要在〇年內達成＊＊目標」，就會大幅提升<u>具體性</u>。如 **1839**，當某個 Know How 與「〇年」這樣的期限連結時，訊息就會變得更加有說服力。

1837　給想要在 3 年內離職的人

1838　給想要在 5 年內繳完房貸的人

1839　給想要在 1 年內精通商用英語會話者：商用英語會話 1 年學習方案

給不知道該如何是好的你

近似詞 給不知所措的你

代替某些「雖然有那個想法，但不知道實現做法為何」的人發聲，是一種呼朋引伴的表現。因為可以貼近讀者心情（E）。這句話的用途非常廣泛，因為可以用來描述憂慮，但又不會讓人感到諷刺，通用性相當高。

1840 給想要更進一步提升業績，但是卻不知道該如何是好的你

1841 給想要把吉他彈得更好，卻不知道該如何是好的人

1842 給想要拍出更好的照片上傳 IG，卻不知道該如何是好的你

給媽媽、給爸爸

近似詞 給母親（父親）、送給父母親

對象非常明顯，是指擁有孩子的父母親。有時也會單獨使用，但在「孩子的爸爸媽媽是什麼樣的人？」的前提條件下，通常都會一起寫出、作為傳遞訊息的對象。

1843 給家有小學低年級孩子的爸爸、媽媽

1844 給擁有 1 歲 6 個月～未滿 3 歲孩子的媽媽

1845 給每週都陪伴孩子們練習少棒的爸爸

給使用＊＊者

近似詞 給愛用＊＊者、給正在使用＊＊的你

這個表現方法經常用在傳遞簡單的通知（聯絡事項），但是在這個情境中，主要針對「擁有某項產品的人」。讓擁有該產品的人立刻有共鳴，從而更容易受到注意。

1846 給使用 Android 手機者：10 款 iPhone 的獨家專屬推薦 APP

1847 給愛用 A350 者：功能更完善的 A360 已經誕生

1848 給使用老花眼鏡者一個不可錯過的消息

針對＊＊，給＊＊者的緊急通知！ 近似詞 針對＊＊，給＊＊者的緊急聯絡

《銷售文案寫作禁忌》這本書表示：「必須明確對象顧客，並且使其意識到緊急性」，再向顧客介紹一些可以提高因應能力的方法。可以根據年齡層、狀況、地區等設定各種條件。

1849 針對考慮要在高砂地區購買二代宅（二世帶住宅）者的緊急通知！
（《銷售文案寫作禁忌》）

1850 針對 60 幾歲使用老花變焦眼鏡者的緊急通知
（《不變的行銷》）

1851 針對 20 幾歲正考慮換工作者的緊急通知！

為了＊＊ 近似詞 For ＊＊、＊＊限定、送給＊＊

直接了當說出是為了給誰的商品、服務。由於前面可以放置各種詞彙，通用性很高、非常容易運用。雖然可能會因為錯失「＊＊」目標以外的其他對象，而感到可惜，但是目標越廣泛越難以命中目標，因此這個表現方法其實很有效。

1852 為了企業經營者的數位生產性 up 革命！

1853 為了攝影師量身打造的一台終極設備
Photographer × Surface Book
（Microsoft）

1854 為了周末假日仍需工作的女性，提供簡單菜單

大忙人專屬的 近似詞 沒時間者專屬的

大部分的人都過著忙碌的每一天，因此其實每個人都可以對號入座，目標對象非常廣泛。另一方面，給人一種可以在短時間內、有效率且好像很輕鬆簡單的感覺。這是一種容易讓人覺得自己與該事物有關的表現方法。

1855 大忙人專屬的英語會話

1856 大忙人專屬的程式設計課

1857 大忙人專屬「靠股票增加資產的方法」
（DIAMOND online，2022 年 7 月）

給打算＊＊者

近似詞 給覺得＊＊的人、認為＊＊的人

這個表現方式不在於「人」這個屬性，重點是令人矚目的願望、煩惱、課題等「內容」。提供有助於達成願望、解決煩惱或是課題等資訊。

1858 給打算利用居家照護服務者

1859 給打算在企業福利中加入健身俱樂部的經營者

1860 給打算要在鄉下從事農業、過著自給自足生活者，不可錯過的消息

正因為是＊＊

近似詞 正因為＊＊、正因為＊＊的你、的確是

也可以表現為「正是現在」，但是此處的用法並不是指該時期，而是指「正因為某些事（物）or誰（人）」的意思。所以，會加入對方的屬性。在表示「正因為是＊＊」時，往往能夠有效地讓人感受到意外性。如 1861，一般人認為「數位革命通常是大企業的事」，結果這的詞彙卻反過來訴諸這件事。

1861 正因為是中小企業才更需要數位革命

1862 正因為是夕陽產業，所以更需要透過網路發聲
（日經 MJ，2018 年 8 月）

1863 正因為是在求職中，才有機會了解企業的真心話

重視家人的

近似詞 關心家人

限縮目標對象讀者的一種表現。可以直接打動那些在價值觀上重視家人的人，相反的，完全無法打動那些不重視的人。因此，使用時必須注意要符合自己的意圖或是目標。重視家人這件事情往往需要耗費一些時間心力，因此常用於能讓時間更有效率的相關內容。

1864 給重視家人的 30 多歲者，終極的投資法

1865 給重視家人的女性創業家，時間管理技巧

1866 給重視家人生活者，省時家電介紹

對於限縮範圍的誤解 　　■ COLUMN

　　乍聽到限縮範圍一詞，恐怕會有人擔心「用了『為了○○的』這種詞彙會限縮目標對象，就無法賣給除此之外的人了」。但是，根本不須擔心。比方說，有一款男女皆可穿的帽T。在這種情況下，商品本身不變，只需針對「男款」和「女款」分別設計不同的訊息即可。比方說，可以對男性表示「假日穿出帥氣風格的帽T」，對女性則可以表示「最適合不想多做打扮，成熟女子的帽T」。類似這樣，鎖定商業目標群體與鎖定訊息的目標群體是不一樣的。

限定

　　你是否有過「因為是季節限定版本，所以不小心就買下去了」的經驗呢？設定截止日期，也會成為一種購買動機，人們往往會認為「如果錯過，就再也買不到了」。反過來說，如果沒有設定截止日，就會被延後處理。「等下再說（我再考慮看看），就是銷售的死期」，因為之後顧客還會再回過頭來購買的機率非常低。**對於那些隨時都能買到的東西，顧客就會想說「現在不用急著買」，因此延遲購買決策，最終被遺忘。**

　　擔心「或許會買不到」的狀態，不僅能夠促使行動，**還具有可以提高該商品給人價值的效果。**如同「帶有溢價（Premium）」的說法，**人們往往會在供給量較少、難以取得的情況下，覺得該商品具有更高的價值。**懂得巧妙運用此心理的法拉利（Ferrari），即是透過市場需求調查，始終比市場所需的數量少生產一台車，藉此提升品牌價值。只要在媒體上透露該商品稀少、銷售一空，就會有更多人湧入，例如遊戲軟體或是冰淇淋的銷售策略等都屬於這種模式。

　　這些心理上的共通特質就是「**限定**」。限定對象包含「數量」、「人數」、「期間」、「地區」等。可以設定任何一種對象作為「參加條件」。重點是「**不能夠是每個人隨時隨地、在任何狀況下都可以買到的狀態**」，這就是能提高購買意願的訣竅。

○個（數量）限定

近似詞　○個限定、每人限購○個

使用這個表現時，<u>必須同時加上「為何要限定數量？」的理由</u>，用一種可以獲得認同的形式告訴消費者，更容易取得信任。例如：不論是否有 50 個庫存，既然已經對外宣稱「限定 30 個」，結果無庫存時又繼續補貨，在這個資訊透明的現代，這種行銷方法總有一天會被淘汰。

1867　先到先贏！原創設計 T-Shirt 數量限定。僅限前 30 名

1868　本店甜點全部手工製作，每天只生產 500 個

1869　特別優惠價格，每人限購 3 個

○人（人數）限定

近似詞　○人限定、僅限＊＊者、
不得不拒絕許多人的＊＊

<u>必須明確讓人理解，在相同數量下「為何要有人數限制呢？」的理由</u>。宣稱有人數限制，後來卻增加名額，會失去顧客的信任。

1870　只通知擁有會員資格者，活動僅限前 20 名，現在接受報名中。

1871　超值的派對套餐，每日限量 3 組

1872　由於會場有人數限制，本次不得不婉謝眾多有意與會者

期間限定

近似詞　＊＊之後是、限定至＊＊、＊＊為止

將活動期間做出區隔，是很有效的方法。因為接近期間限定的日期時，人們的行動理由會比較明確。要讓身處於「我想一想，之後再買」狀態下的顧客，立即下定決心購買是一件很困難的事情，<u>但如果有限定期間即可迫使他們做出決定</u>。

1873　免費公開期間至 8 月 12 日

1874　3 月 22 日後將調漲至 3 萬元，請盡早購買

1875　4/1 至 4/10 期間限定的特別參拜活動

限定

只限現在

近似詞 僅快行動、不容錯過

用來表示「期間限定」的變化形式。雖然也可以單獨使用「＊＊只限現在」，但是「只限現在」會因為不清楚具體「只限何時？」而降低讀者的信任度。因此，<u>建議在此文案標題旁明確記載出活動期間。</u>

1876 只限現在，超值限時特賣！

1877 只限現在，限定品項大放送。
活動期間為 8/10 ～ 8/25

1878 只限現在，支付 1 小時即可使用 2 小時

＊＊（季節）限定

近似詞 ＊＊（春季、夏季、秋季、冬季）大特賣

是一種用來表示「期間限定」的方法，但僅限「季節」。由於這個詞彙用途廣泛，會讓人有一種熟悉感，不太會覺得奇怪或不適。使用時就算該商品或服務本身與季節沒有關連性，<u>只要能與該季節搭配得宜，也能增加說服力。</u>

1879 建議提前預約，
歲末年初限定菜單「Happy New Year 套餐」

1880 今夏限定色登場

1881 黃金週期間限定企畫

會員限定

近似詞 成員限定、登記者限定

這個表現有兩個優點。一個是對現有會員的優惠待遇，<u>容易提高會員的滿意度</u>。另一個則是如果該限定商品具有一定的魅力，則<u>有助於招攬新會員</u>。

1882 會員限定。提供免費特別演講

1883 高級會員限定的特別贈禮

1884 接下來是付費會員限定內容

僅限＊＊者

用來表現滿足購買資格或條件。在聚焦目標對象的同時，可以讓目標對象覺得「比起那些不符合條件的人，我更優惠」。特別是針對購買、持有較高價商品者限定，可以期待更好的效果。

近似詞　僅限＊＊的顧客、優先給＊＊的顧客

1885	僅限參加過 Future Mapping 基礎課程者，將給予你優惠價格
1886	僅限從本書面報名者，將贈送文字版 PDF 檔案
1887	僅限續約 3 個月以上者，可觀賞特別專屬內容

然而，僅限＊＊者

在目標對象上附加一些條件，鎖定聚焦的表現方法。雖然和「僅限＊＊者」的意思相同，但加上「然而」這兩個字後往往會給人一種語氣強硬的感覺，因此很多時候會選擇不使用「然而」二字。

近似詞　然而，只有＊＊者

1888	襯衫訂製享 50% 折扣，然而，僅限在本店訂製西裝者
1889	提問僅限於「支持計畫」的會員
1890	免費贈送，然而，僅限於能自取者

＊＊者免費

對於所有人都免費的東西，人們往往難以感到珍貴。然而，透過設定僅限部分對象免費，可讓人感受到稀有性。

近似詞　＊＊限定免費

1891	60 歲以上者可免費入場
1892	於本餐廳用餐者可在附近停車場免費停車
1893	家有學齡前幼兒者免費

限定

不建議

近似詞 不太恰當、不太理想

這個表現方式可以直接說明不推薦的理由。在文案寫作中，用來描述與目標對象完全相反的顧客形象，藉由暗示「你不是這樣的人吧！」以迎合讀者的自尊心。此外，也可以使用對比的方式，例如「建議給這樣的人，不建議給這樣的人」。

1894 「裝懂的人」不建議閱讀此頁面
（《The Copywriting》）

1895 考量患者情況，不建議「暫時觀望」的治療方式

1896 不建議以下這些對象進行岩盤浴伸展運動

夢幻的

近似詞 稀有的、穿越時空般的、瞬間移動般的

「夢幻」這個詞彙本身的意思就是「雖然感覺不真實，但是卻又實際可以看到」。在表現技巧方面，經常作為隱喻表示實際存在的事物「很難看到、很珍貴」。可以用更詩意地方式展現稀有性、醞釀出一種幻想的氛圍。

1897 作者生前留下的夢幻筆記，將 10 年經歷的時光匯集成一本書

1898 「1 萬元的夢幻蛋糕」主廚揭開提升識別度的祕訣
（Forbes JAPAN，2019 年 7 月）

1899 每日發售後 30 分鐘內即售罄的夢幻紅豆大福

傳說中的

近似詞 成為津津樂道的故事、代代相傳的故事

這個詞彙的意思是「口耳相傳的」、「夢幻的」。除了原本表示記載在歷史上、傳承下來的事物，也可以用於表現「不太常見」的語感。想要展現權威感時，也是一個非常有力量的詞彙。

1900 《傳說中的神級文案寫作實踐聖經》

1901 創造 21 世紀搖滾史上新傳說的創作型樂團！

1902 向「傳說中的鯉魚養殖師傅」學習談判訣竅
（PRESIDENT Online，2019 年 8 月）

僅需一個

近似詞 只有 1 個、獨特的、只要 1 個、＊＊獨自

從「僅需一個就夠了」這個詞彙來看，可以傳遞出一種「簡單」、「單純」的程度。因此，對讀者來說是容易理解重點、覺得是自己想知道的資訊。反過來說，<u>也伴隨著一種如果沒有滿足該條件，就不會產生好結果的急迫感</u>。

1903 想要持續富有，僅需一個必要技巧

1904 在決定結婚前，僅需考慮一件事

1905 導引出個人的「天職」工作，僅需 1 個方法（PRESIDENT Online，2019 年 8 月）

唯一的

近似詞 Only、只需要＊＊一個、＊＊專屬

語感上聽起來，「唯一的」會比「僅需一個」更書面語的感覺，因此必須配合場景使用。<u>由於「唯一」這個詞彙與「除此之外沒有了」的意義相同，因此可以用來宣傳其稀缺性</u>。此外，如 **1906** 以及 **1907**，因為表示一種斷定，所以可以在意見上感受到文案撰稿人的自信。

1906 打破現狀的唯一方法（《讀書讀到痴狂》）

1907 運動手錶是唯一能夠稱得上是全能的手錶（Forbes JAPAN，2018 年 8 月）

1908 關西地區唯一的賽車運動體驗設備

個人專屬的

近似詞 專屬於你的、客製化商品

很多人都有「想要與他人擁有不一樣的東西」、「想要擁有原創品」的慾望。<u>如果可以客製化，就可以把販售「原創性」商品當作一個強項，以因應顧客的慾望</u>。雖然主要限定於客製化商品，但是在可以使用這個詞彙的場合使用就會很有效果。此外，如 **1911**，也可以用來宣傳「可因應狀況隨機處理」。

1909 藉由個人專屬的 BTO 電腦，讓辦公室的工作效率達到最高（譯註：BTO〔Build to Order〕先接單後生產）

1910 形式或是活動皆很自由，也可以自製個人專屬的原創馬克杯

1911 可客製化處理，選配出你個人專屬的原創旅行吧！

限定

獨特性

意思是「獨一無二、唯一的」，但是一般來說在語感上還包含「沒有其他更有趣事物」的意思。這個詞彙能輕易勾起顧客「和其他人有什麼不同嗎？」的好奇心，即使是平凡的事物，也可藉由形容該獨有的方法或具有突破點的「獨特性＊＊」，展現出令人意外的那一面。

1912 透過展現個性獲取內定機會，稍顯獨特的自我推銷技巧

1913 培養新進員工愛公司精神的獨特研習活動

1914 雖然規模不大，卻很有在地獨特性的住宿設備

只有

這個詞彙本身自古以來就是用來表現「僅此一個」這種數量上的限制。不過，最近也越來越多用來強調事物本身，例如「我只能說聲謝謝」這樣的表達方式，即可凸顯強烈的情感或重點。

1915 想要賺錢，「唯有誠實」的必然道理（東洋經濟 ONLINE，2022 年 8 月）

1916 早起活動，只有好處

1917 週末活動，只有歡樂

藉由拼湊標題，傳達訊息的「暗樁」　　■ COLUMN

　　大標題統稱為「標題」（head line），文章內的小標題則稱為「副標」（sub head）。在這個忙碌的現代，很少有人會在桌前盯著螢幕仔細閱讀，大多數情況下只是快速瀏覽。因此，為了傳達訊息，必須在短時間內讓讀者大致了解內容。因此，把「將主副標題拼湊起來就能掌握重點」這樣的暗樁結構嵌入文章中，也是文案撰稿人的重要工作之一。

呈現特殊性

　　我們往往**對於可以被特殊對待這件事情，毫無抵抗力**。在文案寫作中，有一種稱為「**快速通道（velvet cord）**」的技巧，透過對讀者的特殊對待來迎合其自尊心。「快速通道」指的是在入口處等地方，用紅色或金色絨毛製粗繩所圍成的特別通道。表示「你對我來說是特別的人」。例如，信用卡公司設立「白金會員」制度，就是有效地運用了這種「特殊待遇感」。

　　這種「特殊感」可以從幾個心理學角度來說明。比方說，有些人會覺得擁有和其他人不同的事物時有一種強烈快感。像這種「**想要和別人擁有不同事物**」的心理，稱作「**虛榮效應（Snob Effect）**」。針對高級商品、特殊對待、客製化所產生的原創商品最適合應用這種心理。其中，「**想要炫耀奢侈品**」的心理，稱作「韋伯倫效應（Veblen effect）」。為何人類會想要購買昂貴的包包或錢包呢？其實是因為購買昂貴物品會比物品本身具有的實用性更能激勵消費者的消費意願。

　　這兩種心理效應相關論文皆發表於 1950 年，已為人所知超過半個世紀。即使因為電子商務（網路購物）而發生了重大改變，「人們購物背後的心理因素」依然沒有改變。

高級的（premium）

近似詞　奢侈的、富裕的、最高級的、至高的、松（譯註：日本等級稱呼的最高等級）

premium 這個詞彙既有「溢價」的意思，也帶有「高級」的意思。一般來說「溢價」是用來表示「已經無法取得，因此價值超過了原有定價」的意思，但在文案寫作中，通常用來表達「高級的」意思。這個詞彙可以吸引到那些想追求更高層次、想享受更優質事物者的注意。

1918 平日就可享受高級生活（Panasonic）

1919 想要體驗一次，入住高級飯店

1920 請選擇標準模式或是高級模式

High quality

近似詞　高級的、高品質的、high end、high grade

用來強調高品質的一種適當表現。不僅是單純的「品質高」，還可以附加「高級」的形象。如 **1922**，原本馬鈴薯之類的點心只是一種庶民等級的商品，但是也能夠有一些高附加價值·高價格路線的方法。

1921 提高愛車的舒適性·High quality Cleaning service

1922 堅持原料與製造·High quality Potato snacks

1923 實現 High quality 的專業團隊

極致

近似詞　極佳的、最好的、優質的商品、豪華奢侈的

與 High quality 或高品質的意思相同，但是指在高品質之中，等級更優質的事物，所以會被歸屬於「極致」這個分類。然而，實際上使用 High quality·高品質的意思通常有點誇張。是可以有效華麗展現出「高價計畫」的詞彙。

1924 可以盡情享受冬季運動和冬季風味的極致假期

1925 使用極致黑毛和牛的特製漢堡排

1926 提供極致放鬆時光與舒適空間

頂級

近似詞 追求極致、精益求精

用來表現「已經到達極限」、無法再超越、無法再突破的意思。同時包含「堅持」的語感。雖然和「最終」的意思相同,但是「頂級」一詞給人一種更強烈專家職人的感覺。

1927 追求高品質與舒適性的頂級皮革座椅

1928 追求鋁製材質特有的簡約美感與頂級功能性造型
（LIXIL）

1929 「專家傳授！」的頂級下酒菜（NHK）

絕無僅有

近似詞 沒有其他人能夠出其左右、沒有更好的、首屈一指的

沒有比這個更好的,也就是說最高級的意思。雖然要表達「No.1」的意思,但並非是用數值比較的客觀排名,而是個人的主觀的順位。如果使用「極致」等詞彙會給人一種太超過的感覺時,使用「絕無僅有」一詞就不會覺得太奇怪。

1930 搖椅的魅力,讓你享受絕無僅有的放鬆感

1931 絕無僅有的 iPhone 好用密技

1932 請感受我們所提供的高級服務,將讓你享受到那絕無僅有的幸福

高階管理者

近似詞 重要角色、董事、上司、大人物

指的是企業的高階管理者,雖然和「菁英人士」相似,但不會帶有令人覺得高傲的感覺。嚴格來說,這個詞彙指的是高階管理者,但在語感上也常被用來單純地表達「高級」。這個詞彙通常對於高年齡層、商務人士市場的吸引力較高。

1933 為高階管理者設計的演講與簡報課程

1934 提升高階管理者「睡眠品質」的臥室環境設計
（Forbes JAPAN,2016 年 7 月）

1935 絕對要體驗一次高階管理者的日常生活

呈現特殊性

菁英人士

意思是「能幹的人」。但「菁英人士」帶有一種「被挑選出」的強烈語感。雖然容易讓人產生憧憬，但也會讓一些人感到厭惡，因此使用時需要稍加注意。

近似詞 頭腦敏銳者、傑出人才、優等生、秀才

1936 全世界的菁英人士都不會在「星期五晚上」工作
（PRESIDENT Online，2019 年 5 月）

1937 只有菁英人士知道，「可以募集到大筆資金的說話方式」是？
（DIAMOND online，2016 年 5 月）

1938 菁英人士怎樣都不願承認的自我缺點是？

大人的

如文字所示，不是兒童用的，而是大人用的意思。然而，使用起來帶有一種「奢侈的」、「上流人士專屬的」的語感。如 1941，與孩童時期不同，能一口氣花大錢可表現為「大人的購買力」。

近似詞 社會人士的、作為教養的、成人的學習（享樂）

1939 大人的假日 樂部
（JR 東日本）

1940 《大人的語彙力筆記》

1941 一口氣買下學生時期夢寐以求的全套漫畫，大人的購買力

能幹的人

指的是「有能力或才華」、「能產出成果」的人，「能幹」這種說法能讓人感受到真實的狀態，也更容易傳達出該形象。不過，這個詞不太適合用於正式的場合。是能撫慰具上進心或自尊心強烈者的詞彙。

近似詞 實力強大的、機靈能幹的、手腕強硬的、機智的、傑出人士

1942 能幹的人「不會說出自己的目標」
（PRESIDENT Online，2018 年 2 月）

1943 為何能幹的人的桌子，即使工作中也不會雜亂呢？

1944 面對比自己年長的男性部屬，能幹的業務員往往會提出這樣的指示

懂得分辨箇中差異

意思是「擁有敏銳且細膩的感覺，能夠察覺其中細微的差異」。這個表現方法曾因「Nescafé Gold Blend」的廣告而聞名。對於咖啡、紅酒、鋼筆、汽車等嗜好品，往往會因為細微的差異而擁有多樣性選擇，是非常好用的文案。

近似詞　對＊＊很講究、注重＊＊者、
＊＊宅（＊＊狂熱份子）

1945　為懂得箇中差異的高爾夫球選手推薦五款長桿木桿

1946　歡迎想要克服味覺遲鈍、想要懂得分辨箇中差異者參加

1947　這款洗髮精和潤髮乳，獻給懂得分辨箇中差異的女性朋友

天才

印象中通常會給人一種「即使沒有太多練習或是訓練，天生就擁有優異能力表現者」。因此，表現時往往會伴隨著人們的憧憬與羨慕情緒。反過來說，也可能會讓人覺得「那些事情遙不可及，與我無關」。

近似詞　才子、鬼才（異類）、出身名門、
真正的老手

1948　開創開業模式的天才，首次公開獨家 KnowHow ！

1949　打造出可以在運動世界舞台上競爭的天才！

1950　曾被譽為射門天才的男子最終決定引退

奢華（luxury）

與「高級」、「High quality」、「極致」等表現的意思相同。這裡原本是用英語的表現方法，由於並非日常的常用詞彙，因此會給讀者帶來一種聽起來不太習慣的獨特感受。是經常用於行銷宣傳名牌產品、高級行程時的形容詞。

近似詞　富有的、豪華的、高貴的、高級的

1951　擁有人生奢華時刻的喜悅與感動（BMW）

1952　驚鴻一瞥，奢華的腕錶從袖口微露的帥氣

1953　請用合理的價格享受奢華的體驗

呈現特殊性

奢侈

豪華、豪奢、盡情享受＊＊、
充分享受＊＊

和「奢華（luxury）」的意思相同，使用
英文或是日文所帶來的感受會稍微有些
差異。「奢華」一詞稍微帶有一點誇張
的感覺，因此考量前後的詞彙，通常會
比較適合使用「奢侈」一詞。

1954 「奢侈食材」這就是摩斯漢堡為你帶來的高
級體驗
（Mos Food Services）

1955 兩名女子的微奢侈之旅

1956 在關島盡情享受奢侈的假日

貪心

近似詞 貪欲、強烈慾望、盡情享受＊＊

「貪心」這個詞彙稍微帶有一種「任性」
的負面形象。然而，在文案寫作方面常
見的是如 **1957** 或是 **1958** 帶有「能夠
獲得很多」的正面意義。

1957 10 種水上運動，可無限次體驗的海洋貪心
企畫

1958 這就是王道，絕不輸人！
雙層牛肉與雞蛋的貪心組合！
（日本麥當勞）

1959 為了不要被認為是貪心女，
最好在男性面前克制的行為

悠閒

近似詞 餘裕、寬限、放鬆、悠哉

「有悠閒感」，意思是指「有餘裕」。不
僅是金錢方面的餘裕，也包含精神面的
餘裕。在此飄散出一種「預算並不會太
緊」、「稍微有一些餘裕」的語感表現。

1960 為了悠閒的退休生活，從 40 歲開始儲蓄計
畫

1961 用新興趣充實悠閒的心靈♪
可以輕鬆開始的 5 種趣味
（朝日新聞 DIGITAL，2020 年 2 月）

1962 退休夫妻悠閒旅行的最佳景點

放鬆（寬鬆）

雖然「慢慢地」的意思表現非常強烈，但是不僅是在時間方面，在語感上大多用於表示物理面或是精神面的「有餘裕」。此外，有時候也會從該處產生一種「悠閒」的語感。用於時間方面的餘裕時，往往還可以產生一種高級感。

近似詞　悠閒、悠哉、放鬆、慢慢地、舒適地、愜意地

1963　寬鬆的貼身長褲（Cecile）

1964　請在這間超過 40 平方公尺的房間內好好放鬆一下

1965　悠閒會津・東武 Free Pass（東武鐵道）

傳統

「傳統」不是用金錢能夠做得出來的東西，必須要有一定的歲月累積。因此，「長時間受到支持的事物」會給人一種安心感、信賴度也會比較高。此外，歷經歲月、醞釀而成的文化或是歷史可以產生一種品牌價值，傳統商品也比較容易成為高級品。

近似詞　傳承下來的、依然延續＊＊、古法

1966　前所未聞的傳統歌舞伎者生存模樣

1967　療癒咖啡館中播放著印尼引以為傲的傳統音樂

1968　在韓國學會的傳統泡菜製法，帶有令人驚喜的口感

珍藏

從「為了後續，而特別保留下來」所衍生出來一種「特別的」的意思。由於這個詞彙不具有強烈個性，因此可以在各種情境下表達「特殊性」，通用性很高。

近似詞　傳家寶刀、王牌、最終大絕招、殺手級的＊＊

1969　讓你贏得粉絲心的「珍藏版特殊詞彙」

1970　能夠讓蘭花持久綻放的珍藏版澆花技巧

1971　僅需 15 分鐘！利用剩餘食材快速完成的珍藏版清冰箱菜單

特別

近似詞 special、與平時不同

直接表現出「<u>與一般情況不同，很特別</u>」的意思。如 **1972** 與 **1973** 介紹，語感上帶有「特殊待遇」的意思。然而，如果用在<u>不覺得自己該受到特殊待遇的人身上時，可能會讓對方感覺你動機不單純</u>。因此必須注意與讀者的關係性。

1972 本次提名是因為你是本公司特別重要的貴客

1973 這將是你未曾接收過的特別通知

1974 法國・路易王朝最愛的夢幻級「尖身波旁（Bourbon Pointu）」咖啡，已經開始預約，讓我們為你獻上這一杯特別的咖啡（UCC 上島珈琲）

○成

近似詞 9 成、8 成、2 成、1 成、幾乎

常見表現方式如《表達能力影響 9 成的事》。還有○成的人不知道的○○、○○為○成，等常見表現。在此所使用的數字並不需要嚴格的檔案，只需要憑印象描述即可，因此<u>一般來說通常會表示為「9 成」、「8 成」、「2 成」、「1成」</u>。

1975 【9 成的人都不知道的股票投資訣竅】找出績優成長股的 6 大重點（DIAMOND online，2023 年 4 月）

1976 2 成顧客提升 8 成業績的實際情形

1977 只有 1 成的人知道，有利於腸胃健康的姿勢與走路方式

優惠

近似詞 特別待遇、優遇、歡迎、喜愛的＊＊

具有「<u>比其他的待遇更豐厚</u>」的意思，表現出<u>強調與一般的待客之道有所不同</u>。

1978 住宿顧客特別優惠，館內消費全商品折扣 5%

1979 歡迎使用僅限會員的各種優惠服務

1980 請於來店時，出示本「優惠折扣券」

特別招待

取得原本需要付費但現在可以免費參加的機會，或是可以參加僅允許部分人士參加的活動等情況。不論如何，都在告訴顧客是被特別優待的。

近似詞 邀請、歡迎你來＊＊、邀約、邀請函

1981 特別招待你參與現場諮詢座談

1982 特別招待 Lexus 車主參加的專屬活動

1983 9 月中前完成簽約者，本公司將特別招待鬼怒川溫泉旅行

唯有你（專屬於你）

現代社會中，很多市售商品都是「量產品」。然而，如果是客製商品的話，使用「唯有你（專屬於你）」這個標題文案時，可以勾起消費者「想要特別事物」的心情。不見得要完全客製，也可以使用於部分客製化的商品。

近似詞 符合你喜好的、為你量身定作的、世界上獨一無二的

1984 要不要 Challenge 一下，製作一個專屬於你自己、獨一無二的陶器呢？

1985 「Bespoke Shoes」是一款專屬於你、量身訂做的鞋子。專屬於你雙腳的奢侈感

1986 唯有你自己，可以讓自己變得更美麗。（資生堂）

最喜愛

意思是「喜歡的」、「喜愛的」。原本是一個很古老的表現，但是自從網路瀏覽器上出現「我的最愛（書籤）」功能後，就成為了一個日常生活中熟悉的表現。可以簡短地表達出「符合個人嗜好」這件事情。

近似詞 偏愛、心愛、支持、喜好＊＊

1987 尋找一杯你最喜愛的咖啡吧！（Starbucks coffee JAPAN）

1988 可以選擇你最喜愛的顏色

1989 和你最喜愛的音樂一起旅行吧！

呈現特殊性

更高階的

將「並非突然大幅提升等級，而是只有<u>一點點</u>」的語感與「<u>和其他平均狀況有所不同</u>」的語感合併在一起表現。由於不是太誇張的表現，所以很容易使用。

近似詞	on rank up、等級不同的、high level 的、升級
1990	精熟更高階的用餐禮儀，建立更高階的交友關係
1991	為迷你廂型車帶來舒適性更高階的 3 款推薦輪胎
1992	提升更高階的英語會話技巧

營造出

直接帶有「學會、沾上」的意思，但是也可以用來表示「<u>飄散出</u>」或是「<u>醞釀出</u>」的語感。比起單純表現出「加上」或是「穿上」，更帶有一種詩意。此外，如果使用時搞錯情境，可能會變得相當滑稽，必須特別小心。

近似詞	戴上、穿上、散發出、醞釀出
1993	營造出讓所有人都能享受配戴腕錶的喜悅（CITIZEN）
1994	一件能夠營造出古典氛圍的外套
1995	黑色穿搭營造出端莊氣質與恰到好處的配適度（Precious.jp，2023 年 4 月）

職人

表現出<u>並非大量生產，而是著重於手作感與品質</u>。亦可表現出職人技藝、職人技術等。雖然基本上都會用於真正的職人，但是「與職人並列同等級」時，也可以用在技術等級接近專家的業餘者身上。

近似詞	專業人士、專業的、工匠、大師
1996	職人的珈琲（UCC 上島珈琲）
1997	達到職人級的技術品質
1998	光滑木質面的職人技藝，京都‧高級建材生產現場（日經 channel，2023 年 4 月）

光有寫作技巧是不夠的！？　　　　■ COLUMN

　　利用文案寫作技巧銷售商品時，有一個不容忽視的重要程序。依序是：①「賣給誰」、②「說些什麼」、③「該如何說」。一般來說，提到文案寫作，往往被視為是一種詞彙表現的技術，因此人們很容易把目光放在③「該如何說」。然而，實際上，考量要①「賣給誰」才是最重要的。就像有人說「無法將冰賣給愛斯基摩人（居住在北極地區的民族）」，因為目標設定錯誤就難以銷售出去。然而，接下來最重要的是②「說些什麼」。是怎樣的商品‧服務，可以提供怎樣的條件。具體而言就是商品的「價格」是多少？其他商品所沒有的「魅力」是什麼？現在不得不買的「理由」是什麼？。即使找到了想要這個商品或是服務的人（＝「賣給誰」），該服務、商品提案如果沒有魅力，顧客不會想購買。

　　等到上述這些條件都滿足了，才能夠初次產生③「該如何說」的文章技巧。的確，如果擁有足夠的文章撰寫能力，也是能有機會讓顧客願意閱讀。然而，顧客卻不想要買。也就是說，在思考「料理方法」之前，必須先調查「顧客想要吃的食物」，並且收集「食材」。

區分不同的等級

　　如果提供的商品是研討會或課程等「知識與技術」，那麼先意識到「對方的程度如何」非常重要。因為對於剛準備開始的人，或還處於初學者階段的人來說，直接介紹應用技巧可能會讓他們難以掌握。相反地，針對已有經驗的高階者，介紹基本知識沒有意義。因此，關鍵在於內容**必須符合相對應的等級**（N）。比方說，經常會遇到這樣的情況，「這是對初學者而言也很重要的技能」或是覺得「即使是高階者也應該重新學習」等，我們試圖想要傳遞訊息或是銷售產品給更多人，想藉此擴大傳達訊息的範圍。然而，**如果屈服於這種誘惑，往往會讓想要傳達的內容變得模糊不清，結果導致每個層次的客群都沒有反應。**

　　仔細觀察一些詞彙，就會發現有很多針對初級和高級的詞彙，但是卻很少見對應中級的詞彙。原因就在於「中級」這個概念是模糊的。如果是一系列的課程，涵蓋初級、中級和高級，那麼使用起來沒有什麼問題。但是，如果單獨使用「中級」一詞可能讓人覺得難以捉摸、難以產生共鳴。一般來說，中級指的是「不算是初學者，但也還不夠熟練」的程度，所以受眾層可能較為廣泛。然而也因為這個詞彙意義模糊，難以讓目標群體感同身受。在這種情況下，與其描述等級，不如使用「**～的你**」這種更具體的表現方式更恰當。

入門

近似詞　接下來要開始了、初次的＊＊、
初學者（beginners）

會產生一種「從最初開始學習」的語感。即便如此，整體來說還是不適合過於簡單的內容。雖然已經有了一定程度的學習歷程，但是定位為「初階階段」會更為恰當。

1999	《說話方法入門》
2000	社會人士專屬的資料科學入門（日本總務省統計局）（譯註：資料科學〔data science〕，又稱數據科學）
2001	就算你不太會使用電腦也沒關係，初學者的智慧手機使用入門

基礎・基本・Basic

近似詞　基礎規則、基本規則、打好基礎

「基礎」和「基本」的語感幾乎相同。和英文的「Basic」意思相同。只需要與前後單字搭配組合，選擇其中任何一個自己覺得比較中意的字彙即可。

2002	從基礎開始學韓語
2003	魚料理的基礎知識。只要學會就能夠在家中享受到新鮮的魚料理
2004	國際人才的英語會話 Basic 講座

第一步

近似詞　開始的第一步、著手開始、First Step

在入門當中，定位「這是最先要做的事情」。也帶有一種「著手開始」的語感。用在很多人會覺得難以理解的主題、複雜的程序、不知如何是好的主題非常有效果。

2005	你也想踏出成為居家工作者的第一步嗎？
2006	農村生活移居計畫的第一步是收集資訊
2007	《當爸爸的第一步》

基本的基本

近似詞　超基本、超基礎、超入門、起跑線

「基本中的基本」這種表現比較輕鬆隨興。和「第一步」的感覺相同，但是「基本的基本」不一定帶有「最初的」的意思，含有「在好幾個基本知識中，只有這些是絕對不能忘記的」語感在內。

2008 商務人士的西裝穿搭「基本的基本」

2009 一讀就懂的經濟學「基本的基本」
（東洋經濟 ONLINE，2013 年 3 月）

2010 只要看一下營養成分標示就懂了！
「基本的基本」
（日本消費者廳）

初次（首次）

近似詞　初＊＊、＊的入口、開端、一開始

可以用於各種場景，並且展現出不同的意義。如 2012，帶有「新登場」、「新的」的意思；2013 則是用於新顧客「初來乍到者」的內容。或如 2011 也可用於「出道（初次登場）」、「初體驗」的意思。

2011 初次擔任管理職，該如何是好？
降低不安的 3 個訣竅
（Forbes JAPAN，2018 年 3 月）

2012 初次由 100% 回收再生鋁製成的 Mac
（Apple.com）

2013 本店首次購物者限定，500 元 OFF 折價券贈送中

初學者

近似詞　Beginner、新手、入門者

明確對象為「初學者」的表現。對於「初學者」這樣的說法，有些人可能會產生「被看輕、被當成笨蛋」的負面反應，如果想要避免這種情性，建議可以使用「初次的」、「基本」、「入門」等其他表現方法。

2014 初學者不可以買的「5 種投資信託」
（東洋經濟 ONLINE，2019 年 5 月）

2015 簡單易懂！適合初學者的吉他演奏指南

2016 適合初學者的小額股票投資

從零開始

可以充分表達出「零經驗」的語感。但是，如果直接用「零經驗」的話，感覺會有點生硬，而「從零開始」則不會過於生硬，也不會讓人覺得太隨便，是一個廣泛適用的便利表現方式。

近似詞 從頭開始、從左右不分的狀態開始

2017 完全從零開始的少林寺拳法

2018 從零經驗開始也無須擔心

2019 從來沒碰過鍵盤！
高齡者專屬的從零開始電腦教室

輕鬆開始

基本上，人們往往會因為習慣於現狀而感到舒適，難以改變當前的行為。因此，如果沒有一顆強烈的決心，面對困難或是複雜的事情時就很難採取行動。「輕鬆開始」這個詞彙具有降低決策門檻的效果。

近似詞 隨時隨意開始、試用、無風險地

2020 輕鬆開始進行家庭財務管理
（日本經濟新聞，2010 年 12 月）

2021 最適合輕鬆開始聯盟行銷的網站就在這裡
（譯註：聯盟行銷〔Affiliate Marketing〕，企業透過聯盟夥伴（如網紅、網站、部落客等）來推廣產品或服務，並根據實際銷售或流量結果給予佣金或報酬。）

2022 用居家運動 APP 輕鬆開始養成運動習慣

快速了解

已經把「至少應該知道的某些重點」內容整理好了，而且前提是這些內容可以在短時間內理解。如果內容資訊量太大，閱讀或是觀看需要花費很多時間，就不太適合。

近似詞 速成、概論、掌握要點、快速指南

2023 推薦給有糖尿病家族史者，糖分限制快速了解手冊

2024 快速了解道路交通法修正要點

2025 給經營者的快速數位行銷指南

＊＊都懂的

近似詞　＊＊也可以理解、＊＊也 OK

選擇那些一般較難理解的對象，並且表示即使是這些對象也都能理解的簡單內容。「連猴子都懂」經常用來表示「非常簡單」，但因為帶有些許貶低的意味，所以使用時應謹慎。

2026　連小學生都懂的超基本 Excel

2027　每個人都能懂的破產前兆。
你的企業沒問題吧？

2028　新進員工都直覺能夠了解的身邊事例
（《Impact Company》）

＊＊也能夠

近似詞　＊＊也可能、＊＊也不是不可能

與「＊＊都懂的」意思類似，但是這裡不僅是「讓人可以理解」，還支援到「可以操作」的實踐程度。「可以操作」會讓人覺得以實踐為前提。如 2029 和 2031 中的 Photoshop 操作或是安裝行車紀錄器，適合針對以讀者「行動」為前提的內容。

2029　即使是初學者也能夠使用 Photoshop 進行影像修正的方法

2030　即使格局不大也能夠提升業績的方法
（《用小預算掌握優良顧客的方法》）

2031　每個人都能夠輕鬆安裝好行車紀錄器的方法

看了就懂

近似詞　圖解、視覺（插圖）理解

表示大量運用圖片、繪畫、照片等視覺的方法，讓人可以直覺理解。原本只透過文字閱讀難以理解的內容，轉變為可以用視覺方式理解的內容。可以提供給比起文字，更想透過插圖或照片方式理解的人一些幫助。

2032　看了就懂的群眾募資架構

2033　看了就懂的圖解日本四字成語大全

2034　照護者必看 。看了就懂的照護技巧

一眼就能看懂

通常用於與「看了就懂」相同的意思，並非強調以視覺來說明解釋內容，通常是強調「立即就可以明白」、「瞬間就可以理解」這種強調時間上的迅速。因此，想要迅速理解的人大多會偏好這樣的「速成」。

近似詞 一目了然、快速指南、速成

2035 一眼就能看懂企業狀態預算決算書的閱讀方法

2036 一眼就能看懂細部規則，圖解橄欖球比賽規則

2037 一眼就能看懂與過去機種的差異

＊＊最容易理解的

不需要真的去證明是否真的全日本第一容易理解，或是世界第一容易理解，是文案寫作時廣泛使用的一種表現。用來強調「非常簡單、容易理解」。「＊＊」中可以填入的詞彙包含地區、組織、業界等各種母體較大的集團。

近似詞 ＊＊最容易理解的、＊＊超簡單的、連猴子都懂

2038 全世界最容易理解的讀書課—齋藤孝
（DIAMOND online，2019 年 1 月）

2039 這樣就安心了，
全日本最容易理解的消費稅架構

2040 全日本最容易理解的塔羅牌占卜

達人

原本是用來表示精通「＊＊術」、「＊＊之道」等武藝、技藝者是「能將該本領專研到極致者」或是「能妥善運用的人」的意思，不限使用領域。但可能被視為只是誇大其辭，使用時必須慎選場合。

近似詞 師傅、名人、巨擘、大師、名家、強者

2041 串燒達人推薦，真正的竹串烤肉

2042 太鼓達人
（Bandai Namco Entertainment）

2043 向 3 位達人學數獨，提升解題速度的祕訣

區分不同的等級

Expert（專家）

近似詞 specialist、專業人士、職業選手

「達人」的英語表現。在此指的是未必能達到「在該領域登峰造極的權威人士」的程度，但在某種技能上已經十分熟練的「專家」。這個詞彙特別適合用來形容像是擁有色彩診斷搭配（2045）或是影像診斷（2046）這類需要深度與專業性技能的專業人士。

2044	Expert 專家小聚
2045	色彩診斷搭配專家會為你挑選適合的顏色
2046	有助於早期發現疾病的影像診斷專家們

極度講究

近似詞 ＊＊通、＊＊鑑賞專家、＊＊宅（狂熱份子）、對＊＊嚴格要求

表示有特殊的設計或是對細節有更周到的考量。暗示「與標準的產品不同」。適合高級・高階者。

2047	我們極度講究鍵盤的打字感（Apple.com）
2048	徹底嚴選哈密瓜來源，極度講究的哈密瓜麵包
2049	極度講究。堅持完全無添加、無色素的香腸

道地（正式）

近似詞 道地、正宗、元祖、富有傳統、經典的

表示具備原有的格調。如 2051 和 2052，常用來形容食物等具備「正宗品質」或是「按照正式程序製作」。也可用來表示「從測試階段開始即正式投入精力」的意思。

2050	小型版太空梭「Dream Chaser」正式啟動（Forbes JAPAN，2018 年 12 月）
2051	展現道地高湯風味的讚岐烏龍麵名店
2052	敬請品嘗使用印度直送香料製作而成的道地咖哩

完整、完美

近似詞 complete、MECE

給人一種沒有遺漏、網羅全部內容的印象。這個詞彙對於想要全面了解該主題的人來說，是個直擊重點的內容。相反地，如果想要節省時間，只想抓住重點了解的人，看到「完整」或是「完美指南」可能會感到有負擔。在這種情況下，「速成」或是「快速了解」等表現方式更合適。

2053 【完整版】深入解說個人簡介的撰寫方法

2054 社會保險勞務士考試完全熟讀

2055 鐵道迷媽媽必看！關西私鐵完整指南

高級篇、高階篇

近似詞 精熟編、大全、完整指南

表示該商品的對象明確針對高階使用者，而非初學者或中階使用者，非常適合用於能夠明確對象時。看到這種表現方式時，自認為是初學者的人應該不會產生反應。因此，這種表現方式能給人一種被特殊對待的感覺，也能藉此迎合高級者的自尊心。

2056 Excek 條件函數的使用方法【高級篇】

2057 Adobe Illustrator 高階講座

2058 獲取公認會計士資格認證的高階課程

巧妙、美味

近似詞 巧妙的、技術高超的、卓越的、神乎其技的

表示「從基本狀態，等級有進一步提升」的意思。雖然不一定意味著就是「高級」。如 2059 和 2061，經常用來表達「聰明」的意思。在這種情況下，想要「圓滑且高效率達成目的」的人，看到這個表現詞彙出現在標題或文案時，往往會特別受到吸引。

2059 不會讓對方感到不愉快的巧妙拒絕寶典

2060 即使事先準備，也能保持絕佳口感！在家中也能輕鬆炸出美味炸物的方法

2061 和比自己父母年長的上司，巧妙相處的方式

區分不同的等級

媲美專業

近似詞 業餘高手、業餘專家、超越業餘水準

這個詞彙的意思是「<u>具有與專業水準並駕齊驅的技術能力</u>」。可以營造出「高級業餘高手、業餘專家、超越業餘水準」的氛圍。如 **2063** 或 **2064**，可以用來形容「<u>業餘人士也能達到專業品質</u>」。反映出那些已掌握基本知識的人，渴望達到專業水準而被認可的普遍心理，可廣泛使用。

2062 媲美專業的吉他技巧

2063 用輕便型相機也能拍出媲美專業的照片

2064 培養出媲美專業的寫作能力

能吸引女性的詞彙

「人類會因為心情買東西，而且還找一些藉口使之正當、合理化」，這個銷售的基本原理，不論男女性都一樣。然而，**據說女性決定購物時的判斷基準在「心情」、「共鳴」、「質感」的比例比男性要來得高。**可能很多人都聽過以下這個例子，經常被人提出來當茶餘飯後的話題。

女性有煩惱，並且去詢問男生意見時，男性如果提出解決方案：「你只要這樣做就好了唷！」，女性不高興地說：「我只是要你站在我這一邊。」

像這種「男性腦」與「女性腦」的話題，是有科學根據的。**女性專屬商品有一些常用的特定詞彙，形塑特殊市場文化。**

在文案寫作方面，確實有一些是「女性容易有反應的詞彙」。比方說，與美容相關的表現、與「母親」等立場相關的表現、強調小巧可愛的表現等等。這些女性顧客反應率較高的詞彙往往是因為男性與女性「有興趣的關心對象」差異很大。文案撰稿人必須依照讀者有興趣關心的事物來選擇詞彙。**想要銷售以女性使用者為主的商品時，就需要一些讓女性朋友覺得「非買不可」的詞彙。**

高雅	近似詞	優美的、優雅的、華麗的、豪華絢爛的、高貴的
「高雅」這個詞本身帶有包含「優雅」、「優美」、「高級」等意思，能讓人感受到美好。難以被其他表現所替代，帶有高貴且神祕的氛圍。	2065	散發出高雅氣息的淑女風格（VOGUE，2016 年 8 月）
	2066	可以展現高雅穿搭的春天小配件們
	2067	值得注意的是，可以讓人沉浸在高雅且奢華氛圍中的客廳設計

名流

近似詞 超級巨星、頂級明星、魅力領袖、大人物

英文為 celebrity，意思是「知名人士、藝人」，常轉化用來表現「華麗且奢華的」。可以有效醞釀出高級感與非日常感的詞彙。

2068 能讓人感受到名流般氛圍的更衣室充滿魅力

2069 名流鼻專用衛生紙
（王子 NEPIA）

2070 偶爾從準備晚餐和收拾善後的工作中解放自己，享受一下輕鬆的名流氛圍

微（小型）

近似詞 迷你、small、手掌大小、小巧

加上「小」這種物理性尺寸，會包含「可愛」這種主觀式的感想在內。不僅表現出物理性尺寸，也可以如 2073 這種帶有「微」的意思，強調「體驗的輕鬆程度」。

2071 噴射式小型乾手機
（三菱電機）

2072 乳油木果寶寶小型禮盒
（歐舒丹）

2073 利用週末副業賺錢者的共通點，企業員工微創業的成功 3 訣竅（PRESIDENT WOMAN，2019 年 2 月）

柔滑（美容）

近似詞 如融化般的、絲滑的、滑嫩的

「柔滑」是用來表現柔軟、潤澤的詞彙。常用於表現食品的「口感」，但是不限於食品，也可用於形容手指觸碰時的「觸感」或是「質感」。同時也帶有「潤澤」的形象，適用於強調女用化妝品等的保濕效果。

2074 洗完後長髮柔滑的洗髮精

2075 如粉末般柔細的肌膚觸感

2076 保濕力超群，
塗抹瞬間即可讓嘴唇有柔滑感的護唇膏

在家裡

近似詞 在家中、自學、與家人一起、全家一起

在過去認知「家事＝女性的工作」的時代，「家」這個詞彙彷彿是女性的代名詞，但已今非昔比。現在這個詞彙常用於「可以在家中使用」的狀況，「家裡」這個詞彙的語感較為柔軟，容易讓女性朋友所接受。

2077 在家 AEON，AEON 網路超市（AEON）

2078 爸爸媽媽不會講英語也沒關係！從 1 歲就可以在家裡開始的英語課程

2079 在家裡製作出酥脆口感的哈密瓜麵包

當季（時尚）

近似詞 流行的、時尚風格、時尚潮流

在時尚領域中使用「當季」這個詞時，雖然也常用於男性，但一般認為女性對流行更為敏感，因此經常出現在以女性為主的媒體中。對於那些想要「跟上社會潮流」或「搶占時代先機」，追逐趨勢導向的人來說，這個詞具有強烈的吸引力。

2080 今年春天務必一試，當季時尚的洋裝穿搭法

2081 想要立即入手的 20 件當季時尚單品

2082 參考 7 位時尚專家建議，當季時尚的實惠穿搭（VOGUE，2018 年 12 月）

可愛、Cute

近似詞 受人喜愛的、惹人憐愛的、討人喜歡的＊＊、可愛至極的

一般來說，「可愛」被認為是女性決定購買的重要判斷標準之一。雖然也可以使用「Cute」這個英文字，但是像「可愛的馬克杯」或是「Cute 的馬克杯」給人的印象稍有不同。

2083 兼具可愛與舒適！女性最愛的 10 家睡衣與居家服飾品牌（Oggi.jp，2020 年 1 月）

2084 可以讓你製造可愛（花王）

2085 Cute 又有質感，工作或私人時間皆可使用的飾品

好棒喔

不僅是「厲害」，還包含「可愛」、「漂亮」的語感。口語上表現帶有「哇！超讚」的意思，給人一種女性的口吻。

近似詞 最棒的、帥氣的、潮的

2086 每個人都能夠寫出如此棒的內容

2087 HEELS LIKE DANCE
——舞孃與世上最棒的高跟鞋
（ELLE，2019 年 11 月）

2088 最愛的衣服需要一個最棒的衣櫥

清爽乾淨

雖然愛整潔的不限於女性，但在廣告文案中，「清爽乾淨」這個詞對女性顧客的反應特別高。因為這個詞彙直接訴求女性與生俱來的「美感意識」和「想變美的慾望」，被廣泛應用於針對女性的廣告和媒體之中。

近似詞 美麗的、Beautiful、艷麗的（華麗的）、秀麗的

2089 乾淨而透亮的肌膚從每天早晨洗臉開始

2090 成熟又清爽的休閒時尚穿搭 20 選

2091 讓書桌周圍保持清爽，整潔的收藏整理好用小物

美人

意思是「美麗的女性」，這種表現方法的通用性很高。雖然也有「美女」這個詞可以表現，但是往往會讓人聯想到戀愛的情境。這個表現方法的重點如 2092～2094 的「＊＊美人」，可和其他詞彙組合成另一個名詞。如果覺得講述「為了讓素顏變得漂亮」會顯得過於冗長，就可以濃縮成「素顏美人」四個字。

近似詞 Beauty、佳人、麗人、美女、公主、傳統美人

2092 介紹素顏美人必備的輕鬆夏季防曬好物

2093 紅色跑車格外適合的香車美人們，現在最想搭乘的進口車

2094 浴衣美人的重點在腰帶，認識顏色和圖案的腰帶選擇小學堂

魅力的、迷人的

意思是「有魅力的」、「有成人魅力的」，雖然也可用在男性，但在相同意思下通常不會對男性使用「迷人的」。這個詞彙常用於「幫助某人展現他最好的一面」的意思。

2095 女人的魅力何在？
40 歲開始重新何謂思考的「真正女性魅力」
（Precious.jp，2020 年 1 月）

2096 肩背包最適合充滿魅力的成熟女性

2097 在男人眼中，女人看起來最迷人的瞬間

魅惑的

意思類似於「魅力的」，但是「魅惑」這個詞彙如同字面上的意思，有一種迷惑人心的語感、醞釀出神祕的感覺。語感上也有一種「被俘虜」的感覺。語感稍微不同的是「著迷」，在此帶有一種吸引人心、使人沉迷其中的感覺。

2098 Craft Boss 魅惑的義式風情
（三得利）

2099 魅惑的 Strawberry Time
（帝國酒店）

2100 來自巴黎的魅惑香氣

品味時尚

男性方面幾乎都用於表現「服裝」。如果用於女性，除了服裝以外，還會包含「型」、「小配件」、「化妝」等，涵蓋範圍非常廣泛。原本「凌亂頹廢風」帶有一種「輕浮」的意思，現在常被等同於「品味時尚」。

2101 美的果實——藍莓・營養＆簡單，品味時尚的食譜｜非常適合用來招待客人！
（美的 .com，2020 年 1 月）

2102 試著用品味又時尚的照明，改變大廳的氛圍吧？

2103 在綜合醫院內發現的品味時尚咖啡廳！

能吸引女性的詞彙

媽媽

近似詞 有孩子的、母親、母親大人、家人

目標對象為「擁有孩子的女性」。特別是擁有嬰幼兒的母親，因為有較高機會購買其他年齡層所不會購買的特定商品（尿布、斷奶食品、嬰兒服裝），可以說是一個獨特的目標市場。再者，這類商品雖然父親也可以買，但是比例上來說女性購買的機會較高。

2104　單親媽媽帶著 2 名幼兒，前往西班牙攻讀 MBA，每天 24 小時的生活（日經 doors，2019 年 6 月）

2105　酷媽咪專屬的 2 週方案

2106　該如何在職場上分享職業婦女的實際狀態？

討人喜愛、惹人憐愛

近似詞 可愛的、憐愛的

「可愛」與「討人喜愛」的意思幾乎相同，但是在語感上稍微不同。另一方面，此外，「討人喜愛」的變化表現還有「惹人憐愛」。這裡必須與前後文脈搭配後才能選出適合的表現詞彙。

2107　孩子專屬。討人喜愛的連身裙特輯

2108　以惹人憐愛白長尾山雀為主題的圍巾

2109　什麼舉止能夠突顯成年女性討人喜愛的魅力呢？

快樂的

近似詞 欣喜、溫柔

可以如 2110 明確點出快樂的主語是誰，以及如 2111 未明確點出主語的情形。與「開心的」的語感稍微有些差異。此外，如 2112 不直接與人相關，對象可以是身體或是動物等。

2110　讓媽媽也能感到喜悅的生產套裝禮盒（BORNELUND）

2111　附帶能在夏天感到快樂的功能！【涼爽／可水洗】輕盈長款連衣裙（WORLD）

2112　能讓身體感到快樂的 10 款早餐菜單

也沒關係

近似詞　OK

這個詞彙的對象雖然不限於女性，但是稍微想要被安慰時，聽到「也沒關係」時會覺得被許可，心情就會比較放鬆。在這層意義上，比較容易獲得讀者的理解與共鳴。如 **2115**，在給予讀者許可的意義上使用時，可以發揮促使行動的作用。

2113　不用藏起來也沒關係！
讓客廳一目了然的收納法最時尚

2114　敏感肌可以○○也沒關係

2115　今年耶誕節就稍微貪心一點也沒關係

片刻

近似詞　一段時間

雖然是暫時一段時間的意思，但是「片刻」與「一時」在語感上有些差異，單從「時間」來看，不會給人一種特別有魅力的感覺。但是，使用「片刻」這個詞，同時也能讓人感受到一股「高雅感」。因此，與高級的事物搭配使用會更為適合。如果用在「在庭院打掃的片刻」這種情境下，就有些許不協調感。

2116　奢華的片刻～讓人難忘的熟齡精緻之旅
（JR 東日本 VIEW TOURISM AND SALES COMPANY）

2117　享受寧靜的片刻……可以來點午餐或是咖啡
（瀨戶內市觀光協會）

2118　想不想在高樓層咖啡廳享受片刻，忘卻都市的喧囂呢？

華麗的

近似詞　豪華、高級、燦爛

日文漢字寫成「花やか・華やか」，意思是「像花那樣的美麗」、「鮮艷美麗」、「燦爛奪目」。通常用於視覺性的事物，也可以用在如 **2121** 等氛圍。

2119　為紀念日的餐桌增添色彩的華麗開胃菜拼盤

2120　增添聖誕節氣氛的華麗圖案圍巾

2121　清爽的柑橘香氣讓辦公室充滿華麗感

艷麗（華美、光澤亮麗）

近似詞 光滑的、美麗的

帶有「富有魅力的」的意思。「華美」帶有一種嫵媚、濃郁的美感。「光澤亮麗」則用來表示具有光澤度的美立、帶有潤澤感、閃亮光滑感。

2122 為了擁有光澤亮麗的秀髮，每天持續進行的 3 種護髮方法

2123 想不想用這款眼影打造出艷麗的妝容呢？

2124 展現出艷麗及優雅氣質的和服造型

絢麗

近似詞 華麗的

代表的意思非常多，用於文案寫作時，通常用來形容（色彩）鮮豔、整潔且美麗的事物。帶有「華麗」、「端莊」、「整齊」等多種意思。是一個可以傳達出豐富語感的詞彙。

2125 絲綢的光澤展現出絢麗的女性美

2126 絢麗的寶石故事 Selection（BS-TBS）

2127 你可以欣賞到許多正在盛開的絢麗玫瑰

獎勵

近似詞 禮物、獎賞

雖然是用來表示褒賞，但是意指稱讚他人並且贈送東西。原本是從地位較高者給予地位較低者一些好東西的意思，但是在廣告文案中，在表示「作為給自己的犒賞」的意思下，經常表現出一種「自己給自己好東西」的語感。

2128 給努力的你一條毛巾作為獎勵（今治謹製）

2129 給大人的獎勵（Nestle Japan）

2130 作為獎勵的草莓口味可麗餅皮聖代（不二家）

Action
促使行動的表現

所謂「文案寫作」就是創造一個新世界。

一個超越為了五斗米折腰的現實日常，

並且為浪漫滿溢的無限未來搭起一座橋。

「行動」才能創造關鍵時刻

所謂「行動（Action）」是指促使顧客購買或是願意點擊連結等的行動表現。如果將這些「反應」彙整起來，那麼我們可以說，「行動」就是指能讓使用者「提高反應率的詞彙」。

透過熟練地運用這些詞彙，就可以妥善連結手邊所有資訊，並且將結果引導至使用者想要的結果。

如果用在網頁上，就可以寫在按鈕上或在按鈕旁寫下一些文案，具體表現舉例如下：

「現在立即申請！」
「輕輕鬆鬆就能註冊會員！」
「今天 10 點前下單，明天即可到貨」。

雖然只是用來促進行動的一句話，但是效果卻不容小覷。只是一點點微小的差異，就能造成非常大且不同的反應率，因此身為一名文案撰稿人，必須特別注意。

1. 選擇不會讓使用者感到勞累麻煩的詞彙

最重要的是在按下按鈕前、後都「**不會耗費顧客精力**」。具體來說必須讓顧客徹底順利地體驗到，能以最低限度移動畫面、可以輕鬆填寫表格，並且確認事項沒有遺漏等。

為了提升使用者的信任感，或提升粉絲的黏著度，根據美國企業進行廣大範圍調查後的結果顯示，越不讓他人覺得麻煩的事物越有效果。❺

「這不是撰寫文案者該做的事情，而是網頁設計師的工作吧？」說的沒錯，然而，對使用者而言的確會覺得是同一種作業，但是**透過遣詞用字的差異，讓人感受到必須要付出的勞累麻煩感完全不同**。根據調查，遣詞用字差異的重要性，影響 2 倍的實際行動 ❻。

為了不讓使用者感受到勞累或麻煩，遣詞用字的原理原則是：

1）站在對方立場；

2）思考最佳選項；

3）使用讓對方感到親切、肯定的表現詞彙。

❺《款待的幻想》實業之日本出版社，Matthew Dixon、Nicholas Toman、Rick DeLisi 著）
❻ 資料來源：同上

比方說：

「在○○日之前，我們無法發貨。」

▶ 「○○日後，我們終於準備好開始發貨！」

「無法指定時間。」

▶ 「很抱歉，無法接受指定到貨時間，但我們將會在最短的時間內為你送達。」

「○○日後將自動扣款。」

▶ 「○○日前免費。為了後續盡量不要打擾你，請你預填付款資訊，如果你不希望繼續請在○○日前取消。我們會在 3 天前發送確認郵件。此外，你也可以隨時線上取消，敬請放心。」

重點是，與其寫下購買條件、文章或是注意事項，不如**以和親近朋友聊天的方式來推動行動**，讀者比較不會感到費力。因為可以愉快地買到東西，就容易再次光顧回購，也會願意介紹給朋友。

2. 為了不要讓使用者東想西想、胡亂煩惱

哥倫比亞大學曾進行一項關於選擇項目多寡會如何影響購買行為的實驗。他們在商店內舉辦果醬試吃會，結果：

- 準備 24 種果醬時，有 3% 試吃過的人會購買
- 準備 6 種果醬時，有 30% 試吃過的人會購買

提供**較少選項**的購買率竟然高出 **10 倍**。

也就是說，與其賣方不停地介紹「我們有這個、也有那個」各式各樣的產品，想提供許多選項給顧客，但**聚焦在「我建議這個」的反應率會比較高**。

3. 常見問題的解答應該避免死板，要以親切易懂的文章表達

FAQ（常見問題）所扮演的角色非常重要。事前準備好一個能夠誠實且細心回答買家問題的完整內容。因為這樣**可以減輕購買前猶豫不決者的不安感**，大幅提高成案率。

許多 FAQ 的文章內容都會寫得很官腔官調。然而，如果重視與使用者之間的關係，就應斟酌改變，成為**能讓人感受到人情味、容易親近的文章**才對。以下介紹一個案例。美國某間家用游泳池施工‧銷售企業的股價暴跌，訂單被大量取消、事業處於生死存亡之際的故事。沒有對象可以推銷拜訪的業務人員利用這段多出來的空閒時間，開始真誠地在網站首頁的 FAQ 內針對來自顧客的所有提問予以回答。

結果，不久之後，陸續達成 1,000 萬日幣等級的訂單。

雖然是文字說明，但是相對於先前顧客詢問「游泳池工程多少錢？」過去都只用「敬請來電洽詢」的方式簡單應對，後來則改變策略，選擇在網頁上公開且毫不隱瞞地進行說明。

「前來諮詢的顧客當中，最想知道的是關於『玻璃纖維製的游泳池要多少錢？』等價格問題。真的是非常難回答的問題。但請容我盡可能以正確、容易理解的方式予以說明。打造一座游泳池就像買車、買房一樣，因為有很多其他的選項可以選擇，所以價格區間往往有大幅落差。（以下將本公司報價計算方式與其他種類的泳池工程、施工、維護費用做一詳細比較）❼」

---

❼ 摘自美國利物浦公司官方網頁。我們將關於價格部分的 FAQ 內容，重新解讀。https://www.riverpoolsandspas.com/cost

非常了解這些商品的負責人可以想像眼前好像有一個顧客，將所有想要說明的內容彙整成文章。回答 FAQ 是很好的訓練，對於日後撰寫網站文案或銷售信件都非常有幫助。想要提升文案寫作技能的人，務必要挑戰看看！

4. 最後…，補充說明

在行銷文案寫作的世界裡，根據 100 年來的常識，**最常被讀取的就是「標題」，接著大家就會去讀「補充說明」**。那麼補充說明的部分應該寫些什麼呢？

答案是，你最想讓對方留下印象的事情。

當然，為了促進購買決策，再次提醒截止日期也是一個不錯的做法，並且再次強調已經在標題中強調過的產品好處，也是常見的手法。

然而，我們經常會在電影最後一幕，看到所有角色齊聚一堂慶祝的場景。就是想要透過不經意觸及故事真正主題，營造出一種餘韻。

那麼，你想說的那個故事，真正的題目是什麼呢？是像 Apple.com 般，擁有充滿美學意識的創造力嗎？還是像 Google 般擁有風靡全世界的技術呢？或是，像東京麗思卡爾頓酒店般擁有體貼入微的員工呢？

你會想要在即將離別時，怎樣呈現出真正重要的事物呢？就那麼一句話，就能夠徹底改變給讀者留下的印象。而且，隨著這句蘊含深意的詞彙在心中迴響，你與顧客再次相遇的準備也漸趨完備。

隨著文案寫作技巧提升，你將能夠超越日常生活家計的必要現實，架起一座通往浪漫滿溢、理想未來的橋樑。簡直就像是**一份在打造新世界的工作**。我之所以認為行銷文案撰稿人是一個值得驕傲的職業，就是這個原因。

促使具體的行動

　　文案寫作技巧之一：CTA（Call To Action）。意思是「**清楚具體地提出呼籲，想要促使讀者做出怎樣的行動**」。其實有很多身邊常見的文案內容，沒有好好地運用 CAT。比方說，像是這種邀請文：「同樂會將於晚間七點開始。感謝你於百忙之中前來，我們將會準時開始，還請你理解與協助」。仔細看一下，這樣的文章乍看之下好像很有禮貌。但是，這段文字的問題是：**並沒有寫出「請在開始時間前抵達」這種「最重要的訊息目的」**。或許有些人會覺得「這種事情不用寫也知道吧！」但是套入 CTA 的技巧就可以改寫成為以下的內容：「同樂會將於晚間七點開始。希望大家可以在一起乾杯後，盡情享受一段開心的時間，因此，**請於 18：50 前抵達同樂會現場**」。這樣一來，就能具體寫出想讓讀者採取的行動（＝ 18：50 前抵達），對方不需要思考「那麼，我該如何是好？」就可以解決所有的疑問。或許的確覺得是理所當然，但是結果差異卻會非常大。**明確說出希望對方採取的行動，就能大幅提升對方採取行動的準確率。**

現在請你立刻＊＊

近似詞　拜託請立刻＊＊、非常急迫請立即＊＊

現代社會每天都有大量資訊在流傳，一旦被放在次要位置，就會被遺忘。因此，最好讓讀者在閱讀後立即採取行動。這個表現的重點是清楚、具體地說明必須採取什麼行動。

2131	現在請你立刻按下按鈕
2132	現在請你立即填妥申請明信片上的必要內容後寄回
2133	現在請你立刻播打免費專線 0120-XXXX-XXXX

請你先＊＊

近似詞　總之請＊＊、從＊＊開始吧

在銷售真正想要銷售的產品之前，呼籲讀者採取行動，這種表現方式相當常見。再者，在語感上這樣的行動帶有一種微妙的「輕鬆」感，因此會讓人覺得壓力較小。不過，有些場合能用，有些場合不能使用。例如：千萬不要在直接下單的按鈕上寫「請你先點擊」。

2134 請你先與我們諮詢

2135 請你先撥打免費專線 0120-XXX-XXX

2136 請你先預約免費體驗課程

後續告知

近似詞　答案請見＊＊、將在＊＊中論述

對讀者「有所保留」，把問題的「答案」放在其他地方。如同「我們將在廣告後繼續」，經常會頻繁地在電視節目中使用，可以讓看節目的人更想知道答案。

你是寶可夢、超人力霸王，還是？
2137 答案請見第 1 章
（《Impact Company》）

2138 問題解答請見第 12 頁！

2139 由於這是一個很長的故事，我們將在免費視訊研討會中繼續與你探討

在此

近似詞　滑鼠請點擊這裡、繼續閱讀（下一頁）、想看更多

有時網頁文章太長、空間不足，需要引導讀者前往下一頁時就可以用到這個詞彙。或是，也可以特意在想要創造「焦慮」效果時使用。透過稍作停頓，更能激發讀者興趣。然而，畫面必須要移動，可能也會讓讀者選擇離開，必須特別注意。

2140 答案在此

2141 繼續請按此

2142 詳細內容請見此

補充說明、P.S.

過去在手寫信的年代，是一種用來補充說明忘了在本文內寫到的表現。在文案寫作時，是為了在結束前讓讀者留下印象、反覆說明想要傳達的內容，或是故意不在本文中寫出，而是特意寫在附註等補充說明。

近似詞　最後的、補充說明、忘記說了

2143　補充說明：如果申請者眾多，將依申請先後順序處理，敬請即早申請

2144　P.S. 以上皆為所得扣除對象。

2145　最後，邀請兩位講師為我們……

請加快你的腳步

單刀直入地傳達給讀者，我希望你們盡快做些什麼。使用這個表現方法的重點是，要同時說明「為什麼必須要快一點」。如果沒有正當理由就要求讀者「請加快你的腳步」，會損害讀者的信任度，必須特別注意。

近似詞　即將推出、還來得及

2146　請加快你的腳步！乍現的機會之門即將關閉

2147　僅限前 100 名，想要入手者請加快你的腳步

2148　庫存極低，請加快你的腳步！由於該商品已結束製造，庫存清空後即結束販售

還剩〇天・到明天為止

具體顯示「剩餘天數」，促使讀者即刻展開行動。用於報名等情況時，如果公告的天數過長，往往會讓人覺得「還有時間，不急」。例如，如果說「距離報名截止日還有 25 天」，可能就不會產生窘迫感。然而，如 **2151** 表現出一種模糊的危機時，就可以月或年為單位來表示。

近似詞　還剩〇年、剩餘〇日、至〇日為止，現正受理中

2149　距離申請截止日還剩 2 天

2150　3 大優惠的申請截止日期至明天為止

2151　《距離進入最糟糕的時期，還剩 2 年！下一個大恐慌》

終止

近似詞 即將截止、最後、結束

「接近最後」，也是一種不得不付諸行動的理由。在此列舉幾個容易理解的例子，像是電車路線即將停止營運、承租戶舉辦停止營業促銷等活動時，往往會有人潮湧入。設定期限或是截止日期，明確「終止時間點」，往往可以促使顧客有所行動。

2152 截止日前若招募額滿，即宣告終止

2153 本日打烊！

2154 特別價格的申請期限將於明日終止

最後

近似詞 完結、Last、Final、劇情最高潮（Climax）

儘管平時沒什麼人光顧而不得不關門倒閉，一旦舉行停止營業促銷，往往會出現人潮湧現的情況。同樣地，標榜「最後」也能提升對顧客的吸引力。然而，如果聲稱是「最後」，日後卻又再次復活，則會失去信用。

2155 關於如何寫出暢銷書，首次完全收錄最後的必殺技巧！

2156 消費稅提高前的最後機會

2157 然後，這是今年舉辦的最後一場

兩條途徑、第三條路

近似詞 兩個選項、有三個可以選擇

這是所謂的「決策十字路口結束法（Crossroads Close）」，是文案撰寫中的經典結尾表現方法。在 A 選項中，描述不購買產品並維持現狀的情況；在 B 選項中，則描繪購買產品後帶來的變化。作為變化的一種方式，有時也會預備三個選項，稱作「第三條路」。

2158 你現在有兩條路（選項）。一個是 A。另一個是 B

2159 大多數的人都會選擇三條道路中的其中一條

2160 讓多元化的概念滲透至企業內部的兩條途徑

打造流行

　　當大多數人都說某項事物「好」時，人們往往會認為該事物對自己來說也一定是好的。這種心理被稱作「從眾效應（Bandwagon effect）」。「從眾」一詞原指在花車遊行隊伍前面帶領樂隊（Band）的前導車（wagon），而後用於比喻「流行」。

　　一般來說，「日本人的橫向連結意識較強」。因此和其他國家相比更容易受到「從眾效應」的影響。有個笑話可以描寫這個情形。有一艘船即將沉沒，正要說服乘客跳入海中逃生時，依據國籍不同，必須採取不同說法，才會有效果。

　　對美國人說：「跳下去，你就是英雄唷！」

　　對英國人說：「跳下去，你就是紳士唷！」

　　對義大利人說：「跳下去，你就會受到女性歡迎唷！」

　　對日本人說：「大家都跳下去了唷！」

　　不論你是否同意這個笑話，不可否認的是「這是現在最流行的」、「現在最熱門的」等，這類文案總是能夠勾起你我的興趣吧！人類是社會性生物，會先觀察周圍再進行自我判斷。僅僅因為「大家都採取相同的行動」，大家往往會無條件相信並且想要跟隨。

目前最具話題性的

近似詞 傳說中的、都市傳說的、話題正熱、已知的那件事

如果沒有很多人看過、買過或是體驗過，該話題本身就無法成立。因此，「話題」這個詞是指街頭巷尾的流行。如果讀者已經了解這個話題，就會更加確信「果然很流行」，如果讀者不知道，則會產生「不想落伍」的焦慮感。

2161 目前最具話題性的 YouTuber 爆紅「3 個契機」

2162 目前最具話題性的沖繩 5 大水上活動推薦

2163 目前最具話題性的行車記錄器推薦：前後雙鏡頭型

最流行

近似詞 最夯的、趨勢、風潮

為了表現出這是「最流行的事物」，所以直接了當地表達出「這就是最流行」。此外，所謂的流行，意味著受到許多人的支持，也可以讓讀者感受到可信度。同時也能喚起人們「不想落伍、跟不上潮流」的心情。

2164 當下最流行的故鄉稅運用法

2165 平成時期最流行的 10 款汽車

2166 近期在大城市內最流行的事物（產經新聞）

傳說中的

近似詞 trendy、酷炫的、時髦的、當季的

與前頁的「目前最具話題性的」的意思相同。語感上就像八卦傳言一樣，很多人聽到後就會想看、想買。可以迎合讀者「不想落伍」、「想要跟上話題」的心情。

2167 傳說中在女子高中生之間相當有人氣的珍珠奶茶霜淇淋

2168 日本練馬區，傳說中的 20 間推薦拉麵店

2169 這就是傳說中提供國產黑毛和牛稀有部位的燒肉店

為人熟知的

近似詞 熟面孔、眾所周知、大家都知道的

雖然意思和「目前最具話題性的」或是「傳說中的」類似，但是比起用「大家都知道的」，通常會用來表示「大家都非常知的」的意思。人類對於既知資訊往往有一種莫名親切感或安心感。

2170 讓我們潛入為人熟知的時代劇演員經常光顧的酒吧

2171 功能飲料中為人熟知的「牛磺酸」，可作為難治疾病的治療藥物
（朝日新聞 DIGITAL，2019 年 2 月）

2172 意外的是，大家竟然都不知道運動會中經常聽到的熟悉背景音樂曲名

最熱賣、賣得最好

近似詞 Best buy、被選出的 No.1、Best sale

用來表示「有很多人購買」的意思。可以如 **2173** 所示加上「何時賣得最好？（期間）」，或是如 **2174** 與 **2175**「哪裡賣得最好？（場所）」等，指定真實性的範圍。

2173 平成 30（2018）年賣得最好的 10 款輕型汽車

2174 本店今年最熱賣的系列

2175 日本銷售得最好的一款健康管理 APP

幾乎所有的人

近似詞 大部分的人、大致上的人、90% 的人

「幾乎」這個詞彙不夠具體。然而，雖然抽象，但還是能促動行為。傳達出「大家都這樣做唷！」這件事情，即使沒有具體的人數、比率，也具有一定效果。話說回來，如果能加入具體數值當然更好。

2176 幾乎所有來店者都會購買

2177 幾乎所有的人都是從沒經驗開始的

2178 只要使用過一次，幾乎所有的人都會再回顧

＊＊（一般人）選出的

近似詞 ＊＊嚴選、＊＊選、＊＊ pick up

「知名人士、職業選手」選擇時，會讓人感覺到「權威感」。然而，由「一般人」選擇時，則不會讓人感到權威，而是「親切感」。另一部分，由「先前有經歷過的人」選擇，所以雖然感覺門檻很高，或者覺得遙不可及，但因為是「身邊的人」選擇的，容易讓人感到親切。

2179 由公務員選出的 12 位「最強地方公務員」，關鍵字為官民合作（Forbes JAPAN，2018 年 8 月）

2180 由本店員工選出，參加朋友婚禮必備的 10 款飾品配件

2181 由民眾選出的 30 款百元商店便利小物

廣受好評

近似詞 受到喜愛、承蒙惠顧、大受好評、盛況、活動狀況熱烈

「評價良好」的意思。通常會表現出「賣得很好（熱賣）」的語感。聽起來略有不同，但是作為表現「熱鬧狀態」的變化語，還有「盛況」和「活動狀況熱烈」等。無論哪一個，都是能感受到狀況熱烈的詞彙。

2182 由於廣受好評，我們將延長特別優惠的活動期限

2183 VIP 內部搶先預覽會在盛況中圓滿結束

2184 Amazon Prime Day 活動狀況熱烈（日經 MJ，2018 年 8 月）

排隊也要的、無法預約的

近似詞 期盼已久的、預約不斷的、不能預約

「排隊也要搶的法律事務所」（日本電視台）播出後經常使用的詞彙。比起拉麵店需要排隊的事情，一般來說不太有需要排隊的事物，反而讓人聽起來更有感。但是「排隊」只要等待就可以取得，「無法預約」則是連願意等都等不到，更能強烈表現出「人氣」。

2185 在美食街排隊也要吃的 10 大名店

2186 顧客大排長龍的湘南珍珠奶茶專賣店

2187 戲劇性的轉變成為預約不到的超人氣旅館！

國民的

具有「受到許多人喜愛」的意思。不僅是如此，還能夠讓人感覺到該商品或是服務是有某種粉絲族群存在的。

打造流行

近似詞 國民的、日本代表性的、受人喜愛的、人手一台

2188	國民體操 （NHK）
2189	國民的 Honda （本田技研工業）
2190	國民豬排飯

連那些說自己不擅長的人也⋯⋯

對於那些自認為自己不擅長的人來說，直接告訴他們：「即使是不擅長的人也沒關係」，他們不一定會相信。因此進一步告訴他們：「那些曾經說自己不擅長的人，現在都逐漸變得可以了」，這樣就可能認為「或許自己也可以做得到」。

近似詞 連說自己辦不到的人也、
即使是那些自稱不擅長的人也

2191	連那些說自己不擅長運動的人也很盡興，已經是大家皆可盡情享受的（事物）了
2192	連那些說自己「不擅於算帳」的人，也有很多人提出了「青色申告」
2193	連那些說自己不擅於音樂的人也能夠在 3 個月內學會彈琴

祭、節

可以簡潔地表達出大量且熱鬧的樣子。這個表現通常帶有正面的語感，但也可以用來表現如 2195 的負面情況，形容某件事物過多的狀態。這種表現時往往會帶有些許自嘲語氣或幽默的口吻。

近似詞 盛會（Festival）、儀式（Ceremony）

2194	春天的麵包祭 （山崎麵包）
2195	Twitter 帳號凍結祭
2196	在瑞士湖畔舉辦「規模不同凡響」的葡萄酒節。下次會要等到 20 年後嗎？ （Forbes JAPAN，2019 年 9 月）

應該使用專業術語？還是應該避免使用？ ■ COLUMN

　　有一種可以測量血液中含氧量的機器，進行測量時會把像曬衣夾的器具夾在手指上。用這種方式檢測出來的血氧濃度稱作「血氧飽和度（oxygen saturation）」。如果你是與醫院有業務往來的人，對方剛好是醫師或是護理師，那麼講出「血氧飽和度」就沒有什麼問題，還能給對方一種「確實很了解呢！」的信任感。然而，同樣的詞彙如果拿去和在醫院裡排隊的老爺爺說恐怕就講不通了！

　　進行文案寫作時，**最基本就是要使用「讀者腦海中現有的詞彙」**。撰稿人往往很容易使用「自己腦海中的詞彙」，但是其實應該要注意讀者的想法，並且找出相對應的詞彙，如此一來撰寫出來的文章才容易獲得共鳴。

　　意思是如果讀者已經對該商品・服務有一定的熟悉度，那麼最好使用**專業術語，但如果讀者處於懵懂未知的狀態，則要避免使用專業術語。**針對那些不知道狀況的人，無論如何都必須要使用到專業術語時，應該要確實補充說明。相反的，對於已經非常知道的人來說卻補充說明，則會招到反感：「你不用說我也知道！」。**判斷基準為：是否有使用「讀者腦海中現有的詞彙」。**

取得信任感

　　比方說，假設你正在一家西點店尋找禮物。店員注意到你後，即指著某款起士蛋糕說：「**這個起司蛋糕是本店的招牌唷！**」。的確，玻璃門上的宣傳單上也印有這款產品的美味照片。正當你還在猶豫的時候，旁邊有一對感覺還不錯的人談論起了另一款起司蛋糕，「**之前我們買了這款蛋糕當作伴手禮，結果收到的人非常開心呢！**」「**那我也買來看看吧！**」聽到了這樣的對話。這時你會相信哪一邊的判斷呢？比起店員說「這個好」，感覺好像旁邊那二人組說的「那個好」更值得信任吧？

　　於是，我們就知道人類在決定要不要買東西時，**很容易信任「第三方的意見」**。知名社會心理學家羅伯特・席爾迪尼（Robert B. Cialdini）將其稱作「**社會認同原則（Social validation）**」。廣告或是網站中往往大量刊載著「顧客使用心得」就是為了透過「社會認同原則」提升說服力。「顧客使用心得」往往被期望「要實名，有照片」。因為如果是匿名，就會覺得那些可能是「暗樁」。甚至可以說，願意把自己的名字與心得一起公諸於世，也證明了是真的表示認同的粉絲呢！

顧客滿意度

近似詞 已有〇位客人表示對＊＊非常滿意

如果是根據第三方機構等的調查結果，可以做為強而有力的證據。然而，實際上，顧客滿意度幾乎都是自己所屬公司做出來的問卷結果，通常無法進行驗證。因此，應致力於取得正確且客觀的數值。

2197	「每 1 元的顧客滿意度都是 No.1」，對經營策略的衝擊
2198	顧客滿意度達 97.4%（依本公司調查）
2199	本補習班的學童滿意度達 95.6%（依本補習班調查）

〇人購入（申請）

近似詞　〇人參加、〇人申請、〇人選擇

由於無法驗證比率或是比例的分母或是母體，數據可能會變得不負責任。提出實際數據時，數字如果有一點點不同就會明顯成為「謊言」，但比起來，使用實際數據更容易讓人信服。

2200　創業 10 年，累計超過 3 萬人購買。

2201　這場全國跨域演講之旅，累計有 22,075 位充滿活力的主管參加

2202　已有 25 萬人參加過「獲得勇氣」女性計畫（NIKKEI STYLE，2020 年 3 月）

得獎

近似詞　優秀賞、贏得＊＊、獎項（Award）、入選、優勝

得獎實績可以表現出一種「權威性」或是「可信度」。容易讓人聯想到日本優良設計獎（Good Design Award）或內閣總理大臣獎等，但是不論獎項大小，都可以作為產品·服務品質的證明依據。此外，也可以考慮通過初賽或是入選等詞彙。在非面對面的網路世界裡，最重要的是建立信用，最好積極進行實際績效成果的宣傳。

2203　工廠建築獲得了城市景觀賞

2204　獲得 SDA（公益社團法人日本標誌設計協會）獎——地區設計獎

2205　獲得＊＊股份有限公司舉辦之品質優秀獎

感謝狀

近似詞　認定、表揚狀、感謝函、獎狀

獲得公家機關等的感謝狀會讓顧客產生很大的信任感。如 2207 或是 2208，來自一般人或是團體的感謝狀都可以做為「顧客的心聲」使用。雖然製作感謝狀很費力，但能讓顧客感受到感謝的程度很高。

2206　獲得＊＊警察總長頒發的感謝狀

2207　經內閣府授予感謝狀

2208　獲得＊＊小學孩子們送上的可愛感謝狀

已實證效果

宣告「可以確認其有效性」，就必須在其他部分提出根據或是證據，如果資料足以讓人信服，就能擁有非常強大的說服力。當今現下，Know How 或內容資訊氾濫，特別需要經過實證效果的資訊。

近似詞 效果經科學證實、已驗證效果、
經科學證明、已經實證

2209 已實證攬客效果的網頁設計版型

2210 經驗證有效的 35 種標題類型

2211 經科學實證有效，10 種具有維持長期健康效果的食品
（Forbes JAPAN，2017 年 10 月）

排名第〇位

可以客觀表現出「有很多人購買」。第 1 名雖然最有衝擊力道，但是到第 3 名也都還可以使用這個詞彙，不會讓人覺得不妥。由於排名是變動的，也有人認為「一時的第 1 名，其實沒有太大的意義」。

近似詞 獲選 TOP 〇、BEST 〇 排名

2212 Amazon 商業書排名第 1

2213 樂天排名第 3

2214 JALAN · 大阪當地美食排行榜第 2 名

半信半疑

意思是「並非全都懷疑，也並非全都相信」。總而言之，「懷疑」的語感還是比較強烈。讀者在購買商品時，往往會帶著懷疑的目光檢視是否真的是自己所期望的，或是否能獲得期待的效果。使用「曾經很擔心，但其實沒問題」的文脈，可以有效幫使用者發聲。

近似詞 令人懷疑的、內心不確定的、難以置信的

2215 買來看看時還覺得半信半疑的高級家電產品，果然真的有傲人之處

2216 半信半疑的家庭用太陽光發電，導入後的效果令人驚豔

2217 說真的，一開始半信半疑。
不過，收到後一看……

根據

引用資料時，是一種很方便的表現。除了資料以外，也可用於研究機構、企業、人物等。引用的名字如果很有名，是受到社會所信賴的團體，就會增加說服力。

近似詞 依據、資料來源、
＊＊（機關）的調查顯示

2218 根據內閣府的報告，日本人手寫字的比率有變高的趨勢

2219 根據日本高中棒球聯盟紀錄，全日本高中生球員的數量變化

2220 血液檢查檔案是早期發現疾病的重要依據

人氣 No.1

間接表示「有很多人購買」的意思。會讓人覺得既然有許多人搶購，一定是個好東西。實際使用時，需要標示該適用範圍。比方說，如 **2221** 加了個「店」；如 **2222** 加上了「期間」、如 **2223** 則加上了「商品範疇」。

近似詞 空前的＊＊氣氛、如今最令人矚目的＊＊

2221 本店的人氣 No.1 菜單

2222 本月的人氣 No.1

2223 婚禮祝福小物人氣 No.1，
本店引以為傲的姓名字母縮寫馬克杯

系統化的

英文是「systematic」。也就是指「有秩序、思路清晰」的意思。用更明白易懂的話來說，就是給人一種「非常嚴謹」的印象。該資訊或是商品內容並非雜亂無章，而是有邏輯脈絡可循，可藉此提高顧客信任感。算是一個稍微有點生硬的詞彙，不太適合用在較輕鬆的情境。

近似詞 有體系的、井然有序的、有條理的

2224 現任總裁講述：如何系統化經營企業運作

2225 系統性做出口碑的方法

2226 前大型資訊科技企業系統工程師所打出造的系統化婚姻諮商

實績

用於表現可以數值化的過去成果。<u>可以包含年資、銷售額、PV、契約件數等各種數字</u>。擁有業界經歷的年資等雖然容易被忽視，但如果已經持續超過 10 年，僅憑這一個事實也能帶來一定的信賴感。

2227	20 年顧問實績！「日本第一行銷長期待已久的「銷售公式 41」首次公開！（《賺錢詞彙法則》）
2228	諮詢件數累計 7,000 件以上實績，資深顧問揭露的 NLP 祕訣
2229	累計施工戶數達 2,312 棟。該區域每 23 棟建築就有 1 棟為本建築公司施工

專業人士（專家）

<u>即使不是權威人物，也能夠藉此方便營造出一種權威感</u>。尤其是在涉及人數較多、很難透過排名來顯示優勢的領域時，使用『＊＊專業人士』、『＊＊專家』這類表現，可以巧妙地展現自身的定位。雖然這些用語容易使用，但由於標準不明確，如果隨意濫用，可能會損害信譽，必須特別注意。

2230	由園藝專業人士主講的家庭盆栽課程
2231	由遺產繼承專家提供的 24 小時支援服務
2232	法人業務的專業人士們齊聚一堂！

嚴選

不僅僅是簡單的收集，而是如同字面上所示，經過嚴格挑選的意思。如 2233，為了進行嚴格篩選，選擇者需要具備一定的權威性；然而，如在 2234 和 2235 的情況，即使不具體指出選擇者，<u>也能給人一種經過細挑細選出來的印象</u>。

2233	投資專家嚴選，現在日幣貶值時期更應該購買的 10 個投資信託標的
2234	全國嚴選美食，網路購物送達你手（AEON SHOP）
2235	嚴選素材製成的蘑菇山餅乾（明治）

取得信任感

無數的

可以指數量多，也可以指種類多，總之
就是「很多」的意思。然而，單純地用
「多」來表現的話，會給人一種模糊不
清的印象，但使用「無數」來表達，則
會帶來一種較為正式的感覺，進而提升
信任感。

近似詞 許多的、數不清的、大量的

2236 獲得了來自國內外無數獎項

擁有 14 兆日幣資產，提出無數的投資箴言
2237 ——「投資之神」巴菲特
（朝日新聞 DIGITAL，2023 年 4 月）

2238 因遠距工作所產生的無數無意義習慣

借助權威

　　曾經有個實驗，醫生在醫院為感冒患者開立的藥物並不是感冒藥，而是普通的小麥粉。身穿白袍的醫生讓患者服下，並且告訴患者：「這是治療喉嚨疼痛非常有效的藥唷！」神奇的是，這種粉末確實產生效果。這就是廣為人所知的「安慰劑效應（Placebo）」。

　　在前一章節中，我們提到，要得到讀者的信任，與其提出「賣方意見」，讀者更傾向於傾聽「第三方意見」。然而，在此我們要考慮另一種情境。如果推薦起司蛋糕的不是普通的店員，而是當地有名的甜點師，會怎麼樣呢？這樣一來，你是不是更想要購買了呢？

　　這兩個例子中的關鍵點都是醫生和著名甜點師這樣的「**權威**」存在。當聽到某專家或知名人士意見時，往往都會不假思索地相信，「既然他都這麼說了，那應該不會錯吧」。**人們往往會考慮「說了什麼內容」，還會將「是誰說的」當作判斷依據。**

　　運用這種心理的廣告不在少數。你可能見過「專業人士○○使用」或是「○○（藝人）使用」。從這些廣告訊息可以看出，**借助權威的力量可以增強說服力。**

＊＊（職業專家）一定會　近似詞 ＊＊絕對不可或缺、＊＊必須掌握的重點

藉由具有權威的職業或是知名人士，增加自己的說服力。從「職業專家一定會這樣做」得知其中某技巧或習慣。此外，也會讓人期待「如果照著做，或許我也能做得到」。

2239 在感冒初期，醫生一定會進行的應急處置

2240 厲害的律師在出庭前必做的準備

2241 空服員每次飛行必帶的３樣便利小物

公認（認證）·認定

近似詞 權威認證、得到＊＊認可、
＊＊極力推薦、由＊＊推薦

如果原本認證的團體很知名，提出來就<u>會顯得非常有力</u>，相反地如果默默無名，則無法期待什麼效果。像是「受到全世界認可」會稍微有些抽象，但是可以用在各種場合。或者可以將某個具體的人物加入其中，表示為「經＊＊權威認證」。

2242 早稻田大學認證學程 WIN
（Waseda Internship）
（早稲田大学）

2243 BMW 原廠認證中古車
（BMW）

2244 受到世界認可的小小美容室
（日經 MJ，2017 年 6 月）

＊＊（權威）所選擇的

近似詞 ＊＊精選、＊＊愛用、連＊＊都感到驚艷

<u>如果獲得了權威人士的評價，只需要強調這一點即可創造出有效的標題文案。</u>此外，即使是專業人士，對於自己所需處理的某些事也會常感到不便。典型的例子像是外科醫生或美容美髮師。如果這樣的專業人士都能將自己的事交給他人處理，那就成了該技術可靠的證據。

2245 外科醫師所選擇的外科醫師

2246 股票投資專家所選擇的，預計 3 年內股價有望上漲的 10 支股票

2247 法國一流餐廳，每 3 位廚師就有 1 人選用的日本菜刀

愛用

近似詞 最佳搭檔、愛好、＊＊所鍾愛、深愛不已

<u>撰寫標題文案的商品時，重點是可以先去搜尋是否有知名人士使用過，或是否有知名團體採用過。</u>如果有知名人士愛用，那就再好不過了。也可以如 **2250**，雖然不是什麼知名人士，卻可以用在有資格表示「愛用」這種必然性的職業或是團體。

2248 國際名流人士愛用的高級珠寶品牌創始人

2249 今年夏天的最佳搭檔就是它！
編輯們愛用的經典包款
（VOGUE GIRL，2019 年 7 月）

2250 文具公司員工私下也愛用的高級鋼筆

御用認證

這個詞彙原本用來表示皇室或政府的指定供應商。實際上，這個詞與「愛用」幾乎是同義詞。但是比「愛用」稍微正式，<u>帶有「歷史悠久」或「被官方認可」的氛圍</u>。

近似詞 ＊＊也熱衷的、＊＊也會＊＊

2251 從巴黎支援「日本農業」的明星大廚御用認證的食材店
（Forbes JAPAN，2019 年 4 月）

2252 皇室御用認證，比利時直達的最高等級苦甜巧克力

2253 遠距工作者御用認證 一口氣介紹口袋型 Wi-Fi 所有新機種

＊＊曾經說過

想要藉由第三者說過的話，為自己的主張提供佐證時，引用的發言者必須是權威人士。此外，<u>不能僅因為某人有名，就引用他的話，還必須考慮在該領域發言的必要性及說服力</u>。

近似詞 根據＊＊的說法、正如＊＊所說

2254 賈伯斯（Steve Jobs）曾經說過：
「未來在於你的行動」

2255 我想告訴你，愛迪生曾經說過：
「感到困難，正是發現新世界的大門。」

2256 福澤諭吉曾經說過：
「天在人之上不造人，在人之下也不造人。」

只有＊＊知道的

語感上帶有祕密或是祕訣。重點是知曉該祕密的人具有權威性。<u>不一定是知名人物，也可以如 **2257** 或是 **2258** 這種專業人士，或如 **2259** 這種被認為是「成功的」人物或是組織</u>。

近似詞 僅有＊＊知道的、＊＊不願說的

2257 只有 Google 員工知道的 19 個詞彙
（Business Insider Japan，2018 年 1 月）

2258 只有護理師知道醫院深夜的整體狀況

2259 急速成長的企業都知道！
能夠持續招募到優秀員工的方法

借助權威

＊＊（權威人士）透漏

近似詞 ＊＊不願說的祕密、No.1 ＊＊透漏

大家往往認為，在某個領域當中表現傑出的人，其多年經驗中應該可以獲得一些祕密或訣竅。如果這些祕密被揭露出來，很多人都有興趣想知道。雖然用法老派，但確實是能夠引發讀者興趣的經典廣告文案。

2260 巨擘設計師透露，東京奧運海報的製作祕辛（NHK SPORTS STORY，2020 年 1 月）

2261 伊隆‧馬斯克透露了關於 Starship 建造和飛行時間等的詳細資訊（TechCrunch Japan，2019 年 12 月）

2262 銀座的 No.1 女公關透露，成功男人經常在俱樂部裡談論的話題

＊＊絕對不會那樣做

近似詞 先不要那樣做、一般來說不會這樣做

厲害的人絕對不會那樣做，往往是因為那些方法無效、錯誤，甚至有時還有害。聽到這句話時，會讓人想要知道自己目前努力執行的方法是否屬於錯誤的方法。

2263 要不要檢討一下自己無用的言行舉止呢？有錢人絕對不會那樣做的 5 個壞習慣（Precious.jp，2017 年 9 月）

2264 工作俐落的人絕對不會那樣做的 E-mail 祕訣

2265 厲害的人絕對不會做簡報摘要

＊＊正在做的事

近似詞 實行、持續進行、悄悄地進行＊＊

這是一種暗示成功人士都有共通點的表現。相反的，對於不成功的人來說，可能會引發另一種思考，即「或許是因為我不知道這些事，所以才會不順利」。「正在做的事」也表示實際行動也是建立信任感的重點。

2266 超強管理者正在祕密進行的「提拔員工」技術（DIAMOND online，2018 年 11 月）

2267 一試就考上東大的孩子們，從小學時期就在進行的學習方法

2268 每年持續刷新最高收益的企業都在進行的數據管理

產生安全感

　　人類對不願損失的情感非常強烈。曾有過這樣的實驗。某間學校將印有校徽的馬克杯贈送給班上一半學生。並且讓沒有收到馬克杯的另一半學生非常仔細地觀察那些馬克杯。之後，建議那些擁有馬克杯的學生把馬克杯賣給沒有拿到的學生，同時也建議那些沒有馬克杯的學生去買。最後分別向雙方詢問：「多少錢你願意賣呢？或是，多少錢你願意買呢？」。馬克杯擁有者願意割愛的報價金額中間值為 5.25 美金。另一方面，尚未擁有馬克杯者願意取得該馬克杯的報價金額中間值則為 2.75 美金。也就是說，**幾乎差了快 2 倍** ❽。從這個實驗中，我們可以知道一件事，那就是**相對於獲得新東西，人類對於失去擁有的東西，所感受到的痛苦更大**。這稱作「損失迴避（Loss aversion）」。

　　反過來說，如果可以向買方提案「你不會吃虧唷！」，就會成為強力促動**買方購買的契機**。「買了也沒有損失」的典型案例就是「保證退費」。像這樣事先去除買方風險、使之產生安心感的作法，在文案寫作中稱作「**風險逆轉（Risk Reversal）**」。

---

❽《不當行為：行為經濟學之父教你更聰明的思考、理財、看世界》（*Misbehaving: The Making of Behavioral Economics*），理查・塞勒（Richard H. Thaler）著，天下文化出版。

安心

近似詞 安全、可信任的、可靠的

產生「安心感」的一種表現方法,直接了當地說出「安心」。語感上含有「交給我就安心了」的意思。類似的詞彙有「安全」,並且經常作為一個詞組一起使用,像是「安心、安全」。不過,「安全」是「危險」的相反詞,而「安心」則是「不安」的相反詞。

2269 360° 都安心 BMW
（BMW）

2270 富士之國。高齡者居家生活「安心」指引
（靜岡縣）

2271 安心保證包

果然

近似詞 果然、儘管如此

可以搭配 TPO「Time（時間）」、「Place（場所）」、「Occasion（場合）」,根據實際情況靈活運用。但是使用這種表現時,如果沒有相對應的實績或依據,就無法輕易進入讀者的思緒。

2272 巧克力,果然還是要吃森永♪
（森永製菓）

2273 堅固耐用,果然還是樹脂窗最好
（YKK AP）

你「真正的年齡」是？
2274 老化程度果然可以從臉部判斷
（NATIONAL GEOGRAPHIC,2023 年 2 月）

所以只有

近似詞 因為是、正因為如此,所以

通常用來做為文章與文章之間的連接詞,因此「所以只有」之前通常還有一些文章內容。不過,用於文案寫作時有以下 2 種方式。一種是接在詞彙後方,表現出「正因為＊＊所以只有」的權威感。另一種則是直接在開頭使用,醞釀出一種不需明確記載理由的語感表現。

2275 所以只有○○（企業名稱）辦得到

所以只有 SAPIX 才知道「準備大考」時,
家長的 NG 行為
2276 （東洋經濟 ONLINE,2023 年 4 月）
（譯註：SAPIX 為一家升學補習班）

2277 所以只有貓是最棒的

不可動搖的（歷久不衰）

近似詞　堅定不搖的、牢固的、堅固的、無法撼動的

與「不變」一詞類似，但是相對於「不變」一詞在語感上強烈表示沒有質的狀態變化，「不可動搖」在語感上強烈表現出在該場合或是地位堅定不搖，因此可以表現出持續維持在某種狀態的感覺。但是對於「不變的原理」，則不會表現為「不可動搖的原理」。

2278 本店歷久不衰的人氣 No.1 菜單

2279 已銷售 20 年的 Amaou 建立了不可動搖的（草莓品種）地位，目前正在擔心生產自由解禁（西日本新聞，2023 年 6 月）

2280 超群的環境適應能力，建立了不可動搖的地位。麻雀與電線桿密不可分的關係（Jbpress，2021 年 5 月）

萬能

近似詞　全能、almighty

「對所有事物都有效」或「對各種事物都很擅長的意思」的意思。語感上有一種可以用於任何事物，或對任何事物都有效的意思。典型用法還有「萬靈丹」或是「全能選手」。

2281 加薪並不是萬靈丹（日經新聞，2023 年 6 月）

2282 最適合遛狗的小型萬能收納包

2283 海藻是擔任除菌的海洋全能型選手（Nature digest，2017 年 2 月）

匹配

近似詞　適合的、最適的、相應的、適當的、妥當的

日文漢字寫作「相應」，意思是指相稱或是匹配。除此之外，還包含「最適合」的意思。用「最適」來表達時，會給人一種實務的印象，而使用「匹配」讓人有種正式的氛圍。

2284 搭配酷暑的商務風穿搭：9 款上班服裝選擇（日本經濟新聞，2023 年 5 月）

2285 對於持續進化的 SUV，仍有能與之相匹配的輪胎（普利司通）

2286 最匹配做為創業家企業開業慶祝活動的是什麼？

產生安全感

最好（太好了）

近似詞　絕對不會後悔的、令人滿意的

用來作為情緒代言詞的表現，與 P.232 的「建議」具有相同語感，說出「建議」時，可能會讓對方覺得被強迫。相較之下，「最好是做＊＊（做＊＊就太好了）」，由於僅是表達個人的感想，較不會有「壓迫感」。可以根據想要表達的語氣強硬程度來區分使用。

2287　這個冬天買到就太好了。
10 款精選保暖商品

2288　50 歲時最好先丟掉的 3 樣東西。可以減少無謂的麻煩，也能讓家裡頓時清爽（ESSE online，2023 年 4 月）

2289　購買後最好立刻安裝，15 款 iPhone 應用程式

一切、完全

近似詞　全部、完全、整個、所有費用

與否定詞彙組合在一起，帶有「完全」的意思。使用「絕對不」的文意，會讓人對該商品產生信心，同時也可以消除買方的不安感。

2290　試用期間內，僅需 500 元，除此之外完全沒有其他費用

2291　歡迎索取資料，完全沒有購買義務

2292　分期利率、手續費、運費，都完全免費

退費

近似詞　退貨、金額保證

「如果你不喜歡，我們就退費」是最受歡迎的風險移轉（Risk Reversal）（把買方的風險轉嫁到賣方身上）方法。通常在看不到實物的網路商店，大家都會擔心商品未如自己所期望的品質。因此，像這種保證退款的承諾，往往可以大幅提高各種商品的銷售成率率。

2293　如不滿意，全額退費

2294　請實際試用看看，如果覺得不適用，只要寫信給我們，即全額退費

2295　不需要找理由，我們很願意退費給你

無須收取費用（我們將會支付）　近似詞 退款、我們將退款給你

從結果來看，雖然與退款的意思相同，但是一開始就先告訴顧客「你不用付錢」，這樣的力道相當強勁。此外，還有另一種表現方式，比方說還可以追加表現「如果沒有遵守當初約定，賣方將會支付罰金」等。在其他表現方式方面，也可以表示「這是我們服務的一環，你無須追加費用」。

2296 如果沒有任何結果，無須收取費用

2297 如果能夠在 5 天內完成所有的工程，我們將會支付每日 3,000 元

2298 使用投影機等會場設備無須另外收費

支付　近似詞 入帳、匯款、結帳付款、payment

在實體店面，會在交付商品時支付貨款。另一方面，網路購物通常採用「預付貨款」的方式。然而也有在商品到達後或開封時、使用後進行「貨到付款」的情況。對於初次使用者或是尚未建立信任關係的使用者，這樣的提議可以消除他們的不安。

2299 商品到貨後 10 日內支付貨款即可

2300 商品到貨後，可以使用隨附的付款單支付，或是使用便利商店的貨到付款服務

2301 商品可以實際使用 30 天，如果滿意再支付貨款即可

保證　近似詞 保證＊＊、guarantee

保證的代表範例是對機械產品的品質保證。標準保證期間通常最多 1 年。理所當然保固時間越長，顧客越有安心感，但是我方的風險也會隨之增加。除此之外，還有承諾最低價格的「最低價格保證」表現方法。

2302 現在提供免費 3 年延長保固

2303 推薦涵蓋過失損壞的安心保固方案

2304 最低價格保證

不會讓你後悔

近似詞　不會讓你損失、不會讓你期待落空、不會讓你失望

有時候消費者購買該商品後，會覺得後悔「哎呀，早知道就不買了」。行銷學上稱作「買方後悔症候群（Buyer's Remorse）」。如果賣方能掛保證「不會讓你後悔」，正在考慮要不要購買的人就會對該品質產生信心、縮小不安程度。

2305　料理味道有口皆碑，絕對不會讓你後悔

2306　只要採納我的提案，一定不會讓你後悔

2307　我們對於成品品質充滿信心！絕對不會讓你後悔

即可獲得

近似詞　肯定能拿到、一定能得到＊＊

許多人都有過這樣的經驗，在「抽選〇名」這樣的活動中，大多數情況下很難中獎的，因此「通通有獎」是非常有吸引力的提議。然而，如果是「不需要的東西」，效果就不大，因此即使是贈品，也希望是有價值的東西。

2308　一次購買 10 個，即可獲得熱傳導湯匙！（Haagen-Dazs JAPAN）

2309　通通有獎！冬季暖心商品，可任選一件帶回家

2310　消費滿 1,000 元以上，即可集章，集滿 10 個印章就可以獲得特製毛巾

價格實惠

近似詞　妥當的、超值的、這個價格、性價比高

意思是「妥當的」、「合理的」，簡單來說就是「價格便宜」。特別是如 2311，「原本大家都認為是高級奢侈品的東西，現在一般民眾也能輕鬆入手」，這時就能吸引消費者。

2311　為了表達對顧客的感謝，本公司 3 週年紀念，前 15 名顧客可享受實惠價格的唐培里儂粉紅香檳（Dom Pérignon Rosé）

2312　所有可選配的石垣島旅遊行程價格都極為實惠

2313　即使初次體驗也不需要任何事前準備，可以輕鬆享受價格實惠的騎馬體驗

「預告式」的寫作技巧　　　　■ COLUMN

　　在為電子郵件設定信件主題時，是否用心投入了最大的巧思呢？**常見錯誤是僅將內容濃縮為信件主旨。**

　　一般來說，刊載在信件主題上、最重要的資訊就是「**寄件人名稱**」與「**主旨**」。也就是說，回答讀者基本想知道的疑問：「這封信是誰寄的？」、「有何目的？」。必須慎重考量是以企業名義、個人名義，還是個人名義＋企業名義等，哪種組合最容易讓信件被開啟。

　　然而，只有這樣仍然不夠。在如今這種資訊爆炸的時代，我們每天都會收到堆積如山的電子郵件，優惠券、Facebook 通知、我的最愛書籤內的名人新聞等。**讀者在混亂的收件匣中，如果看不到「這看起來好像很有趣」的主題，是不會想要打開郵件的。**無論內容寫得多出色、多有價值，如果不願意打開，閱讀的可能性就是「零」。既然是為了銷售而寫的電子郵件，裡面必然會有銷售連結，如果不打開郵件，更不可能有機會點擊連結。

　　過去美國曾有過以郵件廣告單作為主流的時代，成功的關鍵就在於「如何讓人願意打開信封」。通常會連同整個信封直接被扔進垃圾桶。因此，著名的文案撰稿人羅伯特・柯里爾（Robert Collier）在促使讀者願意打開信件做了各種努力。他設計的技巧之一被稱為「預告（teaser ＝ 讓人感到焦急的東西）」，這是一個極為有效的方法。**因為，它不是立刻揭露內容，而是使用能引起對方興趣的形象或具有啟示性的文案或視覺技巧。**現代社會中，電子郵件的主旨扮演了「預告」的角色。也就是說，「**電子郵件的成敗取決於主旨**」。

活絡氣氛

接下來要介紹的表現是**可以用來活絡氣氛的詞彙**。如同我們所知道的「Super」、「最強的」、「超級的」等詞彙本身並沒有太大的意義，也就是說，它們只能發揮「**調味料**」的作用。

然而，一些陳腐的詞彙並列，整篇文章給人一種平淡無奇的印象時，只要「稍微」添加一些點綴即可吸引讀者注意。比方說，市面上有很多標榜「潔白」的洗衣粉或是牙膏，如果用「Super White」來形容，較容易讓讀者感覺有某種特殊的清爽感。

但必須注意。如果過度使用香料，不僅會掩蓋掉素材的原味，還可能會讓味道變得不佳。比如說，在《60分鐘做出讓企業脫穎而出的專案》的封面上寫著「以顧客情感為基礎的策略構築法實踐行銷專家——神田昌典」。這時，將所有詞彙合併來看，「脫穎而出」就可以扮演一個重音的作用。如果把這句話改成以下這樣，如何呢？

「**炸裂！60分鐘做出讓企業脫穎而出的專案。一試就令人欲罷不能，透過神人級市場專家——神田昌典，徹底以顧客情感為基礎，打造史上最強的終極策略建構法！**」這樣的表達方法就又顯得有點詭異、可疑了吧，即使沒有要到這麼誇張的地步，在市面上也常見到類似的表現方式。請務必記住，調味料要適量使用。

遙遙領先

近似詞　脫穎而出、絕對優勢、出類拔萃、
無法效仿

「毫無疑問的第一名」的簡短說法。與其他事物距離非常遙遠的一種狀態。這個文案背後所想要傳達的訊息是「沒有東西可以與我們競爭唷！」這種源自於對商品或是服務的自信。此外，現代社會中充斥著大量的商品，讀者往往會感到迷惑，但是如 2316，提示讀者「這就是毫無疑問的第一名」，就會降低讀者的猶豫程度。

2314　在激戰區成為銷售額遙遙領先的拉麵店。祕密就在於桌上的小細節

2315　用過就知道！效果遙遙領先他牌！
（住友化學 i - 農力）

2316　本店遙遙領先的人氣 No.1 招牌菜單

極致的

近似詞　至高的、天下第一的、
終於達成的最佳＊＊

「達到了極限」和「至高無上的」的意思。實際上，這個詞語也經常用來表達「非常優秀」的意思。如 2319，即使是像「鹽味拉麵」這樣普通的商品，也能藉由這個詞彙傳達出一種「毫不妥協，徹底追求品質」的氛圍。

2317　極致的浪漫 Spa Package
（THE RITZ-CARLTON）

2318　東芝與東北大學首次成功藉由「極致密碼」傳送遺傳資訊
（朝日新聞 DIGITAL，2020 年 1 月）

2319　連法國餐廳店長都讚不絕口，
極致的鹽味拉麵

最強的

近似詞　無人能出其右、沒有比這個更厲害的了、
無可比擬的、首屈一指的

「最強大」的意思。從原本的意味衍生，實際用於廣告等方面時，具有「非常優秀」、「非常方便」等廣泛的意義。在這種情況下，雖然與「最厲害的」意思相同，但是稍微帶有輕鬆的語感。此外，某些對「強」這個詞彙帶有憧憬的人而言，也會產生特殊的意義吧！

2320　從一罐價值 30 萬日幣的茶葉，學習如何打造最強品牌

2321　Mac 史上最強大的功能
（Apple.com）

2322　《統計學是最強大的學問》

活絡氣氛

驚人的

近似詞 顛覆性的、厲害、不得了、非比尋常

這是一個平凡的詞彙，但是能讓接續的詞彙產生令人深刻的印象。「驚人的」一詞表現了人的驚訝，是一個極為主觀的詞彙。因此，不適用於需要客觀性的內容。然而，從另一方面來看，這個詞彙能傳達出「人的情緒」，因為親切易懂，能夠引發讀者共鳴。

2323 無人機市場的驚人可能性

2324 讓聽力跳躍性提升的驚人英語會話學習法

2325 非凡的明天是屬於大家的
（SoftBank）

Super、Hyper

近似詞 超、大規模、偉大（Great）、超級（Ultra）、極限（Extreme）

雖然都具有「超級」的語感，但是像是「惡性通貨膨脹（Hyperinflation）」、「緊急救援（Hyper Rescue）」等，「Hyper」就會比「Super」的表現更為高階。原本單獨用起來覺得很平凡的詞彙，加上這些詞彙後，可以展現出另一種特別感覺。

2326 設立 2 年就成為頂尖工務店，Super 社長的成功經驗

2327 Hyper YOYO
（BANDAI）

2328 截至本月 20 日為止，半年一次的 Super Sale 實施中

令人欲罷不能

近似詞 讓人愛不釋手、上癮／正中我心、陷入、著迷、心動不已

熱衷某些事物的意思。雖然這個詞彙多用於食品，但如 2331 的例句，也可以用於無法食用的東西。如果用的是「上癮」的意思，那麼除了食物外，這個詞彙還適用於各種興趣、娛樂等其他事物。

2329 消除夏天的疲勞，最棒的甜點！
令人欲罷不能的甘酒聖代

2330 雖然超辣，但是吃一口就會欲罷不能的辣味香腸

2331 絕妙的舒適感，是令人欲罷不能的鞋款

極盡

再也沒有比這更好的、脫穎而出的、最高級的意思。語感上會讓人覺得帶有某種趨勢或是力道。

近似詞　超群、格外、比別人更加、遙遙領先

2332	讓簡單的日式菜單看起來極盡奢華的擺盤訣竅
2333	零乾燥感，本店引以為傲、極盡美味的米粉麵包
2334	快如飛，極盡智慧的儲存裝置 （Apple.com）

不得了

「不得了」是一個隨著時代變化而改變意義的詞彙。原本如 **2336** 那樣，用來表示「糟糕的」、「不太好」的意思。但現在也有人開始用來表示「厲害」、「了不起」等正面情緒。這個詞彙能清晰地傳達出主角激動的情緒。

近似詞　悲慘的、浮誇、可悲的、不可能的

2335	《不得了的經濟學》
2336	買下奧運選手村高隆公寓者，不得了的老後生活 （PRESIDENT Online，2019 年 7 月）
2337	一吃就上癮。美味得不得了的特製醋酸豬肉

超（亂七八糟）

「超級（亂七八糟）」的簡稱。用來表示非常嚴重。根據後續所接續的詞彙不同，可能帶有「很糟糕」的負面意思，或「很厲害」的正面意思。這是一個隨意且口語化的詞彙，因此非常適合如 **2340** 那樣的娛樂相關內容。

近似詞　驚人的、亂七八糟、認真、
　　　　極度（鬼畜等級）

2338	山陽新幹線。光號‧回聲號限定列車旅遊計畫，博多‧小倉超值之旅 （近畿日本旅行社）
2339	超開心的新生限定羽毛球課程
2340	超實用！迪士尼樂園粉絲專業指南

徹底（盡情）

用於表現「到最後為止」、「徹底的」的意思。表現為「徹底討論」時，即可以理解為是要討論「到最後」、「徹底地」討論。這種表現方式容易引起消費者的共鳴，因為可以迎合消費者希望不止適度，還想要充分品味的心情。

近似詞 全方位地、徹底地、充分地、內心滿足地、盡情地

2341　春天，更要徹底進行肌膚護理。（「CREA」，2019 年 4 月號）

2342　在波爾多最熱鬧的五天裡，盡情享受美酒！（Forbes JAPAN，2018 年 7 月）

2343　即使帶著嬰兒，也能盡情享受旅行中的特別服務

神

將「非常出色、難以置信」的感動比喻為「神」，是一種極為隨興口語的表現方式。例如：神回應、神待客之道、神影片、神應用 APP、神揮桿等表現手法。是一種對「神」的概念較為寬容的解釋。

近似詞 難以置信的、不同層次的、神聖莊嚴的

2344　日本澀谷潮流精品店中，一位充滿魅力的店長提供了神一般等級的超強待客服務

2345　神一般等級的（U-Can 新語‧流行語大賞 2016 年）

2346　精選 15 部令人想無限次重播、神一般等級的 YouTube 影片

爆發

這個詞彙能妥善傳達出強烈的衝擊力道。通常用於表現某種急劇變化的情況。在大多數情況下，被理解為「非常嚴重」的程度，建議使用時要優先確認語感或是形象。

近似詞 炸裂、迸發、快要爆炸的、怒火中燒

2347　高中生的「探究學習」發展成長模式即將大爆發！

2348　《妖怪手錶》爆紅的祕訣（上）（東洋經濟 ONLINE，2014 年 8 月）

2349 SNS 上人氣大爆發的部落客推薦手機殼

強烈

這類詞彙帶有強調「非常強勁」的語感。無論是好是壞，都會留下強烈的印象，因此使用時必須特別謹慎。比方說：「那位藝術家很有個性」會是比較安全的表現方式，但如果說：「那位藝術家的個性強烈」，則稍微帶有一些危險的感覺，使用時最好要特別注意。

2350 川普政權歷史性的一天，充滿對比的強烈衝擊性影像
（《華爾街日報》〔日本版〕，2019 年 2 月）

2351 結帳時讓店員目瞪口呆！
充滿強烈衝擊力道的皮革錢包

2352 保護寶寶肌膚免受強烈陽光直射的嬰兒車專用遮陽傘

必殺技

雖然字面看起來不太溫和，但用來表現「具有強大效果」或是「決定性手段」時，這樣的說法往往能引起人們的注意。此外，因為會讓人們感覺某些方法能帶來「戲劇性效果」，因此正在尋求這類解決方案（S）的人可能會對此感興趣。

近似詞　殺手鐧、關鍵的決勝點、最後一擊（finish）、祕密兵器、最終手段

2353 牢牢抓住使用者！某位創者憑藉玩家遊戲心態編織出的網站設計必殺技

2354 對付廚房頑固髒汙的 5 款必殺清潔工具

2355 公司業務不輕易尋找所謂「必殺技」的理由
（DIAMOND online，2019 年 1 月）

百萬級（Mega）、億級（Giga）

用來顯示電腦或是手機等載體或是記憶體容量的單位，是一個常見的表現。在文案寫作上，與檔案容量並無關係，通常只是用來表示「非常巨大」的語感。如果摩爾定律永不結束，未來可能還會出現「Tera（兆）」、「Peta（千兆）」甚至「Exa（百萬兆）」等更大的單位。

近似詞　兆級（Tera）、Big、王者（King）、強而有力（Powerful）、Grant

2356 比普通尺寸大 2.5 倍的超級炸豬排

2357 10 年內世界將有戲劇性變化的 10 大趨勢
（日經 Business，2019 年 4 月）

2358 鋪有 10 隻蝦的億級巨大份量天丼

活絡氣氛

367

超

近似詞 超～～、超級（Ultra）、認真的、與眾不同

只是加了一個「超」字，就能給人一種 Power Up 的印象。由於是口語表現方式，可能聽起來有些輕浮。但是如 **2359** 和 **2360**，在一般常用的名詞加上「超」這個字，反而可以帶來一種意外的感覺，並在正面意義上故意製造出一種不協調感。

2359 從社群設計學習到的超・影響力

2360 一番搾＜超芳醇＞
（麒麟啤酒）

2361 一流大飯店的超划算商業午餐菜單

爆

近似詞 激、極具、震撼（Dynamite）、豪爽

經常用於想要強調程度大小時。可以在日常詞語使用，例如爆笑、爆音，還能與其他各種詞彙組合使用成爆買、爆漲、爆增、爆速、爆賣等，有很大的靈活性。

2362 傳說中的麻婆豆腐。
口味是激辣？還是爆辣？

2363 「用爆炸高速完成工作的人」究竟是怎麼辦到的？
（東洋經濟 ONLINE，2018 年 2 月）

2364 預計未來 3 個月將有爆炸成長的 10 支股票

Giant・Jumbo

近似詞 巨大、巨人、Giant、King Size

Giant 與 Jumbo 都是十分常見用來形容「規模龐大」的詞彙。例如，巨人隊（Giants）和巨無霸客機（Jumbo Jet）等廣為人知的表現。曾經有位著名的摔角選手叫做「巨人馬場」（GIANT 馬場），從擂臺藝名中也能感受到巨大的形象。

2365 Monogram Giant 系列
（LOUIS VUITTON）

2366 日本資訊科技業界的水準旗鼓相當，誰能為巨頭？
（東洋經濟 ONLINE，2017 年 4 月）

2367 本店特製巨型炸蝦

超大

| 近似詞 | 巨大、超大的、大的（Big）、百萬級巨大（Mega） |

「超大的」、「超～大的」的縮寫，但重點都是要表達「大」這個狀態。雖然表達起來比較粗俗，但是比起單純地表現出「大」，「超大」通常會給人更親切、更真實的感覺。「大的文字」vs.「超大文字」，後者傳達出來的尺寸會更令人印象深刻吧！

2368	Elleair for MEN・超大張濕巾 （Elleair）
2369	豐田章男社長： 「為什麼我們會用『超大鍋子』！」 （日經 xTECH，2017 年 1 月）
2370	對大胃王來說也必定會是一場苦戰，東京都內超大份量餐點特輯

瘋狂（crazy）

| 近似詞 | 非常規的、不可思議的 |

「瘋狂」通常會給人較強烈的負面印象，在此與一般情形不同，會被正面解讀為「超越想像」的意思。從例文中也可以得知，與一般用法不太一樣，會讓讀者更想知道其中的「差異」何在。

2371	實現瘋狂企畫案！ 建立開創性企業的架構與人才培育法
2372	突破瘋狂的時代，瘋狂的讀書法 （《讀書讀到痴狂》）
2373	是誰提出禁止「紅車上路」的規則？ 請見瘋狂偉人傳 （Forbes JAPAN，2019 年 5 月）

滿載

| 近似詞 | 特輯、充滿＊＊、滿是＊＊的 |

正如大家知道的，「載」可以用來表示如雜誌等刊載有大量資訊的狀態。然而，不限於印刷品。如 2374 這種口頭資訊，或如 2375 提到的電子設備，可以廣泛地用來形容「裝滿很多東西」的狀態。

2374	滿載著無法在其他地方聽到的人生經驗和商務成功祕訣
2375	滿載著最新功能的智慧手錶，將於 12 月登場
2376	光看就令人開心不已！ 童趣設計滿載的家庭派對菜單

堆積如山

近似詞 內容豐富、堆積如山、色彩繽紛、每個都

指的是像碗裡的米飯堆積如山的樣子。從語感上能感受到一種「竟然奢侈到可以堆積成山」的感覺。這種表現經常用在食物方面，但也可以用在各種事物上，強調「很多」的意思。

2377 現代家電產品功能堆積如山，其實平常不太會用到

2378 堆積如山的夏威夷超值資訊

2379 超過 20 種、堆積如山的豐富海鮮！什麼是石川名產「能登穴水海鮮丼」呢？（「CREA」，2016 年 8 月號）

大作戰

近似詞 計畫、專案、活動

意外地，公家機關會經常使用這個詞彙作為標題。在專案或是企畫等語感下，使用「大作戰」一詞彙給人較輕鬆的印象，讓人更想參加看看。比起單純地「作戰」，使用「大作戰」讓人感受一種遊戲的樂趣。如「播種作戰」與「播種大作戰」，能充分感受到兩者在語感上的不同。

2380 河川與海洋潔淨大作戰（國土交通省）

2381 縣民造林大作戰（靜岡縣）

2382 春季播種大作戰

好評

近似詞 讚賞、出色的、熱情地

原本的意思是「非常稱讚」，常見用於「好評上映中」等表達方式。基本上，稱讚的對象會是他人，用於自我稱讚時會有些怪怪的。然而，近來也經常用於表示「驚人的氣勢」，例如「好評校正中」等，這時就可以用在自己身上。

2383 ○○選手也給予好評！緩衝性能超群的跑步鞋

2384 10 分鐘內即可完成，我家的好評食譜大公開

2385 即將重新裝潢營業，好評準備中

這就是

「這才是」or「這正是」的簡略強調表現。由於很簡短，所以能為後面的話題增加節奏感。通常以「這就是○○」的形式使用，○○部分<u>往往是本身具有一定評價或權威性的事物</u>。

近似詞　The（這就是）、這才是、這正是、的確是

2386　不是機械，而是只有人類才能夠感受的東西。這就是汽車產業的精髓（TOYOTA Times）

2387　這就是夕張蜜瓜的極致風味，請盡情享受

2388　這就是所謂的「小孩才做選擇」！成年人可以用 20 萬元一口氣買下什麼呢？

120%

<u>使用時帶有一種「超越期待」或「超越想像」的語感</u>。雖然意思是超過 100%，但是為什麼不是 110 也不是 150，而是 120 呢？其實並沒有一個明確的答案，可能只是一個合理範圍，約定俗成而沿用下來的數字。

近似詞　超越期待以上、超越想像

2389　120% 支援入學後的圖書館運用術

2390　超甜！120% 的玉米活用技術（NHK，2022 年 8 月）

2391　《目標成為 120% 的優良商品！》，對客戶第一主義意義深遠的詞彙（本田）

過度

意思是超越事物原本應有的數量與程度水準，但最近經常看到使用「過度○○」的表現方式。雖然已經有很多可以用來強調「厲害」、「非常」等程度方面的詞彙，「過度」一詞雖然是較為隨意的表達方式，但<u>能簡明扼要地表現出程度很高的語感</u>。

近似詞　超級（亂七八糟）、超（亂七八糟）

2392　初次見面。我是一台有趣到太過度的 iPad。（Apple.com）

2393　與過度熱愛自由的女友好好相處的方法

2394　在教學觀摩課時被點到名卻無法回答的兒子，藉口過度完美到令人驚嘆

極具

近似詞 厲害

「超強級」、「極具魄力」、「超蠢」等，用來表示程度非常誇張的詞彙。

2395 學生們對老師的吐槽極一針見血，家長們只能無奈苦笑

2396 今年春天首選，花色極為華麗的 10 款運動鞋

2397 前格柵設計，變身為極具魄力的新車款

破壞力

近似詞 力量（Power）、衝擊力（impact）

看到或聽到這個詞彙時，往往會給人一種受到驚訝或是衝擊、極具影響力的語感。這種表現方式近似於煽動，如果用在不重要的話題上，可能會讓人感到失望，因此必須謹慎使用。但如果話題選得剛好，則可能讓人上癮並且深陷其中。

2398 日本首見！ AI 支援寫作的破壞力

2399 樂天集團「金融重整」帶來的壓倒性破壞力（Business Insider Japan，2019 年 4 月）

2400 最具破壞力的美體改造法

Word List

- 詞彙刊載順序一覽表
- 例句（關鍵字）・快速檢索

Problem（問題）

些發誓不會再＊＊者的好消息／引導（指引）／介紹／請容我回答你的問題／幫助／樂趣（喜悅）／佩服（致敬）Solution（解決）

東西（者）／事情／重點／＊＊是關鍵／不可或缺（不容錯過）／變成怎樣／取決／決定（最終版、致命性一擊）／策略／戰略（攻略）／○個步驟／解讀／轉變／改變／訣竅／關鍵／痛點（穴位）／方程式／必勝表達模式、制勝公式／鐵則／王牌／突破／突破點／機會／視為轉機／處方箋

＊＊方法（成為＊＊的方法）／能夠＊＊的方法／＊＊的精選○種方法／不＊＊的方法／停止＊＊的方法／防止＊＊的方法／取得（擁有）＊＊的方法／取得（擁有）A，還可以取得（擁有）B的方法／有效方法／抽離（擺脫）方法／用＊＊，達成＊＊的方法／利用＊＊，達成＊＊的方法／一邊＊＊，＊＊方法／把A當作B的方法／不用做A，就能B的方法／不用＊＊就能解決的方法／使用方法／聰明的使用方法／辦法／一招／運用法／運用術／另一個（另一種）／第三個／有效

簡單＊＊的方法（輕鬆＊＊的方法）／＊＊的簡單使用方法（＊＊的輕鬆使用方法）／每個人都／簡易（easy）／簡單（simple）／經典／不會出錯的／標準公式（圍棋：定石）／輕鬆地／睡覺時／自然而然地學會／不用太努力也／自動、自然／半自動／不須勉強／口袋／只要拿出手機就可以／漫畫圖解／隨時／只要／只要這樣做／一個＊＊／只要這一個／微／輕鬆（實惠）／清爽／當場（當下）／輕鬆取勝／清淡（簡單）／無＊＊

只要○分鐘／○分鐘了解／只需一半的時間／一半／瞬間／速效、迅速有效／一瞬間／3分鐘／捷徑／最短距離・最快方法・最短路徑／省時／一口氣／加速／僅有／槓桿／成本效益／CP值／不須花錢

總算、終於、終於／最後終於／出道（初次登場）／現在／這就是／這次一定／再也不會／所有的／觸動心弦／＊＊以來的／最適合、最佳／最／第一（一番）／突然大幅／完全符合／巨大／更加／極其／即將到來／多采多姿的／隨心所欲／盡情享受

＊＊的祕密／驚人的＊＊的祕密／＊＊的祕訣／公開／尚未公開／背後的祕密／相關人士絕對不願意透露／驚人的事實／真實／本質、核心／真相／不足為外人道的事實／全貌／隱藏／禁忌的／幕後／沒有人願意告訴我／無法說

＊＊（一般人）選出的／廣受好評／排隊也要
的、無法預約的／國民的／連那些說自己不擅
長的人也／祭・節

狂（crazy）／滿載／堆積如山／大作戰／好評
／這就是／120%／過度／極具／破壞力

取得信任感 ⋯⋯⋯⋯⋯⋯⋯⋯⋯ P.345

顧客滿意度／○人購入（申請）／得獎／感謝
狀／已實證效果／排名第○位／半信半疑／根
據／人氣 No.1 ／系統化的／實績／專業人士
（專家）／嚴選／無數的

借助權威 ⋯⋯⋯⋯⋯⋯⋯⋯⋯⋯ P.351

＊＊＊＊（職業專家）一定會／公認（認
證）、認定／＊＊（權威）所選擇的／愛用／
御用認證／＊＊曾經說過／只有＊＊知道的／
＊＊（權威人士）透漏／＊＊絕對不會那樣做
／＊＊正在做的事

產生安全感 ⋯⋯⋯⋯⋯⋯⋯⋯⋯ P.355

安心／果然／所以只有／不可動搖的（歷久不
衰）／萬能／匹配／最好（太好了）／一切、
完全／退費／無須收取費用（我們將會支付）
／支付／保證／不會讓你後悔／即可獲得／價
格實惠

活絡氣氛 ⋯⋯⋯⋯⋯⋯⋯⋯⋯⋯ P.362

遙遙領先／極致的／最強的／驚人的／
Super、Hyper ／令人欲罷不能／極盡／不得了
／超（亂七八糟）／徹底（盡情）／神／爆發
／強烈／必殺技／百萬巨大（Mega）、億級
（Giga）／超／爆／ Giant・Jumbo ／超大／瘋

379

例句（關鍵字）·快速檢索

例句（關鍵字）·快速檢索是將本書中所收錄的 800 個文案標題詞彙按照注音符號排列，快速指引你找到該詞彙所使用的例句編號。

此外，每個詞彙最多對應 10 個例句。如果對應的例句超過 10 個，我將視重要例句進行收錄。

382

例句（關鍵字）‧快速檢索

✕

後記

　　本書初版受到眾多讀者喜愛，累計銷售已超過 9 萬本。這次有機會再出版增訂版，加強詞彙和例句檢索功能，並且新增一些詞彙，完全是仰賴讀者的支持，在此衷心感謝。

　　這次是時隔約 4 年的增訂版，在此期間，文案寫作所處的環境也因疫情和 AI 進化發生了巨大變化。現在回想起來，本書初版的出版日期 2020 年 4 月 7 日，剛好正是東京都因新冠疫情發佈「緊急事態宣言」的日子。疫情推動遠距工作模式迅速普及，也加速了人們經營副業的進程，個人自主發聲的重要性比起以往更提高。不僅在日常業務，還有在 SNS 上的發佈內容，或是 YouTube 等影片縮圖以及腳本設計等方面，越來越需要簡單易懂且富有吸引力的表達技巧。

有哪些是 AI 無法取代的人類專屬領域？

　　我認為「個人能表達自我意識」的部分才是文案寫作的本質。隨著 ChatGPT 等生成式人工智慧的發展和普及，這一個事實也被彰顯出來。

　　過去，我們可以確立撰寫文章是一門技術。然而，隨著不斷進化的生成式 AI 出現，已經可以取代大部分的工作。或許有些人會擔心未來有一天作家等寫作性質的工作會被 AI 奪走而感到不安。然而，AI 無法擁有「想要傳達什麼」的意識。雖然不能完全斷言未來是否會出現 AI 脫離人類意識、自主擁有意識並作出判斷的時代，但只要 AI 仍然處於人類的控制範圍內，僅限作為一種工具，那麼傳達、表現某些意識的能力，依是人類專屬領域。

　　你或許會產生這樣的疑問，如果大部分的文章寫作改由 AI 替代，那麼像

本書這種收集詞彙的書籍是否還有存在的必要性呢？的確，如果將本書視為「詞彙集」的話，的確可能沒有存在的必要。然而，本書其實是一本從 0 開始創造出 1 的「靈感集」。

在開頭「本書的有效使用方法」中，也稍微提及這個想法，在此我們再稍微進行更詳細且具體的解說吧！比方說，你是一名英語講師。那麼，你會是什麼樣的英語講師？主要教授的對象是什麼人？想要教授什麼類型的英語呢？此外，為了將內容傳授給他人，並且讓對方了解，該如何表現會比較恰當呢？這時，我希望你能翻閱本書，尋找靈感。以下是一些範例。

後記

- 為了初次前往海外工作者所設計的速成商用英語會話
  （使用了 P.314「初次」、P.291「為了＊＊」）
- 從零開始只需要 2 週，學會能上場使用的商用英語會話方法
  （使用 P.315「從零開始」、P.187「僅須○分鐘」、P.256「＊＊時可以使用」、P.165「＊＊方法」）
- 請試著想像一下，你可以在宴會上與母語人士開心對話的樣子
  （使用 P.130「請試著想像一下」）
- 累計有 12,132 位學生購課，一起學習旅行英語會話的新常識
  （使用 P.346「○人購入」、P.236「新常識」）
- 每個人都可以，達成 TOEIC 800 分的偷吃步方法
  （使用 P.176「每個人都」、P.209「偷吃步」）

如前所述，考量「自己處於哪一個位置？」知道「有哪些表現方式」與否將產生很大的差異。反過來說，如果不懂得表現方式，恐怕會連「該說什麼比較好呢？」都無法思考。因此，不僅要注意這 800 個詞彙，還應該參考使用方法的 2400 個例句如何示範這些詞彙，如此一來，即可激發出專屬於你的原創想法。

文案寫作的本質在於挖掘出銷售商品或服務的真正魅力，並以讓人理解的方式表現出來。然而，正如先前提到的英語講師案例，深入探討後就會發現，文案寫作也是一種賣方或是說話者用來表現「自己是什麼？」的技術。由此可見，我認為文案寫作不僅是一種寫作技術，更是一種自我表現的手段。

拿起本書的你，或許正面臨著銷售商品、服務或是需要傳遞資訊的壓力。此時，透過文案寫作的技術挖掘出商品「真正的魅力」，或許也能發現自己嶄新的可能性。

遇見我的天職

對我來說，與文案寫作相遇是一件偶然的事。我有一個患有腦性麻痺的孩子，因為妻子單獨負責照顧孩子，我繼續出門上班這件事情成為了極大的阻礙。當時，遠距工作還沒有普及，我在網路上搜尋是否有居家上班的工作，偶然間得知了文案寫作這件事情。隨後，我看到了神田先生的《銷售文案寫作禁忌》，書中的一個詞彙深深震撼了我，讓我決定以此做為第二人生的挑戰。「在這裡我所傳達的……不僅是單純的技巧方法，而是即使站在歷經大火燎原的焦土上，隔天也能僅憑紙筆重新站起來的力量。」的確，如果擁有這項技能，即便從零開始，也能將腦海中的想法具體化，使其暢銷熱賣。如果是這樣的話，無論今後做什麼工作，我認為應該要先好好掌握住這項技能。而我所感受到的，也正如書中寫到的內容「之前那些對於「銷售文案寫作」一詞不熟悉的人，第一次接觸到這個領域時，所感受到的衝擊都是一樣的。『……原來還有這樣的世界啊啊啊啊啊！』」

還真的是如此。當時我的心裡也是這麼想的，如果這是你第一次接觸文案寫作，我相信你一定會和我有相同的感覺。此外如果你已對文案寫作有一定程度了解，或許能再次體會到「筆，比劍更鋒利」這一點。

學習文案寫作一段時間後，我發現，過去曾在企業中撰寫的提案書（草案），以及對內外的說明資料等用來促動他人行為的文章，其實都遵循著同樣

的原理原則。我自己是文學系出身的，原本就喜歡寫文章和閱讀。進入鋼鐵產業相關企業近 30 年來，我一直都在從事業務和企畫工作、撰寫能夠影響他人的文章。過去所有這些分散的經驗，得知文案寫作技巧後，我感覺到它們開始有所連結，並且整合在一起。

同時，在文案寫作過程中放入很多行銷的元素，讓我了解到商品能暢銷熱賣其實有銷售機制存在，真的獲益良多。有了這種在任何情況下都能把商品賣出去的自信，令人感到非常安心。

因此，我相信無論你目前處於何種情況，提升寫作技巧都會讓你的人生在不走冤枉路下加分。甚至可能成為人生重大改變的契機。事實上，神田先生和我都發現，與文案寫作相遇後，我們的人生擁有巨大的充實感與成就感。

本書得到了 SB CREATIVE 公司的編輯杉田求先生的全方位強力支持。對於本次擴充修訂版的出版，也要感謝原班人馬的編輯群福井莊介、河野太一的大力支持。特別是這次為了提升可搜尋性，因應我們作者諸多要求與天馬行空的想法，與一般書籍索引設計的困難度截然不同。此外，我們還要感謝本書的設計師井上伸八先生，繼第一版之後，他在書籍裝訂方面提供了許多協助，在此特別感謝他。也想藉此機會感謝神田先生給我一起寫這本書的機會，感謝我的家人一直以來的支持，以及透過 SNS 和其他媒體而來的支持者。

雖然在學校或是職場上根本沒有機會學習文案寫作，但是只要稍微有所學習，相信每個人很快都可以得心應手。此外，與其他技能相比，需要學習的東西其實相當少。而且目前還只有少數人知道。

期待某一天你運用創造詞彙的能力開啟未來時，我們能在某個地方相遇。屆時請告訴我們，在你接觸文案寫作後，你的人生發生了多大的變化。

衣田順一

一寫就大賣的文案聖經

作者	神田昌典、衣田順一
譯者	張萍
商周集團執行長	郭奕伶

商業周刊出版部

總監	林雲
責任編輯	盧珮如
封面設計	李東記
內文排版	吳巧蕙
出版發行	城邦文化事業股份有限公司-商業周刊
地址	115台北市南港區昆陽街16號6樓
	電話：（02）2505-6789　傳真：（02）2503-6399
讀者服務專線	（02）2510-8888
商周集團網站服務信箱	mailbox@bwnet.com.tw
劃撥帳號	50003033
戶名	英屬蓋曼群島商家庭傳媒股份有限公司城邦分公司
網站	www.businessweekly.com.tw
香港發行所	城邦（香港）出版集團有限公司
	香港灣仔駱克道193號東超商業中心1樓
	電話：（852）2508-6231　傳真：（852）2578-9337
	E-mail：hkcite@biznetvigator.com
製版印刷	中原造像股份有限公司
總經銷	聯合發行股份有限公司 電話（02）2917-8022
初版1刷	2024年12月
定價	520元
ISBN	978-626-7492-74-1（平裝）
EISBN	978-626-7492-72-7（PDF）
	978-626-7492-73-4（EPUB）

URERU COPYWRITING TANGOCHO ZOHO KAITEI BAN

Copyright © 2024 Masanori Kanda, Junichi Kinuta

All rights reserved.

Originally published in 2024 by SB Creative Corp.

Traditional Chinese translation rights arranged with SB Creative Corp. through AMANN CO., LTD.

Chinese translation rights published by arrangement with Business weekly, a division of Cite Publishing Limited. All rights reserved

版權所有‧翻印必究

Printed in Taiwan（本書如有缺頁、破損或裝訂錯誤，請寄回更換）

國家圖書館出版品預行編目(CIP)資料

一寫就大賣的文案聖經 / 神田昌典, 衣田順一著；張萍譯 . -- 初
版 . -- 臺北市 : 城邦文化事業股份有限公司商業周刊, 2024.12
　面；　公分
譯自：売れるコピーライティング 語帖, 補改訂版
ISBN 978-626-7492-74-1(平裝)

1.CST: 廣告文案 2.CST: 廣告寫作

497.5　　　　　　　　　　　113016938

藍學堂

學習・奇趣・輕鬆讀